Ulrich Arnold **Baulicher Holzschutz**

Baulicher Holzschutz

Grundlagen, Planung, Ausführung

mit 231 Abbildungen und 20 Tabellen

Ulrich Arnold

Dipl.-Ing. (FH), Architekt, Master of Science
Materialwissenschaften in Bau und Restaurierung,
ö. b. u. v. Sachverständiger für Holzschutz

Bibliografische Information der Deutschen Nationalbibliothek
Die Deutsche Nationalbibliothek verzeichnet diese Publikation in der Deutschen Nationalbibliografie; detaillierte bibliografische Daten sind im Internet über http://dnb.dnb.de abrufbar.

Maßgebend für das Anwenden von Normen ist deren Fassung mit dem neuesten Ausgabedatum, die bei der Beuth Verlag GmbH, Burggrafenstraße 6, 10787 Berlin, erhältlich ist. Maßgebend für das Anwenden von Regelwerken, Richtlinien, Merkblättern, Hinweisen, Verordnungen usw. ist deren Fassung mit dem neuesten Ausgabedatum, die bei der jeweiligen herausgebenden Institution erhältlich ist. Zitate aus Normen, Merkblättern usw. wurden, unabhängig von ihrem Ausgabedatum, in neuer deutscher Rechtschreibung abgedruckt.

Das vorliegende Werk wurde mit größter Sorgfalt erstellt. Verlag und Autor können dennoch für die inhaltliche und technische Fehlerfreiheit, Aktualität und Vollständigkeit des Werkes und seiner elektronischen Bestandteile (Internetseiten) keine Haftung übernehmen.

Wir freuen uns, Ihre Meinung über dieses Fachbuch zu erfahren. Bitte teilen Sie uns Ihre Anregungen, Hinweise oder Fragen per E-Mail: fachmedien.bau@rudolf-mueller.de oder Telefax: 0221 5497-6141 mit.

Lektorat: Dieter Schlichting, Hamburg
Umschlaggestaltung: Künkelmedia, Brühl
Satz: WMTP Wendt-Media Text-Processing GmbH, Birkenau
Druck und Bindearbeiten: Westermann Druck Zwickau GmbH, Zwickau
Printed in Germany

ISBN 978-3-481-03378-1 (Buch-Ausgabe)
ISBN 978-3-481-03379-8 (E-Book-Ausgabe als PDF)

Vorwort

Baulicher (oder konstruktiver) Holzschutz ist die Grundlage für dauerhafte Konstruktionen. Doch ist viel Wissen über den baulichen Holzschutz in Vergessenheit geraten. Zudem müssen die Grundregeln des baulichen Holzschutzes an die modernen Holzbauweisen unserer Zeit angepasst werden, denn Gebäude sind heute bauphysikalisch bedeutend komplexer als noch vor einigen Jahrzehnten. Angesichts dieser Situation habe ich mit Freude zugesagt, als der Verlag mit dem Vorschlag an mich herangetreten ist, Praxishilfen zum baulichen Holzschutz zu verfassen.

Ein Großteil meiner Tätigkeit besteht in der Begutachtung von Schäden. Das hat dazu geführt, dass ich in gewisser Weise eine verzerrte Wahrnehmung der Qualität des baulichen Holzschutzes entwickelt habe: Wer häufig zu Schäden gerufen wird, trifft überwiegend Konstruktionen an, die mit einem nicht optimalen oder sogar gänzlich ohne baulichen Holzschutz ausgeführt wurden. Da ich aber auch auf anderen Gebieten tätig bin, kann ich den aktuellen Stand der Ausführungspraxis baulicher Holzschutzmaßnahmen beurteilen. Nicht nur im Beruf, sondern auch im Alltag sehe ich täglich Holzbauteile, die ich immer unter dem Gesichtspunkt der Holzschutzpraxis betrachte. Bei diesen zufälligen Begegnungen mit Holzkonstruktionen sind auch zahlreiche der Fotos in diesem Buch entstanden. Dabei macht es wenig Mut, dass nur selten gute oder gar vorbildliche bauliche Holzschutzmaßnahmen in der Praxis zu sehen sind, dagegen aber viele Schwachstellen und nicht fehlertolerante oder ohne Holzschutzmaßnahmen ausgeführte Konstruktionen. Selbst preisgekrönte Holzbauten auf Hochglanzabbildungen in Fachzeitschriften zeigen häufig gravierende Mängel im baulichen Holzschutz.

Die holzschutztechnische Bewertung einzelner Bauteile und die sachgerechte Aufklärung der Auftraggeber über Risiken hat mit der letzten Überarbeitung aller Teile der DIN 68800 „Holzschutz“ in den Jahren 2011 und 2012 jedoch an Bedeutung gewonnen.

Bei der Auslegung der Holzschutznorm DIN 68800, insbesondere des Teils 2, besteht bei den Anwendern allerdings gelegentlich Unsicherheit, welche Maßnahmen wie durchzuführen sind und wie die 4 Normen der Reihe DIN 68800 zu verstehen sind. Guter baulicher Holzschutz zeichnet sich dabei dadurch aus, dass Norminhalte nicht gedankenlos abgearbeitet werden, sondern dass die Intention der Norm und darüber hinaus die grundlegenden Zusammenhänge berücksichtigt werden.

Um den Holzbau vor einem unberechtigten Imageschaden zu schützen, halte ich daher eine Darstellung der Grundregeln baulicher Holzschutzmaßnahmen und eine Erläuterung der Zusammenhänge für notwendig. Ich wünsche mir, dass Zimmerer, Architekten und Ingenieure sowie Studenten und alle weiteren am Holzbau Interessierten Hinweise für gute und fehlertolerante Konstruktionen in diesem Buch erhalten. Die Planungsarbeit, für individuelle Aufgaben individuelle Lösungen zu finden, kann ich niemandem abnehmen. Meine Hoffnung ist jedoch, dass die Leser über die Anwendung der Normvorgaben hinaus besser verstehen, wie Lösungen entwickelt und Risiken bewertet werden können – kurz gesagt, dass das Buch in der Praxis wirklich nützlich für die Anwender ist.

Castrop-Rauxel, im Dezember 2015 Ulrich Arnold

Dank

Ohne die Bereitschaft meiner Frau Carla zu akzeptieren, dass ich wegen dieses Projekts noch mehr Zeit mit der Arbeit verbringe, wäre es nicht möglich gewesen, dieses Buch zu verfassen.

Viele haben mich bei der Bearbeitung unterstützt und so die Qualität des Werkes maßgeblich positiv beeinflusst. Für Reflexion und konstruktive Kritik an Teilen der Arbeitsstände danke ich besonders den Kollegen Dr. Tobias Huckfeldt (Institut für Holzqualität und Holzschäden, Hamburg), Robert Ott (ö. b. u. v. Sachverständiger für Holzschutz und das Zimmererhandwerk, Gammertingen), Ulrich Ruisinger (Institut für Bauklimatik, TU Dresden) und Hans-Joachim Rüpke (Sachverständiger für Holzschutz, Hannover). Für die Durchsicht eines Arbeitsstands zum Kapitel über Beschaffenheitsvereinbarungen danke ich Herrn Rudolf Steinmann (Richter a. D., Bottrop-Kirchhellen).

Für die Beisteuerung von Fotos danke ich Frau Linda Meyer (Institut für Berufswissenschaften im Bauwesen, Leibniz Universität Hannover) und Herrn Wolfgang Böttcher (ö. b. u. v. Sachverständiger für das Holz- und Bautenschutzgewerbe, Brunn).

Außerdem danke ich dem Kompetenz Zentrum Holzbau & Ausbau, Biberach, für die Genehmigung, Modellkonstruktionen zu fotografieren.

Nicht zuletzt gilt mein Dank auch dem Verlag, der mich gefragt hat, ob ich Interesse hätte, dieses Projekt in Zusammenarbeit anzugehen. Besonders hervorheben möchte ich hier Frau Brigitte van Eymeren, die ihre koordinierende Arbeit faktisch um ein Vorlektorat erweiterte.

Ebenso danke ich Herrn Dieter Schlichting für die Akribie und Geduld als Lektor.

Inhalt

1 Einleitung

1.1 Das Naturmaterial Holz und der Holzschutz

Holz ist ein Naturmaterial, das durch zahlreiche Organismen biologisch abgebaut werden kann. Es unterliegt dem Stoffkreislauf der Natur. Seine Vergänglichkeit ist zugleich Voraussetzung neuen Lebens. Nur durch diesen natürlichen Abbau ist das Ökosystem auf unserem Planeten funktionsfähig. Sollen Holz oder Holzwerkstoffe zum Bauen dienen, müssen sie für die geplante Nutzungsdauer diesem natürlichen Stoffkreislauf entzogen werden (Abb. 1.1, 1.2). Erst aus dieser Perspektive werden Holz angreifende Organismen zu „Schädlingen". Seit mit Holz gebaut wird, werden deshalb auch verschiedenste Vorkehrungen zum Schutz des Holzes getroffen (vgl. z. B. Clausnitzer, 1995).

Solche Maßnahmen sind bauliche Lösungen zum Schutz vor Feuchte und gegen Insekten, die Wahl natürlich dauerhafter Holzarten und technisch vorbehandelter Hölzer sowie der Einsatz biozid wirkender Substanzen (chemischer Holzschutz). Der chemische Holzschutz wird in diesem Buch allerdings nicht behandelt, sondern nur zur Abgrenzung des Themas angesprochen. Ziel aller Maßnahmen ist, Standsicherheitsgefährdungen durch Pilze und Insekten konstruktiv auszuschließen (Gebrauchsklasse [GK] 0 nach DIN 68800-1 „Holzschutz – Teil 1: Allgemeines" [2011]; zu den Gebrauchsklassen siehe Kapitel 3, zur Gebrauchsklasse 0 insbesondere Kapitel 3.6).

Alle **baulichen Holzschutzmaßnahmen** lassen sich auf 4 Grundregeln zurückführen (siehe hierzu eingehender Kapitel 3.4):

- Verhindern, dass Holz unzuträglich feucht wird.
- Schnelle Trocknung gewährleisten, wenn Holz befeuchtet werden kann.
- Insekten den Zugang zum Holz verwehren.
- Holzarten und vorbehandelte Hölzer mit hoher Dauerhaftigkeit gegen Schädlinge wählen.

Die Umsetzung dieser einfach klingenden Grundregeln hat in der Praxis sehr vielfältige Formen. Zudem müssen die Regeln auf die Bedingungen des jeweiligen Gesamtbauvorhabens abgestimmt werden. Damit unterliegen sie auch Faktoren wie Kosten- oder Termindruck oder der Notwendigkeit, auf bestehende Konstruktionen reagieren zu müssen, denn Bauen im Bestand ist holzschutztechnisch schwieriger und erfordert mehr Kompromisse als ein Neubau. All dies darf jedoch nicht dazu führen, den baulichen Holzschutz zu vernachlässigen.

Im Weiteren sollen Hilfestellungen gegeben werden, Risikobewertungen vorzunehmen und individuelle Lösungen für den baulichen Holzschutz zu entwickeln. Holz und Holzschädlinge entstammen der Natur. Das Geschehen in

Abb. 1.1: Biberach an der Riß, Baden-Württemberg, Zeughausgasse 4: Das Gebäude wurde dendrochronologisch auf 1318/19 datiert. Es ist ein Beleg dafür, dass Holzkonstruktionen bei Berücksichtigung baulicher Schutzmaßnahmen lange gebrauchstauglich bleiben können.

Abb. 1.2: Detailansicht aus Abb. 1.1: Die Geschosse sind vom Überstand des jeweils darüber liegenden Geschosses bzw. des Daches gegen Schlagregen geschützt. Die Balkenköpfe stehen hinter der Stockschwelle zurück, sodass auch sie gut vor Regen geschützt sind. Doch Holzkonstruktionen sind wie alle Baukonstruktionen nicht wartungsfrei – es ist zu erkennen, dass eines der beiden Fußbänder erneuert werden musste.

der Natur unterliegt zwar Naturgesetzen, die z. B. in der Bauphysik wirken, es lässt sich jedoch nur begrenzt in einem Regelwerk erfassen. Deshalb müssen die Grundregeln des baulichen Holzschutzes verstanden werden; es genügt nicht, ein Regelwerk wie die DIN 68800 schematisch abzuarbeiten. Nur wer genug Hintergrundwissen hat, kann Konstruktionen an das Regelwerk anpassen und sinnvolle Lösungen entwickeln. Deshalb werden im Folgenden vor allem die Inhalte der DIN 68800-2 „Holzschutz – Teil 2: Vorbeugende bauliche Maßnahmen im Hochbau" (2012) eingehend vorgestellt, kritisch erörtert und um zusätzliche Aspekte und Beispiele ergänzt.

1.2 Paradigmenwechsel im Holzschutz

Bis in die 1980er-Jahre wurden Holzschutzmittel hauptsächlich unter dem Gesichtspunkt einer hohen Wirksamkeit betrachtet. Umwelt- und Gesundheitsschutz waren hierbei zweitrangig. Mit der Industrialisierung sind viele Abfallstoffe von Produktionsprozessen entstanden, wie z. B. Steinkohlenteeröle aus der Koks- und Stadtgaserzeugung. Für diese Stoffe wurden Verwendungen gesucht, um sich ihrer möglichst einträglich zu entledigen (vgl. Schultz, 1900). Im Schiffbau war mit Steinkohlenteerölen als Konservierungsmittel zwar bereits vorher experimentiert worden (vgl. Moll, 1920), erst die industriell anfallenden Mengen brachten das Produkt jedoch in Massenverwendung. Im Holzschutzsektor konnten viele Stoffe als Schutzmittel weiterverarbeitet werden. Besonders nach dem Zweiten Weltkrieg wurden gezielt Biozide in Anwendungsbereichen wie dem Pflanzenschutz entwickelt. Entsprechende Wirkstoffe wurden dann auch als Holzschutzmittel eingesetzt. Parallel zu dieser Entwicklung verloren die Grundregeln des baulichen Holzschutzes an Beachtung. So galten Häuser seit den 1950er-Jahren als modern und gut gestaltet, wenn sie keine Dachüberstände hatten. Wetterschutzbekleidungen wurden als verzichtbar betrachtet.

Ein Umdenken setzte in Deutschland Ende der 1970er-Jahre ein (vgl. Willeitner, 1992). Im Zusammenhang mit dem Holzschutzmittel-Prozess in Frankfurt am Main gegen Geschäftsführer eines Holzschutzmittelherstellers Anfang der 1990er-Jahre (vgl. Schöndorf, 1998) verstärkte sich diese Entwicklung. Durch die unnötige Anwendung von Holzschutzmitteln im trockenen Wohnbereich rückten die Gefahren für Mensch und Umwelt in den Vordergrund (vgl. Köhler et. al., 1995). Zulassungsbehörden und Hersteller reagierten darauf. Bereits bevor europäische Bestimmungen nationales Recht ablösten, war der Einsatz von Holzschutzmitteln in Deutschland daher wesentlich strenger geregelt als in den Nachbarländern (vgl. z. B. die Beiträge in Bringezu/Schenke, 1992). Gleichzeitig wurde bereits mit den in den 1990er-Jahren neu gefassten Teilen der DIN 68800 der bauliche Holzschutz wieder in den Vordergrund gestellt (vgl. z. B. Willeitner, 2014). Theoretisch war er allerdings schon in den vorangehenden Normfassungen zumindest gleichwertig neben dem chemischen Holzschutz gefordert; chemischer Holzschutz sollte danach lediglich der Ergänzung baulicher Maßnahmen dienen. Die Normanwender haben das Regelwerk jedoch häufig anders interpretiert. Inzwischen unterliegen Holzschutzmittel als Biozide der Verordnung (EU) Nr. 528/2012 (Biozid-Verordnung). Außerdem sind in den Jahren 2011 und 2012 alle Teile der DIN 68800 neu gefasst worden. Die Ausschöpfung baulicher Holzschutzmaßnahmen hat nun höheres Gewicht erhalten: Erst wenn durch bauliche Maßnahmen die Schutzziele nicht ausreichend herbeigeführt werden können, ist unterstützend chemischer Holzschutz geboten.

Fazit

Da chemischer Holzschutz definitionsgemäß den Einsatz von Bioziden bedeutet, ist der Trendwechsel begründet und nachvollziehbar. Jedes Biozid wirkt nicht nur auf den Zielorganismus (Holzschädling), sondern beeinträchtigt auch andere Lebewesen. Diese unerwünschten Nebenwirkungen und Umweltbelastungen müssen minimiert werden. Es gibt jedoch weiterhin Anwendungsfälle, in denen chemisch vorbeugender Holzschutz sinnvoll ist, wie z. B. bei erdverbauten Palisaden zur Sicherung von Geländeversprüngen. Wichtig ist jedoch, die einzelnen Konstruktionsglieder baulich so zu optimieren, dass die Gefährdung und damit auch ein potenzieller zusätzlicher Einsatz von Holzschutzmitteln minimiert wird. Planer dürfen sich dieser Aufgabe nicht durch zweifelhafte oder pauschale Annahmen entziehen. Verbraucher müssen sich dabei zugleich bewusst sein, dass der Verzicht auf Biozide gewohnte technische Lebensdauern von Holzbauteilen verringert, manche „nur“ baulich geschützten Bauteile unter Umständen also eine geringere technische Lebensdauer aufweisen. Durchdacht optimierter baulicher Schutz kann aber ebenso zu technischen Lebensdauern über der Lebenserwartung von ausschließlich chemisch geschützten Bauteilen führen. Es muss außerdem auch wieder als selbstverständlich angesehen werden, dass leichte Insektenschäden an Holzbauteilen auftreten können. Bevor der chemische Holzschutz und industriell gefertigte Massenprodukte aus anderen Werkstoffen die Wahrnehmung für übliche Beschaffenheiten verändert haben, war es normal, dass Holzbauteile Insektenschäden aufwiesen: *„Um tierische Holzzerstörer aus der großen Gruppe der Insekten kümmerte man sich herzlich wenig, wenn sie auch hier und da bekannt waren. Diese ‚Wurmschäden‘ fielen im Verhältnis zu den Schwammschäden überhaupt nicht ins Gewicht und gaben auch keinerlei Anlaß zur Aufregung, zur Ausfechtung von Rechtsstreitigkeiten oder gar zur Ergreifung großartiger Vorbeugungsmaßnahmen.“* (Madel, 1940, S. 5)

1.3 Die Neufassung der DIN 68800

Die vor der Neufassung 2011 und 2012 der DIN 68800 gültigen Ausgaben der Norm (DIN 68800-1 [1974], -2 [1996], -3 [1990], -4 [1992] und -5 [1978]) waren dringend zu aktualisieren, da sich Holzschutzmethoden, bauaufsichtliche Nachweise und Konstruktionsprinzipien weiterentwickelt hatten. Außerdem mussten auf Grundlage von EU-Recht harmonisierte EN-Normen zu holzschutztechnischen Belangen in deutsche Normen umgesetzt werden. Auch sollte der Paradigmenwechsel im Holzschutz (siehe Kapitel 1.2) fortgeschrieben werden.

Bereits Jahre vor der Einrichtung eines Überarbeitungsgremiums beim Deutschen Institut für Normung e. V. (DIN) haben Arbeitsgruppen der Deutschen Gesellschaft für Holzforschung e. V. (DGfH) die Umgestaltung der DIN 68800 vorbereitet (vgl. Willeitner, 2005, 2007). Dabei wurde die Chance genutzt, durch die gleichzeitige Bearbeitung aller Teile die Gliederungssystematik zu verbessern. So wurde die DIN 52175 „Holzschutz; Begriffe, Grundlagen" (1975) in die aktuelle Fassung der DIN 68800-1 überführt. Die DIN 68800-5 „Holzschutz; Vorbeugender chemischer Schutz von Holzwerkstoffen" (1978), zu deren Weiterentwicklung 1990 noch ein Normentwurf erschienen war, wurde ebenfalls in die vierteilige Normenreihe (und zwar in die DIN 68800-3 „Holzschutz – Teil 3: Vorbeugender Schutz von Holz mit Holzschutzmitteln" [2012]) eingegliedert. Die Reihe hat aktuell folgenden Aufbau:

- DIN 68800-1 „Holzschutz – Teil 1: Allgemeines" (2011)
- DIN 68800-2 „Holzschutz – Teil 2: Vorbeugende bauliche Maßnahmen im Hochbau" (2012)
- DIN 68800-3 „Holzschutz – Teil 3: Vorbeugender Schutz von Holz mit Holzschutzmitteln" (2012)
- DIN 68800-4 „Holzschutz – Teil 4: Bekämpfungs- und Sanierungsmaßnahmen gegen Holz zerstörende Pilze und Insekten" (2012)

Im Buch werden diese Normen im Weiteren nur noch mit ihrer Nummer (und gegebenenfalls mit dem Ausgabejahr) bezeichnet.

Bauaufsichtlich eingeführt sind in den meisten Bundesländern die Teile 1 und 2 der DIN 68800. Für das Thema dieses Buches besonders wichtig ist Teil 2, in dem die baulichen Holzschutzmaßnahmen behandelt werden. Eine ähnlich große Bedeutung hat jedoch Teil 1, da er die Grundlagen, insbesondere zur Zuordnung von Gebrauchsklassen, enthält.

Parallel zur nationalen Normung gibt es etliche, meist harmonisierte EN-Normen. Die deutschen Normen regeln dabei insbesondere Sachverhalte, die aufgrund besonderer nationaler Voraussetzungen von Bedeutung sind und die in den EN-Normen nicht oder nicht ausreichend behandelt werden. Dabei dürfen Festlegungen der deutschen Normen nicht im Widerspruch zu Bestimmungen der harmonisierten EN-Normen stehen. So enthält die DIN EN 350-2 „Dauerhaftigkeit von Holz und Holzprodukten – Natürliche Dauerhaftigkeit von Vollholz – Teil 2: Leitfaden für die natürliche Dauerhaftigkeit und Tränkbarkeit von ausgewählten Holzarten von besonderer Bedeutung in Europa" (1994) eine Klassifikation des Kernholzes vieler Holzarten nach der Dauerhaftigkeit gegen Pilze. In der DIN 68800-1 werden ergänzend weitere Holzarten aufgeführt und Arten wie Douglasie (*Pseudotsuga menziesii*), Kiefer (*Pinus sylvestris*) und Lärche (*Larix decidua*) abweichend bewertet (siehe Kapitel 2.1). Die Angaben in der DIN 68800-1 haben für Deutschland dabei einen höheren Stellenwert als die EN-Normen. Grundsätzlich können Beschaffenheitsvereinbarungen für Werkleistungen (siehe Kapitel 4) jedoch individuell nach EN-Normen, nach DIN-Normen oder auch davon abweichend ausgehandelt werden.

Hinweis

2015 ist in Österreich die Normenreihe ÖNORM B 3802-1 bis -4 „Holzschutz im Bauwesen" neu erschienen. Damit werden der DIN 68800 vergleichbare Grundsätze zum baulichen Holzschutz – einschließlich der Gebrauchsklasse 0 – auch für Österreich festgelegt. Das in diesem Buch Dargelegte ist daher im Grundsatz auch auf die Verhältnisse in Österreich übertragbar.

1.4 Die DIN 68800 und anerkannte Regeln der Technik

Anerkannte Regeln der Technik

Beim Begriff „anerkannte Regel der Technik“ (a. R. d. T.) handelt es sich um einen unbestimmten Rechtsbegriff. Jede einzelne technische Regel kann nach Kriterien aus der bisherigen Rechtsprechung darauf untersucht werden, ob sie als a. R. d. T. gilt: Die theoretische Richtigkeit der Regel muss in der Wissenschaft anerkannt sein. In der Praxis müssen nach neuestem Stand der Technik vorgebildete Anwender die Regel kennen und sie für richtig und notwendig halten. Aufgrund praktischer Erfahrung muss die Regel sich als geeignet, notwendig, angemessen und bewährt erwiesen haben.

Hinweis

Merkmale einer anerkannten Regel der Technik:

- nicht nennenswert umstritten
- in der Fachöffentlichkeit bekannt und akzeptiert
- in der Praxis bewährt

Anerkannte Regeln der Technik müssen nicht niedergeschrieben oder in Normen veröffentlicht sein. So war es überlieferte Handwerksregel, dass im Holzhausbau rund 30 cm Sockelhöhe aus mineralischen Baustoffen anzustreben ist, bevor die DIN 68800-2 von 2012 oder andere Normen Angaben dazu machten. Diese ungeschriebene Regel war auch bereits vor der ersten Ausgabe der DIN 68800 „Holzschutz im Hochbau“ (1956) gültig. Diese damalige Fassung der DIN 68800 schrieb bis 1974 für Fachwerkwände eine Sockelhöhe ≥ 50 cm vor. In der DIN 68800-2 von 1974 wurde dann das Ausschalten von Spritzwasser über mindestens 30 cm Abstand des Holzes zum Gelände gefordert. Die diese Fassung ablösende DIN 68800-2 von 1984 enthielt keine Angaben zu Sockelhöhen mehr.

Der Begriff „anerkannte Regel der Technik“ wird in § 4 Abs. 2 Satz 1 VOB/B. als zu erfüllender Maßstab für Leistungen genannt, ohne dass dort weiter definiert würde, was eine a. R. d. T. ist. Im Werkvertragsrecht des Bürgerlichen Gesetzbuchs (BGB) taucht der Begriff so nicht auf. Bei juristischer Klärung des geschuldeten Solls im Werkvertragsrecht nach §§ 631 ff. BGB wird allerdings u. a. auch geprüft, ob anerkannte Regeln der Technik eingehalten wurden. Dies ergibt sich daraus, dass für ein sach- und rechtsmangelfreies Werk stillschweigend vorausgesetzt wird, übliche Beschaffenheit und Gebrauchstauglichkeit durch Einhaltung der a. R. d. T. zu erreichen. Andererseits schützt die Anwendung von a. R. d. T. nicht vor Gewährleistungsansprüchen, wenn sich innerhalb der Verjährungsfrist herausstellt, dass trotzdem ein Mangel gemäß § 633 BGB vorliegt.

Von der „anerkannten Regel der Technik“ zu unterscheiden ist der „Stand der Technik“. Hier liegen noch keine allgemein anerkannten und langfristig gesicherten Erkenntnisse vor, wie z. B. bei neuartigen Bauweisen, für die Langzeiterfahrungen fehlen.

Ferner ist von der „anerkannten Regel der Technik“ zu unterscheiden der „Stand von Wissenschaft und Technik“. Dieser beschreibt den neuesten Stand der wissenschaftlichen Forschung.

Ob eine technische Regel anerkannt ist, bedarf der Überprüfung im Einzelfall.

DIN-Normen tragen zwar die Anscheinsvermutung, eine anerkannte Regel der Technik zu sein, und häufig sind sie es auch. Formal sind sie jedoch erst einmal nur Empfehlungen eines Vereins zur Regelung technischer Sachverhalte. Für die Beweislast bedeutet dies: Wer annimmt, dass eine Norm **keine** a. R. d. T. ist, muss diese Aussage beweisen. Genau dazu können die oben zu Beginn von Kapitel 1.4 genannten Kriterien genutzt werden.

Eine a. R. d. T. muss in angemessenen Abständen auf Aktualität und Veränderungsbedarf überprüft werden. Für DIN-Normen hat sich das DIN diese regelmäßigen Überprüfungen alle 5 Jahre in die Statuten geschrieben. Auch andere Regeln, wie z. B. die Merkblätter der Wissenschaftlich-Technischen Arbeitsgemeinschaft für Bauwerkserhaltung und Denkmalpflege e. V. (WTA-Merkblätter), müssen gegebenenfalls regelmäßig überarbeitet werden, wenn sie den Status einer a. R. d. T. haben sollen.

Wenn Regeln veraltet sind, sollte mit dem Auftraggeber schriftlich abgestimmt werden, welche Regelwerke oder neuen Erkenntnisse Grundlage des Vertrages werden sollen.

Hinweis

Für Normen wird grundsätzlich vorausgesetzt, dass sie eine anerkannte Regel der Technik sind. Im Einzelfall kann das widerlegt werden. Wer annimmt, dass eine Norm keine a. R. d. T. ist, trägt die Beweislast für diese Annahme.

Bewertung der DIN 68800-2

Die DIN 68800-2 enthält eine Vielzahl von Einzelregelungen. Im Zweifelsfall ist es erforderlich, jede einzelne Regelung zu untersuchen und nicht die gesamte Norm pauschal als „anerkannt" bzw. „nicht anerkannt" zu beurteilen. Bei einigen Einzelregelungen der Norm herrscht in der Praxis Unsicherheit darüber, was sie bedeuten und wie sie befolgt werden sollen. Aus diesem Grund kann nicht der verschiedentlich vertretenen Auffassung, alle Aussagen der DIN 68800-2 seien a. R. d. T. (vgl. z. B. Fritzen, 2014, S. 9), gefolgt werden.

Die Einzelregelung zu technisch getrocknetem Holz

So haben z. B. die neuen Regeln zu technisch getrocknetem Holz zu Verunsicherung geführt. In der DIN 68800-2, Abschnitt 6.3, Punkt b, wird als bauliche Maßnahme zur Verhinderung eines Bauschadens durch Insekten der Einsatz technisch getrockneten Holzes in der Gebrauchsklasse 1 vorgegeben. Der Grad der vorbeugenden Wirkung technisch getrockneten Holzes ist in Fachkreisen jedoch umstritten (vgl. Aicher/Radović/Volland, 2001; Hertel, 2010; Plarre, 2012). Zu entsprechenden Regelungen in der DIN 68800-1 hat die Deutsche Bauchemie e. V. sogar ein Rechtsgutachten erstellen lassen (Thode, 2012). Fakt ist, dass die – in ihrem Ausmaß umstrittene – vorbeugende Wirkung gegen den Befall des Hausbockkäfers (*Hylotrupes bajulus*) wissenschaftlich beschrieben wird (vgl. Hertel, 2010). Den Gewöhnlichen

Nagekäfer betreffend (*Anobium punctatum*) gibt es weniger Untersuchungen, die jedoch eine ähnliche Tendenz zeigen (vgl. z. B. Cross, 1984). Es sind jedoch seltene Einzelfälle bekannt, in denen Hausbockkäfer, Gewöhnliche Nagekäfer und andere Nagekäferarten an technisch getrocknetem Holz unter Einbaubedingungen der Gebrauchsklassen 1 und 2 vorgekommen sind.

Nach Meinung des Verfassers ist hier der Befallsdruck aus der Umgebung und gegebenenfalls die Einschleppung über bereits befallenes luftgetrocknetes Holz entscheidend. Hoher Befallsdruck bedeutet, dass in der Umgebung gute Bedingungen für Insekten vorliegen und dort deshalb viele Insekten vorhanden sind. Beispiele sind Neubauten und Umbauten in einer Gegend, für deren Bestandsbauten Hausbockkäferbefall häufig festgestellt wurde; auch Häuser am Waldrand unterliegen einem erhöhten Befallsdruck. Hier ist damit zu rechnen, dass viele Insekten in der Umgebung vorhanden sind. In unseren Breiten sind vor allem die Nagekäferarten auch im Wald heimisch. Wenn der Befallsdruck hoch ist, werden die Holz zerstörenden Insekten Eier auch an technisch getrocknetem Holz ablegen, und es kommt zur vollständigen Entwicklung der Insekten.

In diesem Zusammenhang muss hinterfragt werden, wie groß der Befallsdruck bei den in den Untersuchungen von Leimbinderhallen in Industriegebieten (vgl. Gersonde/Grinda, 1984; Aicher/Radović/Volland, 2001) war. Unter Verweis auf eine Feldstudie werden auch Gebäude ohne Befall in der Nähe älterer Gebäude in ausgewiesenen Hausbockkäfergebieten aufgeführt (vgl. Informationsdienst Holz, 2008a). Dies untermauert die Einschätzung, dass auch bei vermutlich hohem Befallsdruck ein Hausbockkäferbefall an technisch getrocknetem Holz nur als seltener Einzelfall anzunehmen ist. Absolut auszuschließen ist ein Befall jedoch nicht. Im erwähnten Rechtsgutachten (Thode, 2012) wird dargelegt, dass bereits das Risiko eines Befalls, ohne dass er tatsächlich eingetreten ist und zu einem „Bauschaden" geführt hat, zu Mangelansprüchen führe.

Angesichts der widersprüchlichen Befunde bzw. Beurteilungen kann für die Regelung zur insektenvorbeugenden Wirkung technischer Trocknung nicht von einer anerkannten Regel der Technik gesprochen werden.

Die Einzelregelung zu UV-beständigen Fassadenbahnen

Für eine anerkannte Regel der Technik ist mit Sicherheit anzunehmen, dass sie praktisch ausführbar ist. Wenn als zweites Beispiel die Einzelregelung zu UV-beständigen Fassadenbahnen in der DIN 68800-2, Abschnitt 5.2.1.2, Punkt e, betrachtet wird, ist festzustellen, dass der dort geforderte bauaufsichtliche Verwendbarkeitsnachweis zur UV-Beständigkeit bei Erscheinen der Norm 2012 und auch noch Mitte 2015 für kein einschlägiges Bauprodukt vorgelegen hat. Damit kann diese Regelung in der Praxis (noch) gar nicht umgesetzt werden. Bauordnungsrechtlich wäre für solche Konstruktionen formal eine Zustimmung im Einzelfall durch die Bauaufsichtsbehörde erforderlich. Der zuständige Normenausschuss beim DIN ist zwar nicht verantwortlich für die von den Herstellern zu beschaffenden Verwendbarkeitsnachweise. Es zeigt sich jedoch eine Praxisferne der Bestimmung, die nicht zu einer a. R. d. T. passt.

Fazit

Die DIN 68800-2 kann nicht pauschal als anerkannte Regel der Technik betrachtet werden, da einige Einzelbestimmungen keine anerkannten Regeln der Technik (vgl. z. B. Borsch-Laaks, 2013a, 2013b) bzw. widersprüchlich sind (vgl. Wießner, 2014). Diese Einstufung muss und kann begründet werden. Die Beweislast liegt dann bei demjenigen, der anzweifelt, dass die betreffende Normregel eine a. R. d. T. ist. Dennoch ist die Norm hilfreich, und für die meisten Einzelbestimmungen kann vorausgesetzt werden, dass sie a. R. d. T. sind. In Einzelfällen ist der Normanwender aufgefordert, zu analysieren, ob es sich um a. R. d. T. handelt, und gegebenenfalls mit dem Besteller über zu vereinbarende Beschaffenheiten zu (siehe Kapitel 4) sprechen.

1.5 Für den Holzschutz bedeutsame Klassifikationen

Im Holzbau gibt es mehrere für den baulichen Holzschutz wichtige Klassifikationssysteme (vgl. Arnold, 2012). Im Weiteren wird verschiedentlich Bezug auf die in diesen Systemen gebildeten Klassen – Gebrauchsklassen, Dauerhaftigkeitsklassen, Nutzungsklassen und Feuchtebeständigkeitsbereiche (früher „Holzwerkstoffklassen") – genommen. Sie sind in Tabelle 1.1 in einer Übersicht zusammengestellt.

Tabelle 1.1: Gebrauchsklassen, Dauerhaftigkeitsklassen, Nutzungsklassen und Feuchtebeständigkeitsbereiche („Holzwerkstoffklassen")

Klassifikation		**Kriterien**	**Anwendung**
Gebrauchsklassen (GK) nach DIN 68800-1 (2011)	GK 0	• trocken • Holzfeuchte ≤ 20 % • mittlere relative Luftfeuchte ≤ 85 %	Holzschutz
	GK 1	• trocken • Holzfeuchte ≤ 20 % • mittlere relative Luftfeuchte ≤ 85 % • Gefährdung durch Insekten	
	GK 2	• gelegentlich feucht • Holzfeuchte > 20 % • mittlere relative Luftfeuchte > 85 % • Gefährdung durch Insekten und Pilze	
	GK 3.1	• gelegentlich feucht, bewittert • Holzfeuchte > 20 % • keine Wasseranreicherung im Holz zu erwarten • Gefährdung durch Insekten und Pilze	
	GK 3.2	• häufig feucht, bewittert • Holzfeuchte > 20 % • Wasseranreicherung im Holz, auch räumlich begrenzt, zu erwarten • Gefährdung durch Insekten und Pilze	
	GK 4	• vorwiegend bis ständig feucht, Erdkontakt/Süßwasserkontakt • Holzfeuchte > 20 % • Gefährdung durch Insekten, Pilze und Moderfäule	
	GK 5	• ständig feucht, Meerwasserkontakt • Holzfeuchte > 20 % • Gefährdung durch Insekten, Pilze, Moderfäule und Holzschädlinge im Meerwasser	

Tabelle 1.1: Fortsetzung

Klassifikation		**Kriterien**	**Anwendung**
Dauerhaftigkeitsklassen (relative natürliche Dauerhaftigkeit von Vollholz gegen Holz zerstörende Pilze) nach DIN EN 350-2 (1994)	1	• sehr dauerhaft	Holzschutz
	2	• dauerhaft	
	3	• mäßig dauerhaft	
	4	• wenig dauerhaft	
	5	• nicht dauerhaft	
Nutzungsklassen (NKL) nach DIN EN 1995-1-1 (2010)	NKL 1	• Feuchtegehalt in Baustoffen, der einer Temperatur von 20 °C und einer relativen Luftfeuchte entspricht, die nur wenige Wochen im Jahr 65 % übersteigt • Holzfeuchte 5 bis 15 %	Tragwerksbemessung
	NKL 2	• Feuchtegehalt in Baustoffen, der einer Temperatur von 20 °C und einer relativen Luftfeuchte entspricht, die nur wenige Wochen im Jahr 85 % übersteigt • Holzfeuchte 10 bis 20 %	
	NKL 3	• Feuchtegehalt aufgrund von Klimabedingungen, die zu höheren Feuchtegehalten als in NKL 2 führen • Feuchtegehalt in Baustoffen, der einer Temperatur von 20 °C und einer relativen Luftfeuchte entspricht, die nur wenige Wochen im Jahr 65 % übersteigt • Holzfeuchte 12 bis 24 % (ggf. auch Werte über 24 %)	
Feuchtebeständigkeitsbereiche (früher „Holzwerkstoffklassen") nach DIN EN 13986 (2015)	Trockenbereich	• Bedingungen der NKL 1 • zulässige Holzfeuchte ≤ 15 %	Einsatz von Holzwerkstoffen
	Feuchtbereich	• Bedingungen der NKL 2 • zulässige Holzfeuchte ≤ 18 %	
	Außenbereich	• Bedingungen der NKL 3 • zulässige Holzfeuchte ≤ 21 %	

DIN EN 1995-1-1 DIN EN 1995-1-1 „Eurocode 5: Bemessung und Konstruktion von Holzbauten – Teil 1-1: Allgemeines – Allgemeine Regeln und Regeln für den Hochbau" (2010)

DIN EN 13986 DIN EN 13986 „Holzwerkstoffe zur Verwendung im Bauwesen – Eigenschaften, Bewertung der Konformität und Kennzeichnung" (2015)

2 Bewertung der Dauerhaftigkeit des Holzes und Einschätzung des Schadensrisikos

2.1 Natürliche Dauerhaftigkeit von Holz

Die Zuweisung zu einer Dauerhaftigkeitsklasse beruht auf standardisierten Vergleichen. Sie gibt an, wie lange ein Holzbauteil aus einer bestimmten Holzart im Vergleich mit anderen Holzarten dem natürlichen Stoffkreislauf entzogen werden kann.

Da Holz ein Naturmaterial ist, streuen seine technischen Eigenschaften in einem weiten Bereich (vgl. z. B. Kollmann, 1982). Pauschal von „Holz" zu reden, ist daher eine unzulässige Vereinfachung. So ist Splintholz nicht widerstandsfähig, während Kernholz Einlagerungsstoffe in der Zellwand enthalten kann, die es widerstandsfähig machen. Manchmal weist das juvenile Kernholz (die im Wachstum des Baumes zuerst gebildeten ca. 20 Jahrringe) weniger dieser Einlagerungsstoffe auf. Zudem ist jeder Baumstamm von eigener Beschaffenheit und jede Zone in einem Baumstamm hat andere Eigenschaften (vgl. z. B. Trendelenburg, 1955). Plantagenholz verhält sich wiederum anders als Urwaldholz. Daher wird z. B. in der DIN EN 350-2 „Dauerhaftigkeit von Holz und Holzprodukten – Natürliche Dauerhaftigkeit von Vollholz – Teil 2: Leitfaden für die natürliche Dauerhaftigkeit und Tränkbarkeit von ausgewählten Holzarten von besonderer Bedeutung in Europa" (1994) für einige Holzarten aus kultivierten Beständen eine größere Spannweite der Dauerhaftigkeit gegen Pilze angegeben als für Holzarten aus nicht kultivierten Beständen. Als weiterer Faktor herrschen je nach geografischer Region unterschiedliche Wuchsbedingungen, die zu Variationen der Dauerhaftigkeit innerhalb einer Holzart führen können. Den größten Einfluss auf die Holzeigenschaften hat jedoch die botanische Artzugehörigkeit. Entsprechend stellt die DIN EN 350-2 auf die unterschiedlichen Holzarten ab. Ferner wird in der Norm zwischen der Dauerhaftigkeit gegen Holz zerstörende Pilze, der Dauerhaftigkeit des Splintholzes gegen Nagekäfer und Hausbockkäfer sowie für einige Holzarten auch der Dauerhaftigkeit gegen Holzschädlinge im Meerwasser unterschieden.

2.1.1 Dauerhaftigkeit als relative Größe

Grundlage der Klassifikation sind im Wesentlichen wissenschaftliche Veröffentlichungen und Labor- sowie Freilanduntersuchungen (Abb. 2.1), in denen die Dauerhaftigkeit meist mit dem Splintholz der Kiefer (*Pinus sylvestris*) verglichen wird (DIN EN 350-1 „Dauerhaftigkeit von Holz und Holzprodukten – Natürliche Dauerhaftigkeit von Vollholz – Teil 1: Grundsätze für die Prüfung und Klassifikation der natürlichen Dauerhaftigkeit von Holz" [1994]). **Dauerhaftigkeit** ist daher eine relative Größe, die einen **Durchschnittswert bezogen auf nicht dauerhaftes Kiefernsplintholz** angibt. Außerdem bezieht sich die in der Norm vorgenommene Klassifikation der Dauerhaftigkeit ge-

Abb. 2.1: Prüfhölzer und Referenzhölzer im Freilandtestfeld zur Dauerhaftigkeitsprüfung im Erdeingrabversuch; links: Kolleschale für Dauerhaftigkeitsuntersuchungen im Labor, in der zu prüfende Holzproben und Referenzholzstücke auf einem Agarnährboden einem Pilz ausgesetzt werden (Quelle: Linda Meyer, Leibniz Universität Hannover)

gen Pilze auf Beanspruchung bei Erdkontakt. Wenn dabei das Prüfholz mehr als fünfmal so lange erhalten bleibt wie die Vergleichsprobe, wird es als „sehr dauerhaft" (Dauerhaftigkeitsklasse 1) bewertet. Unter der Annahme von z. B. 4 Jahren Standzeit für das Vergleichsholz errechnet sich daraus eine Standzeit von mindestens 20 Jahren für ein in Dauerhaftigkeitsklasse 1 eingeordnetes Holz. Diese Zahl erlaubt jedoch nicht den Schluss, dass Holz dieser Dauerhaftigkeitsklasse im gewählten Beispiel exakt 20 Jahre überdauert.

Das Prüfholz darf durch Pilzabbau nur maximal 15 % des Masseverlusts der Vergleichsprobe im Laborversuch erleiden, um in Dauerhaftigkeitsklasse 1 eingestuft zu werden. Erleidet das Vergleichsholz in der Kolleschale (Abb. 2.1) im Labor z. B. einen Masseverlust von 30 %, darf das Prüfholz also nur bis zu 4,5 % Masseverlust erleiden. Ab 2 bis 3 % Masseverlust muss bei Laborprüfungen jedoch bereits von einer Pilzschädigung ausgegangen werden.

Daraus ist ersichtlich, dass **auch als „dauerhaft" eingestufte Hölzer im Außenbereich eine begrenzte Gebrauchsdauer** haben. Häufig sind die tatsächlichen Einbaubedingungen jedoch weniger stark beanspruchend als im Erdeingrabversuch. Deshalb werden inzwischen auch andere Freilandversuche mit überlappenden Fugen ohne Erdkontakt durchgeführt (vgl. z. B. Rapp et al., 2007, 2010). Dabei sind längere Standzeiten der Hölzer festgestellt worden (vgl. z. B. Bollmus et al., 2012). Aus Freilanduntersuchungen hat sich auch ergeben, dass Eichenkernholz im Erdkontakt eher schlechter als bisher in der DIN EN 350-2 üblich zu bewerten ist und Douglasien-, Kiefern- und Lärchenkernholz ohne Erdkontakt eher besser (vgl. Rapp, 2015). Insbesondere dann, wenn bewittertes Holz zügig wieder trocknen kann, wie z. B. bei gut konstruierten Brettschalungen, reicht eine kurzzeitige Feuchtespitze nicht aus, um Holz zerstörenden Pilzen eine Lebensgrundlage zu bieten.

Fazit

Dauerhaftigkeitsklassen sind relative Größen im Vergleich mit Kiefernsplintholz. Holzarten lassen sich daher in Größenordnungen der Dauerhaftigkeit miteinander vergleichen. Es ist aber nicht möglich, anhand der Dauerhaftigkeitsklasse eine exakte Zeitdauer, in der das eingebaute Holz frei von Schädlingsbefall bleibt, anzugeben.

2.1.2 Dauerhaftigkeitsklassen

In der **DIN EN 350-2** werden Holzarten nach ihrer Dauerhaftigkeit gegen Holz zerstörende Pilze in **5 Dauerhaftigkeitsklassen** eingeordnet, die von Klasse 1 (sehr dauerhaft) bis Klasse 5 (nicht dauerhaft) reichen. Splintholz ist immer in Dauerhaftigkeitsklasse 5 einzuordnen. Bezogen auf die in den deutschsprachigen Ländern wesentlichen Schädlinge Hausbockkäfer (*Hylotrupes bajulus*), Gewöhnlicher Nagekäfer (*Anobium punctatum*) und Splintholzkäfer – hier der Braune Splintholzkäfer (*Lyctus brunneus*) – wird zwischen „dauerhaft“ und „anfällig“ unterschieden. Einen Auszug der Einstufungen nach DIN EN 350-2 zeigt Tabelle 2.1, Tabelle 2.2 stellt die Ergänzungen nach DIN 68800-1 dar.

Derzeit (Mitte 2015) ist die DIN EN 350-2 in Überarbeitung. Neuere Erkenntnisse, die zu differenzierteren Beurteilungen geführt haben, sollen eingearbeitet werden. So wird erwogen, die Testergebnisse in Anlehnung an die Prüfnormen DIN EN 252 „Freiland-Prüfverfahren zur Bestimmung der relativen Schutzwirkung eines Holzschutzmittels im Erdkontakt“ (2015) und DIN EN 113 „Holzschutzmittel – Prüfverfahren zur Bestimmung der vorbeugenden Wirksamkeit gegen holzzerstörende Basidiomyceten – Bestimmung der Grenze der Wirksamkeit“ (1996) sowie deren Interpretation nach DIN EN 350-1 nicht mehr ausschließlich auf den relativen Vergleich mit einer Referenzholzart zu beziehen, sondern auch absolute Masseverluste durch Pilzbefall zu berücksichtigen. Aufgrund der großen Variabilität wird für einige Holzarten zukünftig wahrscheinlich eine größere Bandbreite der Dauerhaftigkeitsklassen angegeben. Wie hilfreich die Einstufungen für die Praxis dann noch sind, muss sich erweisen.

Tabelle 2.1: Einstufungen häufig eingesetzter Konstruktionshölzer nach DIN EN 350-2

wissen-schaftliche Bezeichnung	Handelsname	Herkunft	Dichte in kg/m³	natürliche Dauerhaftigkeit				Tränkbarkeit[4]		Splintholzausdehnung[5]	Bemerkung
				Pilze[1]	Hausbockkäfer[2]	Gewöhnlicher Nagekäfer[2]	Termiten[3]	Kernholz	Splintholz		
Abies alba	Tanne, Weißtanne	Europa, Nordamerika	ca. 460	4	SH	SH	S	2–3	2 (v)	x	
Larix decidua	Lärche	Europa, Japan	ca. 600	3–4	S	S	S	4	2 (v)	s	
Picea abies	Fichte	Europa	ca. 460	4	SH	SH	S	3–4	3 (v)	x	
Pinus sylvestris	Kiefer, Föhre	Europa	ca. 520	3–4	S	S	S	3–4	1	s–m	
Fagus sylvatica	Buche	Europa	ca. 710	5	–[6]	S	S	1 (4)[7]	1	x	
Quercus robur	Eiche	Europa	ca. 710	2	–[6]	S	M	4	1	s	Splintholz anfällig für Splintholzkäfer

1) natürliche Dauerhaftigkeit gegen Holz zerstörende Pilze im Erdkontakt:
2 dauerhaft
3 mäßig dauerhaft
4 wenig dauerhaft
5 nicht dauerhaft

2) natürliche Dauerhaftigkeit gegen den Hausbockkäfer und den Gewöhnlichen Nagekäfer sowie gegen den Braunen Splintholzkäfer, der nur stärkereiches Laubsplintholz befällt:
S anfällig
SH auch Kernholz als anfällig bekannt

3) natürliche Dauerhaftigkeit gegen Termiten:
M mäßig dauerhaft
S anfällig

4) Tränkbarkeit:
1 gut tränkbar
2 mäßig tränkbar
3 schwer tränkbar
4 sehr schwer tränkbar
v ungewöhnlich hohe Variabilität

5) Splintholzausdehnung:
m mittel
s schmal
x ohne deutlichen Unterschied zwischen Splint und Kern

6) Laubhölzer werden vom Hausbockkäfer nicht befallen.

7) Einstufung in Klasse 4, wenn ein Rotkern vorhanden ist

Tabelle 2.2: Natürliche Dauerhaftigkeit von in der DIN EN 350-2 nicht genannten Holzarten nach DIN 68800-1, Tabelle 2 und 3

Holzart		natürliche Dauerhaftigkeit des Farbkernholzes gegen Holz zerstörende Pilze im Erdkontakt[1)]	natürliche Dauerhaftigkeit gegen Holz zerstörende Insekten	
wissenschaftliche Bezeichnung	Handelsname		Hausbockkäfer	Gewöhnlicher Nagekäfer
Larix sibirica	Sibirische Lärche	3–4[2)]	nur Splintholz anfällig	–[3)]
Tabebuia heptaphylla	Ipe	1	nicht anfällig	
Dinizia excelsa	Angelim vermelho	1–2		
Dipteryx odorata	Cumaru	1–2		
Apuleia leiocarpa	Garapa	1–2		
Parashorea spp.	Heavy White Seraya[4)]	3		
Mezilaurus spp.	Itauba	1–2		
Hymenaea spp.	Jatoba	2		
Manilkara spp.	Massaranduba	1		
Autranella congolensis	Mukulungu	1		
Erythrophleum ivorense	Tali	1		
Bagassa guianensis	Tatajuba	1		

spp. species pluralis: mehrere oder alle Arten einer Gattung

1) natürliche Dauerhaftigkeit gegen Holz zerstörende Pilze im Erdkontakt:
1 sehr dauerhaft
2 dauerhaft
3 mäßig dauerhaft
4 wenig dauerhaft

2) Dauerhaftigkeitsklasse 3 bei einer Dichte > 700 kg/m^3

3) keine hinreichend sicheren Daten verfügbar

4) Heavy White Seraya wird als Teil des Sortiments Gerutu gehandelt.

2.1.3 Zulässige Holzarten für tragende Bauteile

Verweisfehler in der DIN 68800-1 und Wegfall der Liste in DIN 1052-1

Die DIN 68800-1, Tabelle 2, nennt die in der DIN EN 350-2 nicht aufgeführte Holzart Ipe als verwendbar nach DIN EN 1995-1-1/NA „Nationaler Anhang – National festgelegte Parameter – Eurocode 5: Bemessung und Konstruktion von Holzbauten – Teil 1-1: Allgemeines – Allgemeine Regeln und Regeln für den Hochbau" (2010). Die DIN 68800-1 unterstellt mit diesem Verweis auf die DIN EN 1995-1-1/NA, dass diese Norm eine Liste zulässiger Holzarten für tragende Konstruktionen enthält. Tatsächlich findet sich eine solche Liste dort jedoch nicht.

Für Laubhölzer enthält allerdings die **DIN 20000-5** „Anwendung von Bauprodukten in Bauwerken – Teil 5: Nach Festigkeit sortiertes Bauholz für tragende Zwecke mit rechteckigem Querschnitt" (2012) **eine Liste zulässiger Holzarten zur tragenden Verwendung**; für Nadelhölzer sind dem Verfasser keine gültigen Normen bekannt, die die Verwendung einzelner Holzarten als tragendes Bauteil in Deutschland einschränken. Eine Liste von Holzarten, die für tragende Bauteile zu verwenden sind, gab es zwar in der DIN 1052-1 „Holzbauwerke; Berechnung und Ausführung" (1988). In den späteren Fassungen DIN 1052 „Entwurf, Berechnung und Bemessung von Holzbauwerken – Allgemeine Bemessungsregeln und Bemessungsregeln für den Hochbau" von 2004 und 2008 sowie in der Fassung der DIN EN 1995-1-1/NA von 2010 (jedoch nicht mehr in der Fassung der DIN EN 1995-1-1/NA von 2013) waren diese Holzarten in einer Tabelle zu Schwind-/Quellmaßen aufgeführt; nirgendwo wurde jedoch erwähnt, dass einzig diese, bezüglich des Schwind-/Quellverhaltens genannten Holzarten für tragende Bauteile einzusetzen wären.

Die Ungenauigkeit in Tabelle 2 der DIN 68800-1 ergibt sich aus der oben dargestellten Entwicklung, in der der Wegfall der in der DIN 1052-1 von 1988 noch enthaltenen Liste von Holzarten für tragende Bauteile in den Fassungen DIN 1052 von 2004 und 2008 nicht in die DIN 68800-1 von 2012 eingegangen ist.

Zumindest **bauordnungsrechtlich** ist somit **für nicht in der DIN 20000-5 genannte Laubholzarten bei tragendem Einsatz eine Zustimmung** im Einzelfall **erforderlich**. Technologisch begründen lässt sich diese bauordnungsrechtliche Einschränkung nur ansatzweise damit, dass für andere Holzarten zu wenige Erfahrungen vorlägen. Die DIN EN 1912 „Bauholz für tragende Zwecke – Festigkeitsklassen – Zuordnung von visuellen Sortierklassen und Holzarten" (2013) lässt sich dagegen dahin gehend interpretieren, dass alle dort einer Festigkeitsklasse zugeordneten Holzsortimente sowie direkt maschinell einer Festigkeitsklasse zugeordnete Einzelhölzer für Tragwerke verwendbar sind. Ob deren Dauerhaftigkeitsklasse den Einsatzbedingungen gerecht wird, ist separat zu prüfen.

Praxistipp

Um besonders dauerhafte Konstruktionen zu erstellen, werden gelegentlich **Tropenhölzer** verwendet. Zu Tropenhölzern ist ebenso wie zu **Sibirischer Lärche** (*Larix sibirica*) anzumerken, dass auch Prüfsiegel wie FSC (Forest Stewardship Council, www.fsc-deutschland.de) und PEFC (Programme for Endorsement of Forest Certification Schemes, https://pefc.de) nicht garantieren können, dass das Holz unter ökologisch und sozial unbedenklichen Bedingungen aus Urwäldern entnommen wurde (vgl. Greenpeace-Position zum Forest Stewardship Council [FSC], 2010). In der Planungsphase sollte daher abgewogen werden, ob entsprechende Importware wirklich benötigt wird. Dabei ist auch zu prüfen, ob gegebenenfalls chemisch vorbeugend geschütztes Holz eine im Vergleich umweltverträglichere Alternative darstellt. Ware ohne Zertifizierung sollte nicht geordert bzw. nicht angenommen werden.

Begrenzung des Splintholzanteils

Gemäß DIN 68800-1 ist für Dauerhaftigkeitseinstufungen ein Splintholzanteil von maximal 5 % zulässig. Wenn Holz mit mehr Splintanteil verbaut wird, ist seine Dauerhaftigkeit als „nicht dauerhaft" (Klasse 5) anzunehmen: *„Splintholz ist stets der Dauerhaftigkeitsklasse 5 zuzuordnen. Farbkernholz mit Splintholzanteil bis 5 % kann wie reines Kernholz eingestuft werden."*

(DIN 68800-1, Abschnitt 6.8.2.1) Wenn dagegen eine Konstruktion über dauerhaftes Kernholz in Gebrauchsklasse [GK] 1 als gemäß Norm nicht durch einen Befall durch Holz zerstörende Insekten gefährdet eingestuft werden soll, sind bis zu 10 % Splintanteil zulässig (DIN 68800-1, Abschnitt 8.2). Diese Regelungen wurden in die Norm aufgenommen, um sie für die Praxis umsetzbar zu machen. Völlig splintfreie Ware ist selbst dann, wenn sie ausdrücklich bestellt wird, kaum erhältlich. Deshalb wird ein geringer Splintanteil nach Norm akzeptiert. Da von pilzbefallenem Splintholz aus auch das Kernholz angegriffen werden kann (vgl. Huckfeldt, 2014; Huckfeldt/Schmidt, 2015), sollte ausdrücklich splintfreie Ware geordert werden, wenn entsprechende Dauerhaftigkeitsanforderungen bestehen. Das Holz sollte nach Möglichkeit so verbaut werden, dass eventuell vorhandene Splintholzreste nicht in Zonen erhöhter Feuchte liegen. An bewitterten Bauteilen sollte anhaftendes Splintholz vor dem Einbau abgeschält werden. Die großzügigere Regel, 10 % Splintanteil für die „Vermeidung von Bauschäden durch Insekten" zu akzeptieren (DIN 68800-1, Abschnitt 8.2; DIN 68800-2, Abschnitt 6.3, Punkt e), beruht auf der Annahme, dass Insektenfraßgänge die Holzfestigkeit weniger beeinträchtigen als ein Befall durch Holz zerstörende Pilze.

Hinweis

Dauerhaftigkeitsklassen hinsichtlich Pilzbefall beziehen sich nur auf das Kernholz. Nach DIN 68800-1 ist zwar maximal 5 % Splintanteil zulässig. An feuchtegefährdeten Stellen sollte jedoch nur absolut splintfreie Ware eingebaut werden. Gegebenenfalls muss Holz mit mehr Splintanteil in der Eingangskontrolle verworfen werden. Bei Einbaubedingungen ohne Gefahr eines Pilzbefalls (Gebrauchsklasse 1) sind nach DIN 68800-1 10 % Splintanteil tolerabel, um eine normgerechte Vorbeugung gegen Insektenbefall durch die Wahl von Farbkernholz zu erzielen.

Modifiziertes Holz für nicht tragende Konstruktionen

Insbesondere für den Gartenbau werden modifizierte Hölzer angeboten. Bei der Modifizierung wird das natürliche Holz durch Hitzebehandlung, Acetylierung oder andere Verfahren verändert, um eine höhere Dauerhaftigkeit gegen Pilzbefall zu erzielen. Der Erfolg hängt entscheidend von der Qualität der Ausgangsware und der technischen Prozessführung ab. Für tragende Anwendungen sind modifizierte Hölzer nicht pauschal zugelassen. Hier ist jeweils ein bauaufsichtlicher Verwendbarkeitsnachweis erforderlich. Wenn modifizierte Hölzer für nicht tragende Bauteile verwendet werden sollen, wird empfohlen, sich vom Hersteller Ergebnisse unabhängiger Laboruntersuchungen zur Dauerhaftigkeit der Ware vorlegen zu lassen.

2.2 Insektenbefall

Mit der letzten Überarbeitung der DIN 68800 ist bei den Anwendern eine große Unsicherheit bezüglich der Risiken durch Holz zerstörende Insekten eingetreten. Hier muss zwischen theoretisch möglichem Befall, tatsächlichem Befall und der „Gefahr eines Bauschadens" im Sinne der Norm unterschieden werden. Im Gebäudebestand ist außerdem noch abzugrenzen, ob es sich um einen Altschaden oder um einen aktiven Befall handelt. Ein Befall durch Hausbockkäfer ist prinzipiell an allen Nadelhölzern möglich. Hierfür

Abb. 2.2: Vom Hausbockkäfer befallenes Kiefernholz: Das Splintholz ist durch die Hausbockkäferlarven stark geschädigt, während in das Kernholz hinein nur 2 kurze Fraßgänge angelegt sind.

müssen Splintholzzonen vorhanden sein. In das Nadelkernholz nagen sich Hausbockkäferlarven aus der befallenen Splintholzzone dagegen nur selten und wenden sich schnell wieder dem Splintholz zu, sodass kein nennenswerter Schaden im Kernholz entsteht (Abb. 2.2).

Verringerung der Befallsattraktivität des Holzes durch technische Trocknung

Laborversuche und vereinzelte Beobachtungen in der Praxis haben gezeigt, dass die Larvenentwicklung des Hausbockkäfers auch an technisch getrocknetem Holz möglich ist. In der DIN 68800-1, Abschnitt 8.2, wird dagegen als ausreichende bauliche Maßnahme zum Schutz gegen Holz zerstörende Insekten in der Gebrauchsklasse 1 die Verwendung von technisch getrocknetem Holz genannt. In der DIN 68800-2, Abschnitt 6.3, wird technisch getrocknetes Holz bei im Gebrauch auftretenden Holzfeuchten bis zu 20 % als ausreichend angesehen, um einen Bauschaden durch Insekten zu verhindern.

Die Verringerung der Attraktivität des Holzes für Insekten durch technische Trocknung ist für Hausbockkäfer intensiver untersucht als für andere Insekten. Es gibt jedoch Hinweise, dass die Hitze der technischen Trocknung das Holz auch für andere Insekten wie den Gewöhnlichen Nagekäfer unattraktiver für die Eiablage bzw. nährstoffärmer für die Larven macht (vgl. z. B. Bletchly, 1966; Cross, 1984). Technische Trocknung reduziert also das Befallsrisiko. Die Möglichkeit eines Insektenbefalls kann aber auch an technisch getrocknetem und in trockenen Bedingungen verbautem Holz nicht absolut ausgeschlossen werden. Es gibt sehr seltene Fälle, in denen an technisch getrocknetem Holz in Einbaubedingungen der Gebrauchsklassen 1 und 2 Insektenbefall aufgetreten ist. Dieses Risiko ist allerdings verschwindend gering. Zudem ist davon auszugehen, dass die technische Trocknung an zugesägtem, noch nicht verbautem Holz einen Befall durch Eiablage und daraus frisch geschlüpften Larven jeder Insektenart abtötet. In der Produktionskette kann also – bei sofortiger Weiterverarbeitung und Einbau nach der Trocknung – kein Schnittholz mehr unerkannt befallen und in diesem Zustand eingebaut werden. Dies ist ein großer Vorteil gegenüber luftgetrockneter Ware.

Tabelle 2.3: Bedingungen für einen Befall durch bedeutende Holz zerstörende Insekten (nach Becker, 1950; Ridout, 2004)

Befallsbedingungen	**Insektenart**			
	Hausbockkäfer	**Gewöhnlicher Nagekäfer**	**Splintholzkäfer**	**Bunter Nagekäfer**
Holzfeuchtebereich	9 ... 32 ... 62 %[1)]	11 ... 28 ... 47 %[1)]	7 ... 16 ... 23 %[1)]	ab ca. 12 %[2)]
Luftfeuchtebereich (relative Luftfeuchte)	dauerhaft über 40 bis 50 %[3)]	dauerhaft über 55 bis 60 %[3)]	–[4)]	über 23 %[2)]
Temperaturbereich	11 ... 29 ... 38 °C[1)]	13 ... 23 ... 29 °C[1)]	–[4)]	unter 30 °C[2)]
Holzart	alle Nadelhölzer	Nadel- und Laubhölzer	stärkereiche Laubhölzer (z. B. Abachi, Limba, Eichensplintholz)	Eiche, Fichte, Kiefer und weitere Laub- und Nadelhölzer
Pilzvorschädigung	nicht erforderlich	nicht erforderlich	nicht erforderlich	erforderlich; Ausbreitung über den Pilzschadensbereich hinaus
bevorzugte Holzzonen	Splintholz	Splintholz (Befall des Kernholzes möglich)	je nach Stärkegehalt der Holzart nur das Splintholz oder der gesamte Querschnitt	vor allem innere, pilzbefallene Querschnittszonen
Verringerung der Befallsattraktivität durch technische Trocknung	erwiesen	erwiesen[5)]	nicht erwiesen	nicht erwiesen

1) Werte des Minimums, des Optimums und des Maximums, sofern Angaben verfügbar (Becker, 1950, Grafiken zur Entwicklungsgeschwindigkeit, Abb. 93, S. 116, u. Abb. 94, S. 117)
2) Ridout, 2004
3) Becker, 1950
4) keine hinreichend sicheren Angaben verfügbar
5) weniger intensiv untersucht als für den Hausbockkäfer

Praxistipp

Technische Trocknung vermindert die Attraktivität des Holzes für Hausbockkäfer und andere Holz zerstörende Insekten. Technisch getrocknetes Holz ist nach DIN 68800-1 *„Holz, das in einer dafür geeigneten technischen Anlage prozessgesteuert bei einer Temperatur $T \geq 55$ °C mindestens 48 h auf eine Holzfeuchte $u \leq 20$ % getrocknet wurde“* (DIN 68800-1, Abschnitt 3.20, S. 8). Für Brettschichtholz, Brettsperrholz und Konstruktionsvollholz kann aufgrund der Herstellungsbedingungen davon ausgegangen werden, dass diese Kriterien erfüllt sind. Für technisch getrocknetes Listenholz sollte für jede bestellte Charge eine Bescheinigung des Trocknungsbetriebs über die Erfüllung der genannten Kriterien gefordert werden. Am geeignetsten ist hierfür das Klimaprotokoll der Trocknungsanlage für die jeweilige Charge.

Auch der Gewöhnliche Nagekäfer tritt an wohnraumtrockenen Hölzern so gut wie nie auf. Splintholzkäfer können dagegen auch sehr trockenes Holz befallen. Dies wird in der DIN 68800 nur am Rande behandelt: *„In Räumen mit üblichem Wohnklima ist nur für das Splintholz von stärkereichen Laubhölzern (z. B. Abachi, Limba, Eichensplintholz) eine Gefahr von Schäden durch Lyctusbefall (Splintholzkäfer) gegeben.“* (DIN 68800-1, Abschnitt 5.2.1, S. 12, Anmerkung) Am häufigsten kommt Splintholzkäferbefall vor, wenn bereits befallene Materialien eingebaut werden. Die Käfer werden also meist in Gebäude eingeschleppt und fliegen nur selten aus der Umgebung zu. In der Regel sind durch Splintholzkäfer gefährdete Bauteile zudem keine tragenden Teile bzw. haben genug unempfindliches Farbkernholz. Der Bunte Nagekäfer (*Xestobium rufovillosum*) kann seinen Befall von pilzgeschädigtem Holz auch begrenzt auf gesundes Holz ausdehnen. Auch Eichenkernholz ist so von den Käferlarven verwertbar.

In Tabelle 2.3 sind Bedingungen für den Befall durch Holz zerstörende Insekten zusammengestellt. Bei den Angaben ist zu berücksichtigen, dass Insektenbefall eine Naturerscheinung ist und deshalb nicht starren Grenzbedingungen unterliegt; die angegebenen Werte sind daher als Anhaltswerte zu verstehen.

Gefahren eines Bauschadens

Sowohl Eintrittswahrscheinlichkeit als auch Schaden für Leib und Leben durch Insektenbefall sind in den Gebrauchsklassen 0 bis 2 verschwindend gering. Insektenbefall sollte daher als ein zwar unvermeidbares, aber doch sehr unwahrscheinliches Risiko und nicht als Bedrohung wahrgenommen werden. Bei ordnungsgemäßer Kontrolle und Wartung eines Gebäudes (§ 3 Abs. 1 Musterbauordnung [MBO]) kann aus den Einzelfällen, in denen Befall vorkommt, so gut wie nie eine Standsicherheitsgefährdung entstehen. Dies ist mit der normgerechten Vermeidung der Gefahr eines Bauschadens gemeint. Leider wird diese Betrachtungsweise in den Normen der Reihe DIN 68800 nicht dargelegt.

Angesichts der geringen Eintrittswahrscheinlichkeit eines Insektenbefalls erscheint es in der Abwägung nicht sinnvoll, vorbeugend Holzschutzmittel einzusetzen. Zwar ist nach aktuellem Kenntnisstand nicht von einer Gesundheitsgefährdung auszugehen, wenn zugelassene Biozide bestimmungsgemäß angewendet werden, doch sollte der Biozideinsatz trotzdem vermieden werden, weil von Biozidprodukten *„aufgrund ihrer inhärenten Eigenschaften und der hiermit in Verbindung stehenden Formen der Verwendung ein Risiko für Mensch, Tier und Umwelt ausgehen [kann]“* (Verordnung [EU] Nr. 528/2012 [Biozid-Verordnung], Präambel, Abs. 1). Einige Stoffe unterliegen auch einem Minimierungsgebot nach § 7 Abs. 4 Gefahrstoffverordnung. In Zukunft werden Stoffe zudem möglicherweise kritischer bewertet als heute.

Hinweis

Ein bereits eingetretener Befall mit Holz zerstörenden Insekten kann nur relativ aufwendig bekämpft werden. Ein Austausch von Bauteilen ist daher technologisch oft die sinnvollere Lösung.

Wie dargestellt sind Standsicherheitsgefährdungen durch Insekten in der Regel nicht zu erwarten. Deshalb ist Insektenbefall eigentlich ein optisches Problem. Da hierfür die Akzeptanz verloren gegangen ist, wird nach allgemeiner Verkehrssitte in den letzten Jahrzehnten jedoch auch leichter Insektenbefall als Schaden wahrgenommen. Im Werkvertrag kann daraus ein Sachmangel werden (siehe Kapitel 4).

Fazit

Ein Insektenbefall ist zwar theoretisch fast immer möglich, doch tritt er nur sehr selten auf. Dabei stellen die Holzart, die Insektenart und die Art der Holztrocknung die wichtigsten Faktoren dar. Die Holzfeuchte im Gebrauchszustand und der Befallsdruck aus der Umgebung haben ebenfalls Einfluss auf die Möglichkeit eines Befallseintritts. Ein eingetretener Befall kann die Standsicherheit praktisch allerdings nicht gefährden. Hier stiftet die Verwendung des Begriffes „Gefahr eines Bauschadens“ in der DIN 68800 einige Verwirrung, da die Norm damit eine Standsicherheitsgefährdung meint, während nach allgemeiner Verkehrssitte dagegen bereits ein Befall mit geringfügigen Materialbeeinträchtigungen wie einzelnen Ausschlupflöchern als „Schaden“ gilt.

Der Verfasser ist der Auffassung, dass in der Regel das geringe verbleibende Insektenbefallsrisiko toleriert werden kann, wenn die von der Norm gegebenen Möglichkeiten, Gebrauchsklasse 0 zu erreichen, befolgt werden. Das Risiko lässt sich weiter senken, wenn mehrere der folgenden nach DIN 68800-2 bereits für sich allein ausreichenden baulichen Maßnahmen gegen Insektenbefall zusammen ausgeführt werden:

„*a) Einsatz von Holz in Räumen mit üblichem Wohnklima oder vergleichbaren Räumen oder Einsatz unter entsprechenden Bedingungen;*
b) Einsatz von Brettschichtholz, Brettsperrholz, technisch getrocknetem Bauholz oder Holzwerkstoffen mit einer Holzfeuchte $u \leq 20$ % im Gebrauchszustand;
c) eine allseitige insektenundurchlässige Abdeckung des zu schützenden Holzes;
d) offene Anordnung des Holzes, so dass es kontrollierbar ist und an sichtbar bleibender Stelle dauerhaft ein Hinweis auf die Notwendigkeit einer regelmäßigen Kontrolle angebracht wird;
e) Verwendung von Farbkernhölzern, die einen Splintholzanteil ≤ 10 % aufweisen.“ (DIN 68800-2, Abschnitt 6.3, S. 13)

Es wird immer Konstruktionen geben, bei denen aufgrund besonderer Randbedingungen ein Insektenbefall wahrscheinlicher ist oder ein eingetretener Befall nicht akzeptabel ist und zudem einen hohen Aufwand zu seiner Beseitigung erfordern würde. Hier ist es auch weiterhin möglich, normgerecht chemisch vorbeugenden Holzschutz zusätzlich zum baulichen Holzschutz einzusetzen. Insbesondere klimatische Randbedingungen, mögliche Schadensfolgen und der Befallsdruck aus der Umgebung müssen hier berücksichtigt werden.

2.3 Pilzbefall

Holz zerstörende Pilze lassen sich anhand des Schadensbilds in 3 Gruppen einteilen:

- **Braunfäulepilze** bauen die Cellulose und Hemicellulosen im Holz ab. Makroskopisch wird das Holz dadurch braun und bekommt holzkohleartige Quer- und Längsrisse, den sogenannten Würfelbruch (Abb. 2.3).
- **Weißfäulepilze** bauen neben Cellulose und Hemicellulosen auch Lignin ab. Dadurch wird das Holz hell und faserig (Abb. 2.4).
- **Moderfäulepilze** erzeugen mikroskopisch kleine rautenförmige Abbaukavernen in der Zellwand der Holzzellen. Die geschädigte Oberfläche ist manchmal dunkel und schmierig oder zeigt einen sehr kleinen Würfelbruch (Abb. 2.5).

Schimmelpilze und **Bläuepilze** können zu Beeinträchtigungen führen, ohne die Festigkeit des Holzes technisch betrachtet herabzusetzen. Daher wird auf Schimmel- und Bläuepilze im Weiteren nur am Rande hinsichtlich der Beeinträchtigung der Oberflächenbeschaffenheit des Holzes eingegangen.

Pilze sind auf höhere Feuchte angewiesen als die meisten Holz zerstörenden Insekten. Unter trockenen Bedingungen resultieren daraus deutlich geringere Befallsrisiken als für einen Befall durch Insekten. Allerdings ist ein **Pilzbefall in der Regel schwerwiegender als ein Insektenbefall**. Die mikroskopisch kleinen Hyphen – und mit ihnen der Festigkeitsverlust – reichen weiter in das Holz hinein, als mit bloßem Auge erkennbar ist. Zudem sind pilzgeschädigte Zonen meist stärker in der Festigkeit gemindert als Holzbereiche mit den bindfadenförmigen Fraßgängen von Insektenlarven. So wurden an Birkenholz unter Einwirkung eines Braunfäulepilzes bei 20 % Gewichtsverlust bereits rund 50 % Verlust an Biegefestigkeit festgestellt (vgl. Rypáček, 1966). Die Druckfestigkeit von Holz, das von Echtem Hausschwamm (*Serpula lacrymans*) befallen ist, wird bei 10 % Gewichtsverlust bereits um ca. 45 % herabgesetzt (vgl. Liese/Stamer, 1934). Unter realistischen Temperaturschwankungen zwischen +23,8 °C und −5 °C konnte an Fichtenholz bei einem Gewichtsverlust von 11,3 % bereits eine Verringerung des dynamischen Elastizitätsmoduls um 17 % durch Befall mit dem Echten Hausschwamm gemessen werden (vgl. Reinprecht, 2004). Dieses Schadensausmaß war bereits innerhalb von nur 2 Monaten eingetreten. Bereits unterhalb des Fasersättigungsbereichs sind die Pilze in der Lage, Holz zu überwachsen und abzubauen. Oberhalb des Fasersättigungsbereichs finden sie jedoch bessere bis optimale Bedingungen und ein Befall kann rasch zu größeren Schäden führen.

Holz in wohnraumtrockenem Klima unterliegt dagegen **keiner Gefährdung** durch Holz zerstörende Pilze. Bei häufigem Tauwasserausfall oder anderer Befeuchtung mit flüssigem Wasser besteht jedoch das Risiko eines Pilzbefalls. In der DIN 68800 ist als Grenzholzfeuchte eine Schwelle von 20 % angegeben. Dieses Maß ist seit Jahrzehnten bewährt (vgl. Findlay, 1937; Theden, 1941) und enthält eine gewisse Sicherheitsspanne. Sie liegt jedoch nicht regelmäßig bei 10 % Holzfeuchte, sondern deutlich darunter. Einige Veröffentlichungen (z. B. Radović et al., 2013) vereinfachen dagegen zu stark und stellen die Sicherheitsspanne daher etwas größer dar, als sie tatsächlich zu veranschlagen ist.

Abb. 2.3: Braunfaules Holz mit Würfelbruch

Abb. 2.4: Helles, faseriges weißfaules Holz

Abb. 2.5: Moderfaules Holz mit kleinem Würfelbruch

In der Risikobewertung hinsichtlich Pilzbefall wirkt sich zwar positiv aus, dass für einen Pilzbefall höhere Feuchten als für einen Insektenbefall erforderlich sind. Negativ wirkt sich jedoch aus, dass Pilzschäden größere Festigkeitsminderungen verursachen.

2.4 Risikobewertung

Notwendigkeit der Einzelfallbetrachtung

Je nach Gebrauchszweck und geplanter Nutzungsdauer eines Holzbauteils sowie nach dem Aufwand für potenzielle Reparaturen können Risikobewertungen z. B. hinsichtlich Pilzbefall sehr unterschiedlich ausfallen. Bei tragenden oder anders sicherheitsrelevanten Bauteilen sollten Bedingungen, die innerhalb der geplanten Nutzungsdauer Pilzbefall ermöglichen, nicht toleriert werden. Untergeordnete Bauteile oder Bauteile, die leicht auszutauschen und als Verschleißteil anzusehen sind, können dagegen durchaus pilzbefallförderlichen Umgebungsbedingungen ausgesetzt werden (Abb. 2.6). In der DIN 68800-1 wird dies als „fehlende Notwendigkeit" von Holzschutzmaßnahmen bezeichnet (Abschnitt 7.2, S. 18). Eine solche Risikobewertung muss immer mit dem Auftraggeber abgestimmt werden (siehe Kapitel 4).

In Flachdächern sollte z. B. weder die Sparrenlage noch die Dachschalung dem Risiko eines Pilzbefalls ausgesetzt sein. Für ein als Verschleißteil konzipiertes unteres Fassadenschalungsbrett kann dagegen ein Pilzbefall als tolerabel angesehen werden. Eine Gehwegabgrenzung in einem Park kann mit wenig Aufwand konstruiert werden, sodass ein schneller Verschleiß in Kauf genommen werden kann. Eine Brüstung an einer Holzbrücke muss jedoch zuverlässig über lange Zeit funktionstauglich bleiben. Rankhilfen im Garten, die nur im ersten Jahr für anwachsende Pflanzen erforderlich sind, können ebenfalls dem Risiko eines Pilzbefalls ausgesetzt werden. Auch die Katzentreppe in Abb. 2.7 bedarf bei vernünftiger Risikobewertung keiner besonderen Holzschutzmaßnahmen.

Praxistipp

> Holzbauteile können bewusst als Verschleißteile eingesetzt werden. Entsprechende Konzepte müssen mit dem Auftraggeber jedoch abgestimmt sein.

Vorgehensweise

Risiko ist das Produkt aus Eintrittswahrscheinlichkeit und Intensität eines möglichen (unerwünschten) Ereignisses (vgl. z. B. Schneider, 2007). Wenn sinnvolle Grundannahmen getroffen werden, ist ein Risiko als statistische Größe mathematisch beschreibbar. Für übliche Bauplanungen fehlen jedoch häufig die Basisdaten. In diesem Fall ist allerdings eine qualitative Bewertung möglich.

Eine grobe Annäherung an eine solche qualitative Risikobewertung besteht darin, für Eintrittswahrscheinlichkeit und Schadensintensität Höhen festzulegen (z. B. jeweils 3 Stufen wie in Abb. 2.8) und daraus eine Matrix zu bilden. Durch Multiplikation von Eintrittswahrscheinlichkeit und Schadensintensität lässt sich dann das Risiko beziffern. Von links unten nach rechts oben

Abb. 2.6: Eine als Sitzbank und Spielgerät fungierende Holzfigur: Am Trockenriss auf der Oberseite ist ein Feuchtenest entstanden (Pfeil). Dennoch ist nicht zu erwarten, dass Pilzschäden zu ernsthaften Verletzungen führen, sodass keine Notwendigkeit für weitere Schutzmaßnahmen besteht.

Abb. 2.7: Eine als Verschleißteil anzusehende Katzentreppe ohne sicherheitsrelevante Bauteile, für die keine besonderen Holzschutzmaßnahmen erforderlich sind

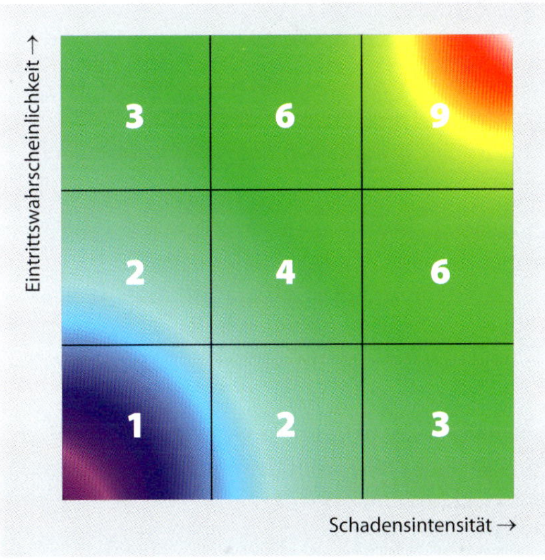

Abb. 2.8: Matrix für eine grobe Risikobewertung

nimmt das Risiko in der Matrix zu. Je feiner eine solche Matrix abgestuft wird und je mehr Expertenwissen in die Einstufung einfließt, desto genauer wird die Bewertung. Zugleich ist immer zu untersuchen, ob es Kriterien gibt, nach denen bestimmte Zustände **keinesfalls** tolerierbar sind. So dürfen z. B. niemals hohe Luftfeuchten oder Tauwasser einwirken, wenn Harnstoffharze für tragende Verklebungen eingesetzt wurden.

Es muss also abgeschätzt werden, wie wahrscheinlich in bestimmten Situationen ein Schädlingsbefall ist und welche Schadensintensität zu erwarten ist. Das Resultat muss dem Auftraggeber mitgeteilt werden. Welches Risiko eines Befalls der Auftraggeber akzeptieren und welchen Befall er tolerieren will, kann nur er selbst bestimmen. Der Planer kann sich auf der in diesem Kapitel dargestellten Basis aber über die Risiken und die Risikobewertung klar werden und entsprechend Vorschläge unterbreiten.

Hinweis

> Dem Auftraggeber müssen Risiken erläutert werden. Es ist Sache des Auftraggebers, darauf aufbauend Beschaffenheiten (§ 633 BGB; vgl. Kapitel 4) zu bestimmen.

Beispiel einer Risikobewertung

Als Beispiel für eine einzelfallbezogene Risikobewertung soll die Frage dienen, ob ein chemisch vorbeugender Schutz gegen Holz zerstörende Insekten an Dachlatten sinnvoll ist. Hierfür werden 2 unterschiedliche Fälle miteinander verglichen. Die Bewertung wird in der Matrix jeweils anschaulich gemacht (Abb. 2.9, 2.10). Folgende Bedingungen liegen für die beiden Fälle vor:

- Fall A:
  Neubaudach, 30° geneigt, zweistöckiges Wohnhaus, in einer Gegend, für die keine Hausbockkäfervorkommen bekannt sind
- Fall B:
  Dach einer historischen Kirche mit Kehlen, Anschlüssen an aufgehende Wände usw., 68° geneigt, Firsthöhe 32 m, in einer Gegend, für die Hausbockkäfervorkommen bekannt sind

Im Fall A wird die **Eintrittswahrscheinlichkeit** eines Holzschädlingsbefalls als gering angenommen, weil unterstellt wird, dass die Konstruktion feuchteschutztechnisch gut ausgeführt ist und eine Eiablage des Hausbockkäfers aufgrund des geringem Befallsdrucks unwahrscheinlich ist (anzusetzender Faktor: 1).

Im Fall B ist die Eintrittswahrscheinlichkeit eines Schädlingsbefalls hoch, weil die Konstruktion nach historischen Gegebenheiten mit etlichen Verschneidungen und Anschlüssen feuchtetechnisch riskant ist. Außerdem ist ein hoher Befallsdruck des Hausbockkäfers vorhanden und auch Nagekäfer können sich in feuchteren Dachlatten besser entwickeln als in trockeneren (anzusetzender Faktor: 2).

Im Fall A ist die erwartbare **Schadensintensität** relativ gering, weil die flache Dachneigung und die zugleich geringe Gebäudehöhe weniger gravierende Folgen bei einem Bruch einer Dachlatte erwarten lassen als im Fall B (anzusetzender Faktor: 2).

Abb. 2.9: Resultat der Risikobewertung für Fall A: 1 × 2 = 2

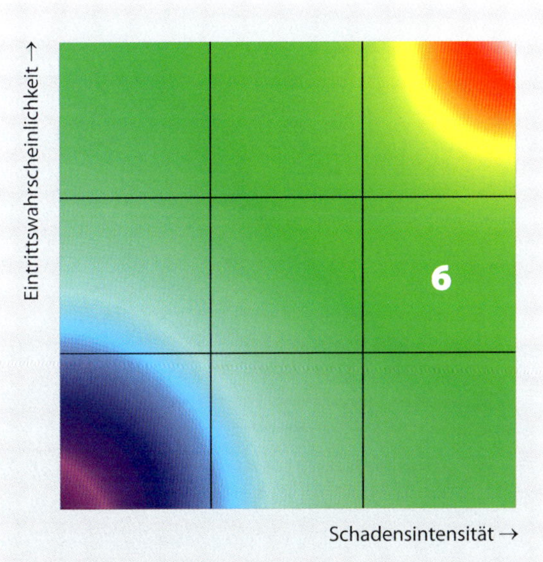

Abb. 2.10: Resultat der Risikobewertung für Fall B: 2 × 3 = 6

Im Fall B bedingt das steile, hohe Dach ein höheres Absturzrisiko mit größerer Wahrscheinlichkeit von Schäden an Leib und Leben. Außerdem können auch herabstürzende Dachziegel zu höheren Schadensintensitäten führen als im Fall A. Zudem wären Reparaturen aufwendiger als in Fall A (anzusetzender Faktor: 3).

Im Fall A würden sich angesichts des resultierenden Risikos von 2 (1 × 2 = 2) die meisten Auftraggeber für einen Verzicht auf chemisch vorbeugende Holzschutzmittel entscheiden. Im Fall B erscheint angesichts des resultierenden Risikos von 6 (2 × 3 = 6) der Einsatz von vorbeugenden Holzschutzmitteln durchaus berechtigt; viele Auftraggeber würden sich wahrscheinlich hierfür entscheiden.

Risikoreduzierung durch fehlertolerante Konstruktionen

Bei der Planung des baulichen Holzschutzes sollten immer fehlertolerante Konstruktionen bevorzugt werden. Zwar lassen sich Fehler eindämmen, wenn vorher analysiert wurde, welche Fehler auftreten können. Doch wird es nicht gelingen, alle möglichen Fehler im Voraus zu erkennen und richtig einzuordnen. Deshalb lassen sich Fehler bei der Planung, in der Ausführung und während der Nutzung nicht vollständig ausschließen. Im Holzbau wird die Fehlertoleranz u. a. gesteigert, wenn Konstruktionen gewählt werden, die unplanmäßig aufgenommene Feuchte schnell wieder abgeben können.

3 Gebrauchsklassen im baulichen Holzschutz

3.1 Das System der Gebrauchsklassen

Die in den vorangegangenen Kapiteln bereits verschiedentlich angesprochenen Gebrauchsklassen (GK) dienen dazu, Holzbauteile hinsichtlich ihrer Gefährdung durch Schädlinge nach ihrer Einbausituation einzustufen. Die deutsche Normenreihe DIN 68800 folgt hier im Wesentlichen der EN-Norm DIN EN 335 „Dauerhaftigkeit von Holz und Holzprodukten – Gebrauchsklassen: Definitionen, Anwendung bei Vollholz und Holzprodukten" (2013). Zuvor waren die Klassen als „Gefährdungsklassen" bezeichnet worden. Dieser Begriff hat etwas deutlicher beschrieben, worum es bei der Einteilung geht. Zentrale Bedeutung für die Einstufung haben die im jeweiligen Bauteil zu erwartenden Feuchteverhältnisse. Aus der Gebrauchsklassenzuordnung leiten sich die nach DIN 68800 erforderlichen Maßnahmen zum Schutz des Bauteils ab.

Bauteilzuordnung zu Gebrauchsklassen

In Planungs- und Verkaufsunterlagen finden sich immer wieder nichtssagende Formulierungen wie „Holzschutz nach DIN 68800". Ganze Dachstühle, manchmal ganze Holzhäuser werden pauschal Gebrauchsklasse 0 zugeordnet, ohne dass dies begründet und nachvollziehbar gemacht würde. Dies widerspricht der DIN 68800-1, Abschnitt 5.1.3. Danach ist der Planer gehalten, die einzelnen Bauteile zu analysieren und sie Gebrauchsklassen zuzuordnen. Da mit der Höhe der Gebrauchsklasse der Aufwand zum Schutz eines Bauteils steigt, werden möglichst niedrige Gebrauchsklassenzuordnungen angestrebt. Die Zuordnung ist die alleinige Basis, um Konstruktionsweisen zu verbessern und so möglichst niedrige Gebrauchsklassen zu erreichen und um Maßnahmen zum Holzschutz individuell für jedes Bauteil auszuwählen. Deshalb muss der Planer die Gebrauchsklassenzuordnung für seinen Auftraggeber und andere Beteiligte dokumentieren.

Gebrauchsklassenzuordnung bei Umbau und Umnutzung

Wenn im Bestand umgebaut wird, müssen die Einbaubedingungen neu bewertet werden. Hier ist eine Gebrauchsklassenzuordnung ebenfalls Teil der geschuldeten Holzschutzplanung. Zu Umbauten gehören auch Veränderungen an Heiz- und oder Lüftungssystemen. Auch wenn Umnutzungen vorgenommen werden, kann sich die Feuchtebelastung ändern, ohne dass die Konstruktion selbst verändert wurde. So bedingt z. B. die Umnutzung einer Büroeinheit zu einem Imbiss mit gewerblicher Küche eine erhöhte Feuchtelast aus der neuen Nutzung. Hier sind die Gebrauchsklassen als Teil der Umnutzungsplanung ebenfalls zu überprüfen. Die Dokumentation kann über Stichpunktkommentare an Zeichnungen und/oder tabellarische Aufstellungen der einzelnen Bauteile erfolgen.

Hinweis

Jedes Holzbauteil muss einer Gebrauchsklasse zugeordnet werden. Dies gilt auch bei Umbauten und Umnutzungen. Die Zuordnung ist zu dokumentieren.

Im Folgenden werden zunächst die Gebrauchsklassen 1 bis 5 (Kapitel 3.2) und die Beziehung zwischen Dauerhaftigkeitsklassen und Gebrauchsklassen dargestellt (Kapitel 3.3). Es schließen sich kurze Erläuterungen zu den Grundregeln des Holzschutzes (Kapitel 3.4) und zu der in der DIN 68800 vorgenommenen Unterscheidung zwischen „grundsätzlichen" und „besonderen" baulichen Maßnahmen an (Kapitel 3.5) – beides wesentliche Voraussetzungen zum Verständnis der Bedeutung der Gebrauchsklasse 0, die anschließend ausführlich in Kapitel 3.6 behandelt wird.

3.2 Gebrauchsklassen 1 bis 5

Die Gebrauchsklassen (GK) sind mit zunehmender Beanspruchung des Holzes aufsteigend nummeriert (vgl. Tabelle 1.1 sowie detailliert Tabelle 3.1). Wesentliches Kriterium ist die **Feuchteexposition**:

- Trockenholzinsekten können Holz auch unter sehr trockenen Bedingungen befallen. Deshalb wird für das Risiko eines Befalls durch Holz zerstörende Insekten die **GK 1** angesetzt.
  Ein **Sonderfall** der GK 1 ist die **GK 0**. Hier herrschen die gleichen Feuchtebedingungen wie in GK 1, eine Standsicherheitsgefährdung von Bauteilen durch Insektenbefall wird jedoch aufgrund besonderer baulicher Maßnahmen nicht angenommen (siehe zur Gebrauchsklasse 0 Kapitel 3.6).
- Ist die Feuchtebelastung größer, kommt das Risiko des Befalls mit Weiß- und Braunfäulepilzen (siehe Kapitel 2.3) hinzu; **GK 2** ist dann erreicht.
- Häufige Einwirkung flüssigen Wassers erhöht das Risiko eines Pilzbefalls weiter; hier wird **GK 3** erreicht. Diese Gebrauchsklasse ist in 2 Intensitätsstufen unterteilt:
  - **GK 3.1** beschreibt Einbaubedingungen, unter denen keine Feuchteanreicherung möglich ist.
  - **GK 3.2** ist erreicht, wenn Feuchteanreicherungen, auch lokal begrenzt, möglich sind. Typisch für letzteren Fall sind bewitterte Bauteile an Fugen von Kontaktstößen.
- In der **GK 4** hat die Beanspruchung so weit zugenommen, dass auch Moderfäulepilze (siehe Kapitel 2.3) gedeihen können. Diese Situation ist bei Süßwasserkontakt und/oder Erdkontakt gegeben. Auch permanente Feuchte durch Spritzwasseranfall und Verschmutzungen führt zur Einstufung in GK 4.
- Holz im Meerwasserkontakt unterliegt zusätzlich einer Gefährdung durch Meeresorganismen wie Bohrmuscheln und Krebstiere. Hier wird **GK 5** angesetzt (dieser Spezialfall wird im Weiteren nicht behandelt).

An realen Bauteilen sind die Übergänge zwischen den Gebrauchsklassen häufig als fließend einzuschätzen. Insbesondere Außenbauteile können in unterschiedlichen Zonen unterschiedlich beansprucht sein.

In Tabelle 3.1 sind die Gebrauchsklassen nach DIN 68800-1 in einer Übersicht dargestellt.

Tabelle 3.1: Gebrauchsklassen (GK) nach DIN 68800-1

GK	Holzfeuchte/Exposition	allgemeine Gebrauchsbedingungen	Gefährdung/Beanspruchung				
			Insekten	Pilze (Basidiomyceten)	Moderfäulepilze	Meeresorganismen	Auswaschung
0	• trocken (Holzfeuchte ständig ≤ 20 %) • mittlere relative Luftfeuchte bis 85 %	• unter Dach, nicht der Bewitterung und keiner Befeuchtung ausgesetzt • keine Gefahr von Bauschäden durch Insekten entsprechend den detaillierten Randbedingungen der DIN 68800-1	–	–	–	–	–
1	• trocken (Holzfeuchte ständig ≤ 20 %) • mittlere relative Luftfeuchte bis 85 %	• unter Dach, nicht der Bewitterung und keiner Befeuchtung ausgesetzt	+	–	–	–	–
2	• gelegentlich feucht (Holzfeuchte > 20 %) • mittlere relative Luftfeuchte > 85 % oder zeitweise Befeuchtung durch Kondensation	• unter Dach, nicht der Bewitterung ausgesetzt • gelegentliche, nicht dauernde Befeuchtung durch hohe Umgebungsfeuchte möglich	+	+	–	–	–
3.1	• gelegentlich feucht (Holzfeuchte > 20 %)	• nicht unter Dach, mit Bewitterung, aber ohne ständigen Erd- und/oder Wasserkontakt • Anreicherung von Wasser im Holz, auch räumlich begrenzt, aufgrund rascher Rücktrocknung nicht zu erwarten	+	+	–	–	+
3.2	• häufig feucht (Holzfeuchte > 20 %)	• nicht unter Dach, mit Bewitterung, aber ohne ständigen Erd- und/oder Wasserkontakt • Anreicherung von Wasser im Holz, auch räumlich begrenzt, zu erwarten	+	+	–	–	+
4	• vorwiegend bis ständig feucht (Holzfeuchte > 20 %)	• in Kontakt mit Erde oder Süßwasser und daher bei mäßiger bis starker Beanspruchung vorwiegend bis ständig einer Befeuchtung ausgesetzt	+	+	+	–	+
5	• ständig feucht (Holzfeuchte > 20 %)	• ständig dem Meerwasser ausgesetzt	+	+	+	+	+

\+ Gefährdung/Beanspruchung gegeben
– Gefährdung/Beanspruchung nicht gegeben

Hinweis

Die **Gebrauchsklassen** entsprechen nicht den für statische Nachweise relevanten **Nutzungsklassen**. Bei Gebrauchsklassen steht die Gefährdung durch Schädlinge im Vordergrund, bei Nutzungsklassen die durch erhöhte Holzfeuchte verringerte Festigkeit und das Kriechverhalten der Werkstoffe (Verformung unter Feuchteeinfluss). Zu Nutzungsklassen siehe Tabelle 1.1.

3.3 Zuordnung von Dauerhaftigkeitsklassen zu Gebrauchsklassen

Trotz der in Kapitel 2.1.1 und 2.1.2 genannten Einschränkungen ist die DIN EN 350-2 „Dauerhaftigkeit von Holz und Holzprodukten – Natürliche Dauerhaftigkeit von Vollholz – Teil 2: Leitfaden für die natürliche Dauerhaftigkeit und Tränkbarkeit von ausgewählten Holzarten von besonderer Bedeutung in Europa“ (1994) gut geeignet, um anhand der Beanspruchung passende Holzarten auszuwählen. Die entsprechenden EN-Normen und die Normenreihe DIN 68800 beziehen sich deshalb auf diese Norm. In der DIN 68800-1 finden sich Zuordnungshilfen für die Holzartenwahl durch die Verknüpfung von Dauerhaftigkeitsklasse und Gebrauchsklasse (GK). In den EN-Normen wird diese Verknüpfung in der DIN EN 335 und der DIN EN 460 „Dauerhaftigkeit von Holz und Holzprodukten – Natürliche Dauerhaftigkeit von Vollholz – Leitfaden für die Anforderungen an die Dauerhaftigkeit von Holz für die Anwendung in den Gefährdungsklassen“ (1994) hergestellt. Die DIN 68800-1 folgt diesen Normen weitgehend, regelt Einzelheiten jedoch abweichend. So wird in der DIN 68800-1 das Farbkernholz einiger Nadelholzarten etwas besser bewertet als z. B. in der DIN EN 350-2 (siehe Tabelle 3.3).

Die natürliche Dauerhaftigkeit der Holzarten ist bei der Planung zu berücksichtigen. Die Wahl von hinreichend dauerhaften Holzarten ermöglicht den Verzicht auf chemisch vorbeugenden Holzschutz auch in höheren Gebrauchsklassen. In Tabelle 3.2 ist die allgemeine Verwendbarkeit unterschiedlich dauerhaften Farbkernholzes in den Gebrauchsklassen 2 bis 4 dargestellt. In Tabelle 3.3 sind Abweichungen der DIN 68800-1 von Zuordnungen für einige häufig in tragender Verwendung eingesetzte Farbkernhölzer in der DIN EN 350-2 dargestellt. Die Angaben in beiden Tabellen betreffen ausschließlich die Dauerhaftigkeit gegen Holz zerstörende Pilze. Die Dauerhaftigkeit gegen Holz zerstörende Insekten muss separat bewertet werden.

Für die nicht tragende Verwendung gibt es weitere Hilfestellungen zur Wahl hinreichend dauerhafter Holzarten in verschiedenen Gebrauchsklassen. So werden z. B. in Merkblättern des Verbandes Fenster + Fassade (VFF-Merkblätter) der Reihe HO.06 zur Eignung von Holzarten für den Bau maßhaltiger Bauteile weitere Einstufungen von „Holzarten“ bzw. von „Holzarten aus bestimmten Herkunftsgebieten“ auf Basis von einschlägigen Untersuchungen nach europäischen Prüfnormen sowie von Erfahrungswerten angegeben (vgl. VFF-Merkblatt HO.06-1 „Holzarten für den Fensterbau – Teil 1: Eigenschaften, Holzartentabelle. Holzarten zur Herstellung maßhaltiger Bauteile“ [2013] und VFF-Merkblatt HO.06-2/A1 „Holzarten für den Fensterbau – Teil 2: Holzarten zur Verwendung in geschützten Holzkonstruktionen“ [2007]).

Tabelle 3.2: Allgemeine Verwendbarkeit von Farbkernholz unterschiedlicher natürlicher Dauerhaftigkeit gegen Holz zerstörende Pilze in den Gebrauchsklassen 2 bis 4 nach DIN 68800-1

Gebrauchsklasse (GK)	Dauerhaftigkeitsklasse des Farbkernholzes nach DIN EN 350-2			
	1	**2**	**3**	**4**
2	+	+	+	–
3.1	+	+	+	–
3.2	+	+	–	–
4	+	–	–	–

\+ in der Gebrauchsklasse verwendbar (natürliche Dauerhaftigkeit ausreichend)
– in der Gebrauchsklasse nicht verwendbar (natürliche Dauerhaftigkeit nicht ausreichend)

Tabelle 3.3: Von der DIN EN 460 teilweise abweichende Gebrauchsklassenzuordnungen häufig in tragender Verwendung eingesetzter Farbkernhölzer nach DIN 68800-1

Holzart (Farbkernholz)		beste zulässige Gebrauchsklasse (GK)	
Bezeichnung in der DIN 68800-1	**zusätzliche Herkunftsspezifikation in der DIN EN 350-2**	**nach DIN 68800-1**	**nach DIN EN 460**
Douglasie (*Pseudotsuga menziesii*)	kultiviert in Europa	3.1	2
Kiefer (*Pinus sylvestris*)	Europa	2	2
Lärche (*Larix decidua*)	Europa, Japan	3.1	2

Abb. 3.1: Außen bekleidete tragende Bauteile einer Holzbrücke: Sie können von Regen nicht benässt werden.

Abb. 3.2: Biberschwanzdeckung ohne Unterspannbahn: Die geringe Regenfeuchte, die bei Wind die Dachdeckung durchdringt, kann im durchlüfteten Dachboden schnell abtrocknen.

3.4 Grundregeln des baulichen Holzschutzes und Gebrauchsklassen

Der bauliche Holzschutz hat eine lange Tradition. Es geht dabei um die Umsetzung der in Kapitel 1.1 bereits angesprochenen 4 Grundregeln:

- Verhindern, dass Holz unzuträglich feucht wird (primär Schutz gegen Pilzbefall, sekundär Schutz gegen Insektenbefall; Abb. 3.1).
- Für schnelle Trocknung sorgen, wenn Holz unvermeidbar feucht wird (primär Schutz gegen Pilzbefall, sekundär Schutz gegen Insektenbefall; Abb. 3.2).
- Insekten den Zugang zum Holz verwehren (Schutz gegen Insektenbefall).
- Holzarten mit hoher natürlicher Dauerhaftigkeit oder Holzvorbehandlungen wählen, die eine hohe Dauerhaftigkeit gegen Schädlinge erwarten lassen (Schutz gegen Pilz- und Insektenbefall).

Die ersten beiden Regeln zielen vor allem auf den Schutz gegen Pilzbefall. Gebrauchsklasse 2 (GK 2) soll so möglichst unterschritten werden. An bewitterten Konstruktionen ist allerdings nicht zu verhindern, dass Holzbauteile gelegentlich feucht werden. Es ist deshalb entscheidend, die Dauer der Feuchtebelastung zu minimieren. Hier findet sich die Unterscheidung zwischen Gebrauchsklasse 3.1 und 3.2 wieder. Wenn Holz zerstörende Insekten das Holz nicht zur Eiablage erreichen können, kann es auch nicht von ihnen befallen werden. Eine insektenunzugängliche Bekleidung ist eines der Konstruktionsprinzipien, um von Gebrauchsklasse 1 in Gebrauchsklasse 0 zu gelangen. Daneben gibt es noch weitere Möglichkeiten, das Ausmaß eines Insektenbefalls zu begrenzen, z. B. indem das Holz kontrollierbar verbaut oder Holz mit hoher natürlicher Dauerhaftigkeit oder technisch getrocknetes Holz verwendet wird (siehe Kapitel 3.6.2).

3.5 „Grundsätzliche bauliche Maßnahmen" und „besondere bauliche Maßnahmen" nach DIN 68800-2

Die grundsätzlichen baulichen Maßnahmen

Die „grundsätzlichen baulichen Maßnahmen" nach DIN 68800-2, Abschnitt 5, dienen dazu, die Gebrauchstauglichkeit der Holzbauteile über die Nutzungsdauer zu erhalten. In der DIN 68800-2, Abschnitt 5, werden die einzelnen Maßnahmen vorgestellt. Sie betreffen die folgenden Themenkreise:

- Feuchte während Transport, Lagerung, Montage und Einbau (Abschnitt 5.1)
- Feuchte im Gebrauchszustand (Abschnitt 5.2)

Die zu treffenden Maßnahmen sollen Einschränkungen sowohl durch Holzschädlinge als auch durch übermäßige Feuchteänderungen verhindern. Feuchteänderungen können zu Quellerscheinungen, Setzungen, Schwindrissen oder Schwindfugen führen, so z. B. zur Entstehung von Konvektionsfugen, in denen feuchtebeladene Luft die Bauteile befeuchtet.

Unabhängig davon, welche Gebrauchsklasse erreicht werden kann, und unabhängig davon, ob Bauteile mit oder ohne chemisch vorbeugenden Holzschutz geplant sind, müssen die grundsätzlichen baulichen Maßnahmen **immer ausgeführt** werden. Die Norm kennt zu diesem Zweck Einschränkungen der Holzfeuchte vor und nach dem Einbau (siehe auch Kapitel 5) und Wetterschutzmaßnahmen wie Außenwandbekleidungen, Dächer und Sockelbauteile.

Ein Ziel dieser Maßnahmen ist es ferner, Konstruktionen zu entwickeln, die in eine möglichst niedrige Gebrauchsklasse eingeordnet werden können. Dieser Grundgedanke steht hinter allen baulichen Holzschutzmaßnahmen, weil er auf die Verringerung der Beanspruchung von Bauteilen zielt. In der Normenreihe DIN 68800 ist die DIN 68800-2 die entsprechende Regel zur Umsetzung.

Hinweis

> Die grundsätzlichen baulichen Maßnahmen zum Holzschutz nach DIN 68800-2 sind immer auszuführen. Dabei ist es nicht erheblich, ob diese Maßnahmen ausreichen, um die Gebrauchsklasse zu reduzieren.

Die besonderen baulichen Maßnahmen

Neben den immer auszuführenden grundsätzlichen baulichen Maßnahmen gibt es noch die „besonderen baulichen Maßnahmen" nach DIN 68800-2, Abschnitt 6. Sie ermöglichen es, mit Bauteilen die Gebrauchsklasse 0 zu erreichen:

- Begrenzung der Holzfeuchte bei Bauteilen unter Dach (Abschnitt 6.2.1), insbesondere Verhinderung des Entstehens von relativen Luftfeuchten > 85 %, die länger als eine Woche anhalten
- Begrenzung der Holzfeuchte an bewitterten Bauteilen ohne Erdkontakt (Abschnitt 6.2.2)
- Maßnahmen gegen Insekten (Abschnitt 6.3)

Gelegentlich reichen auch schon die grundsätzlichen baulichen Maßnahmen aus, um Konstruktionsteile der Gebrauchsklasse 0 zuzuordnen (vgl. DIN 68800-1, Abschnitt 3.2 und 3.3).

Abb. 3.3: In Wohnraumklima verbautes Holz

3.6 Gebrauchsklasse 0

3.6.1 Sonderfall der Gebrauchsklasse 1

Die Gebrauchsklasse 0 ist ein Sonderfall der Gebrauchsklasse 1 (siehe Kapitel 3.2). In die Normenreihe DIN 68800 wurde die Gebrauchsklasse 0 bereits 1990 aufgenommen, um den baulichen Holzschutz zu fördern (DIN 68800-3 „Holzschutz; Vorbeugender chemischer Holzschutz" [1990], Abschnitt 2.2). Damit soll eine Hilfestellung für die Planung von Konstruktionen gegeben werden, die normgerecht ohne chemisch vorbeugenden Holzschutz und unabhängig von der natürlichen Dauerhaftigkeit des verbauten Holzes verwirklicht werden können. **Die Gebrauchsklasse 0 ist eine nach DIN EN 335 gestattete deutsche Sonderregelung** – in der DIN EN 335 wird darauf hingewiesen, dass es regionale Besonderheiten gibt, die Abweichungen und Ergänzungen von der EN-Norm ermöglichen.

Als Sonderfall der Gebrauchsklasse 1 kann die Gebrauchsklasse 0 nur erreicht werden, wenn die Holzfeuchte im Gebrauchszustand maximal 20 % beträgt und damit keine Gefährdung durch Holz zerstörende Pilze anzunehmen ist. Außerdem muss dem Risiko eines Insektenbefalls begegnet werden.

3.6.2 Maßnahmen gegen eine Gefährdung durch Holz zerstörende Insekten und Bedingungen für Gebrauchsklasse 0

Gegen den Befall durch Holz zerstörende Insekten sind gemäß DIN 68800-1, Abschnitt 5.2.1, und DIN 68800-2, Abschnitt 6.3, verschiedene Maßnahmen möglich:

- Einbau in Räumen, in denen mit üblichem **Wohnraumklima** zu rechnen ist (Abb. 3.3)
- allseitig **insektenundurchlässige Bekleidung des Holzes** (Abb. 3.4, 3.5)
- Holzbauteile in begehbaren unbeheizten Dachstühlen und ähnlichen Einbaubedingungen, die so weit offen einsehbar sind, dass sie **auf Insektenbefall kontrolliert** werden können (Abb. 3.6); ein Hinweisschild muss die Notwendigkeit regelmäßiger Kontrollen anzeigen (Abb. 3.7)
- Verwendung von **Farbkernholz** mit höchstens 10 % Splintholzanteil (Abb. 3.8)
- Verwendung von Brettschichtholz oder von anderem nach den Kriterien der DIN 68800-1 und -2 **technisch getrocknetem Holz** (Abb. 3.9)

Abb. 3.4: Insektensichere Bekleidung durch eine verklebte Dampfbremsfolie; die Latten für die Installationsebene liegen im Wohnraumklima

Abb. 3.5: Vorgefertigtes Holzrahmenbauelement: Die Beplankung innen und außen verhindert, dass Insekten an die Wandstiele gelangen. Die noch sichtbare Flanke des Holzrahmens wird beim Zusammenfügen mehrerer Wandelemente geschlossen.

Abb. 3.6: Begehbarer Dachstuhl, dessen Hölzer regelmäßig auf beginnenden Insektenbefall kontrolliert werden können; am Eingang zum Dachstuhl ist ein Hinweisschild erforderlich, das auf die Notwendigkeit regelmäßiger Kontrollen verweist (Abb. 3.7)

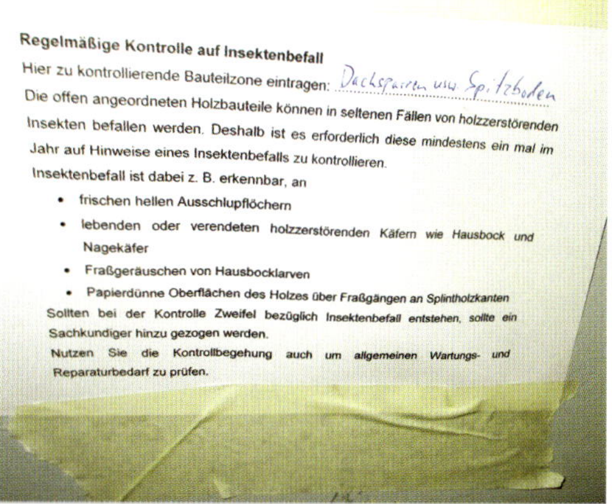

Regelmäßige Kontrolle auf Insektenbefall

Hier zu kontrollierende Bauteilzone eintragen: Dachsparren usw. Spitzboden

Die offen angeordneten Holzbauteile können in seltenen Fällen von holzzerstörenden Insekten befallen werden. Deshalb ist es erforderlich diese mindestens ein mal im Jahr auf Hinweise eines Insektenbefalls zu kontrollieren.

Insektenbefall ist dabei z. B. erkennbar, an

- frischen hellen Ausschlupflöchern
- lebenden oder verendeten holzzerstörenden Käfern wie Hausbock und Nagekäfer
- Fraßgeräuschen von Hausbocklarven
- Papierdünne Oberflächen des Holzes über Fraßgängen an Splintholzkanten

Sollten bei der Kontrolle Zweifel bezüglich Insektenbefall entstehen, sollte ein Sachkundiger hinzu gezogen werden.

Nutzen Sie die Kontrollbegehung auch um allgemeinen Wartungs- und Reparaturbedarf zu prüfen.

Abb. 3.7: Erforderliches Hinweisschild, wenn Standsicherheitsgefährdungen durch Insektenbefall mit regelmäßigen Kontrollen verhindert werden sollen

Abb. 3.8: Lärchenholz mit deutlich erkennbarem Farbkernholz

Abb. 3.9: Im Herstellungsprozess technisch getrocknetes Brettschichtholz

Jede dieser Maßnahmen reicht bereits allein aus, um eine Einbausituation von Gebrauchsklasse 1 in Gebrauchsklasse 0 zu überführen.

Diese Maßnahmen gegen einen Befall durch Holz zerstörende Insekten folgen der Sichtweise der Norm, dass ein Bauschaden durch Insekten als Standsicherheitsgefährdung aufgefasst wird, bei kontrollierbaren Konstruktionen aber als tolerabel anzusehen ist. Es werden also erst dann Maßnahmen ergriffen, wenn es bereits zu diesem Befall gekommen ist. Meist ist dieses Herangehen ausreichend. Eine andere Sichtweise repräsentiert die Maßnahme der insektenundurchlässigen Abdeckung, die auf eine garantierte Verhinderung eines Insektenbefalls zielt. Um Konflikte zu vermeiden, sollte sich der Auftraggeber ausdrücklich für eines der Konzepte entscheiden (siehe auch Kapitel 2.2 und 4).

Wohnraumklima

In Wohnraumklima wird sich ein eingeschleppter Befall mit Nagekäfern oder Hausbockkäfern nicht lange halten können. Ein Neubefall ist nahezu unmöglich. In diesen Klimaten überschreitet die Holzfeuchte nur selten und auch nur für kurze Zeit Werte von 10 bis 12 %. Splintholzkäfer dagegen können sich in solchen Wohnraumklimaten allerdings immer noch problemlos entwickeln (siehe Tabelle 2.3).

Insektenundurchlässige Bekleidung

Die insektenundurchlässige Bekleidung war bereits in der vorangegangenen Ausgabe der DIN 68800-2 von 1996 das für Holzrahmenbauten favorisierte Konzept, um einen Insektenbefall zu verhindern. Hier ist darauf zu achten, auch Ecken und Stöße so dicht zu bekleiden, dass die winzigen Insekten nicht in die Konstruktion gelangen können. Außerdem sollten neu hergestellte Konstruktionen in den Sommermonaten – zur Insektenflugzeit – unverzüglich geschlossen werden, damit keine Eigelege unter der Bekleidung in der Konstruktion eingesperrt werden.

Kontrollierbare Konstruktionen

Kontrollierbare Konstruktionen verhindern nicht einen möglichen Befall. Diese Regelung ist jedoch in die Norm aufgenommen worden, weil es durch regelmäßige Kontrollen möglich ist, einen Befall so rechtzeitig zu erkennen, dass darauf reagiert werden kann, bevor die Standsicherheit ernsthaft beeinträchtigt wird. Die zu kontrollierenden Bauteile dürfen dabei nicht zu weit vom Betrachter entfernt sein, damit ein Befall wirklich frühzeitig erkennbar ist. Diese Regelung war auch schon in der vorangegangenen Ausgabe der DIN 68800-2 von 1996 enthalten. Hinzugekommen ist jetzt die Verpflichtung, ein Hinweisschild anzubringen, das die Notwendigkeit regelmäßiger Kontrollen anzeigt. Wenn diese Regelung in Anspruch genommen wird, darf der Planer oder der Ausführende daher aus Haftungsgründen nicht vergessen, diese Kennzeichnung anzubringen.

Farbkernholz

Streng genommen wäre die Wahl von Farbkernholz nicht mit einer Überführung in die Gebrauchsklasse 0 verbunden, weil die Einbaubedingungen des Holzes weiter der Gebrauchsklasse 1 entsprechen; die Materialwahl kompensiert dies jedoch. Analog zur Materialwahl hinreichend gegen Pilzbefall dauerhafter Hölzer in höheren Gebrauchsklassen (siehe Tabelle 3.2 und 3.3) dient diese Maßnahme dazu, trotz höherer Gebrauchsklasse auf chemisch vorbeugenden Holzschutz zu verzichten. Im Splintholzanteil können sich allerdings Insekten entwickeln. Hier ist der Auftraggeber darüber aufzuklären, dass Befall in seltenen Fällen möglich ist, die Standsicherheit dadurch jedoch nicht gefährdet wird.

Technisch getrocknetes Holz

Wenn entsprechend den Prozessparametern aus der DIN 68800-1 und -2 technisch getrocknetes Holz zum Schutz gegen Holz zerstörende Insekten eingesetzt wird, sollte dies mit dem Auftraggeber abgestimmt werden. Die Trocknung verringert die Attraktivität des Holzes für Hausbockkäfer und einige andere Trockenholzinsekten, kann jedoch nicht vollständig verhindern, dass das Holz von ihnen befallen wird. Für Splintholzkäfer ist keine Attraktivitätsminderung durch die spezielle Trocknung belegt.

Fazit

Gebrauchsklasse 0 bedeutet nicht, dass ein Befall mit Holz zerstörenden Insekten ausgeschlossen ist. Aufgrund der besonderen baulichen Maßnahmen, von denen mindestens eine umgesetzt sein muss, ist das Befallsrisiko jedoch minimiert. Es ist bei einem – nur sehr selten – dennoch auftretenden Befall nicht mit einem so schweren Insektenschaden zu rechnen, dass ein Bauteilversagen zu erwarten ist.

3.6.3 Nachweis der Gebrauchsklasse 0

Wie bereits dargelegt muss der Planer Bauteilen Gebrauchsklassen zuweisen. Daraus ergibt sich die Verpflichtung nachzuweisen, wie die Zuweisung der Gebrauchsklasse 0 als Sonderfall der Gebrauchsklasse 1 erreicht wurde, wenn sie in Anspruch genommen wird. Die DIN 68800-2 kennt hier 3 Nachweismethoden:

- *„rechnerische und sonstige Nachweise zur Sicherstellung eines ausreichenden Holzschutzes entsprechend der Gefährdung und Gebrauchssituation oder*
- *Nutzung der Konstruktionsprinzipien aus den Abschnitten 7, 8, 9, erforderlichenfalls mit zusätzlichem Nachweis des Tauwasserschutzes mittels DIN EN 15026 bzw., wenn ausreichend, DIN 4108-3 oder*
- *Anwendung der in Anhang A dargestellten Konstruktionen (bei Konstruktionen nach Bild A.23 ist zusätzlich ein Tauwasserschutznachweis erforderlich)“* (DIN 68800-2, Abschnitt 6.1, S. 12)

Da es zur Erläuterung sinnvoller ist, werden diese 3 Nachweismethoden im Folgenden in umgekehrter Reihenfolge zu behandelt.

3.6.3.1 Nachweisfreie Konstruktionen nach DIN 68800-2, Anhang A

Der normative Anhang A der DIN 68800-2 stellt 22 Konstruktionsweisen unterschiedlicher Bauteile dar, die nachweisfrei der Gebrauchsklasse 0 zugeordnet werden können. Außerdem wird eine Flachdachterrasse dargestellt, für die ein Tauwasserschutznachweis zu führen ist, damit sie der Gebrauchsklasse 0 zugeordnet werden kann. Wenn Konstruktionen, die den dort an-

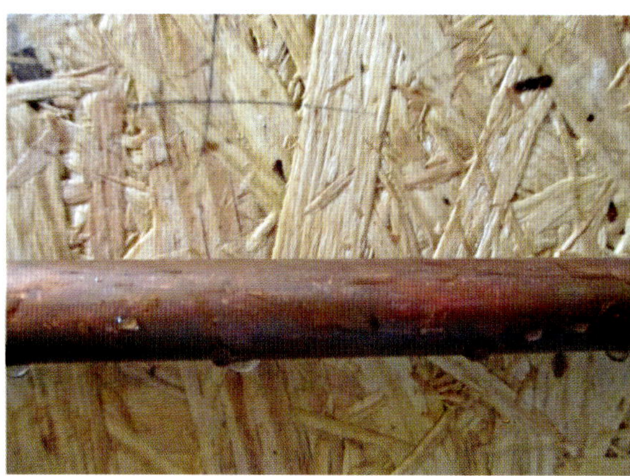

Abb. 3.10: Tauwasserniederschlag an einem Wasserrohr, der z. B. durch eine Kunstschaumdämmung aus geschlossenzelligem Polyethylen verhindert werden kann

gegebenen vielfältigen Detailregeln und Randbedingungen entsprechen, geplant und ausgeführt werden, ist somit lediglich der Verweis auf den entsprechenden Konstruktionstyp gemäß Normanhang A als Dokumentation erforderlich. Dieser „Kochbuchteil" der Norm umfasst 9 allgemeine Außenwandaufbauten, 5 Varianten zur Sockelausbildung der Wände, 2 geneigte Dächer und 4 flach geneigte Dächer bzw. Flachdächer sowie 2 Decken zu nicht ausgebauten Spitzböden; ferner 1 Dachterrasse, für die der Tauwasserschutznachweis zu führen ist. Für die Praxis wird also eine breite Palette an Konstruktionen zur Verfügung gestellt, die für eine Zuordnung zur Gebrauchsklasse 0 geeignet sind. In Kapitel 6 werden einige dieser Normkonstruktionen kritisch betrachtet und ihre Praxistauglichkeit bewertet.

Um Dopplungen zu vermeiden, wird hier nicht auf die Details eingegangen. Auch bei der Adaption dieser Musterbauweisen ist immer noch eine holzschutztechnische Planung erforderlich, da die Darstellungen in der Norm nur die ungestörte Regelfläche wiedergeben und als Schema zu verstehen sind. Anschlüsse, Verschneidungen, Fugen und Ecken müssen immer durchgeplant werden. Jeder Planer und Handwerker weiß, dass diese Stellen schwieriger konstruktiv zu lösen sind als die ungestörte Fläche eines Bauteils. Außerdem müssen die vorgesehenen Baustoffe genau festgelegt werden. In den Schemaskizzen der Norm sind häufig lediglich bestimmte Werkstoffgruppen oder bestimmte einzuhaltende wasserdampfdiffusionsäquivalente Luftschichtdicken (s_d-Werte) angegeben. Es muss sichergestellt werden, dass die tatsächlich eingesetzten Baustoffe den Vorgaben genügen. Bei der Planung sind daher entsprechende Produkte auszuwählen.

3.6.3.2 Nachweis des Tauwasserschutzes bei Konstruktionen nach DIN 68800-2, Abschnitt 7 bis 9

Tauwasserschutznachweis

Bereits bei Umsetzung der grundsätzlichen baulichen Maßnahmen ist eine unzuträgliche Erhöhung des Feuchtegehalts aus Tauwasser oder Konvektionsfeuchte zu verhindern (DIN 68800-2, Abschnitt 5.2.4). Ausdrücklich wird in der Norm darauf hingewiesen, dass auch Leitungen für Kaltwasser (Abb. 3.10) oder Konvektionsfehlstellen die Bauteile nicht unzuträglich befeuchten dürfen.

Der rechnerische Nachweis ist laut DIN 68800-2, Abschnitt 5.2.4, entsprechend DIN 4108-3 „Wärmeschutz und Energie-Einsparung in Gebäuden – Teil 3: Klimabedingter Feuchteschutz – Anforderungen, Berechnungsverfahren und Hinweise für Planung und Ausführung" (2014) oder DIN EN 15026 „Wärme- und feuchtetechnisches Verhalten von Bauteilen und Bauelementen – Bewertung der Feuchteübertragung durch numerische Simulation" (2007) zu führen.

Um den Feuchteschutz zu belegen, ist für Hüllflächenbauteile ein Tauwasserschutznachweis nach dem Glaser-Verfahren (Periodenbilanz-Verfahren) gemäß DIN 4108-3 zu führen, wobei für Wandbauteile und Decken eine Trocknungsreserve von 100 g/(m² · a) und für Dächer von 250 g/(m² · a) einzuhalten ist. Diese größere theoretische Verdunstungsmenge gegenüber dem berechneten Tauwasserausfall soll **übliche Fehlstellen** in der Luftdichtheitsebene kompensieren. Darunter sind die selbst bei sorgfältiger Verarbeitung der Luftdichtheitsschichten nicht vermeidbaren kleinen Fehlstellen zu verstehen. Die Regelung ist nicht dazu gedacht, massive Fehlstellen in der Luftdichtheitsebene zu kompensieren oder die Planung und Ausführung der Luftdichtheit überflüssig zu machen. Bei Nachweis gemäß DIN EN 15026 mit Simulationssoftware ist statt der Trocknungsreserve in g/(m² · a) der „geplante" q_{50}-Wert in die Simulation einzubeziehen. Der q_{50}-Wert beschreibt die Luftmenge, die bei einem Differenzdruck von 50 Pa durchschnittlich durch Leckagen in der Hüllfläche strömt. Er wird in m³ Luft je m² Hüllfläche der Gebäudeinnenseite und Stunde angegeben.

Der Tauwasserschutznachweis muss nicht geführt werden, wenn nachweisfreie Konstruktionen nach DIN 68800-2, Anhang A, Bild A.1 bis A.22, umgesetzt werden (vgl. Kapitel 3.6.3.1). Außerdem ist der Tauwasserschutz bei bestimmten bewährten Verhältnissen der äußeren und inneren wasserdampfdiffusionsäquivalenten Luftschichtdicke (siehe Tabelle 3.4) nicht näher nachzuweisen (zusätzliche Dämmschichten auf der Raumseite bis 20 % des Gesamtwärmedurchlasswiderstands sind dabei zulässig).

Tabelle 3.4: Anforderungen an die wasserdampfdiffusionsäquivalente Luftschichtdicke (s_d-Wert) nach DIN 68800-2, Tabelle 1

s_d-Wert außen	s_d-Wert innen
≤ 0,1 m	≥ 1,0 m
≤ 0,3 m	≥ 2,0 m
0,3 m[1)] ≤ s_d ≤ 4,0 m[1)]	6 × s_d-Wert außen[1)]

1) nur bei werkseitiger Vorfertigung nach Holztafelbaurichtlinie, 1992

Glaser-Verfahren (Periodenbilanz-Verfahren)

Dieses Berechnungsverfahren nach DIN 4108-3 geht von einfachen Randbedingungen aus, um den Feuchteeintrag aus Dampfdiffusion abzuschätzen. Hierzu wird eine Tauperiode (Feuchteeintrag) einer Verdunstungsperiode (Trocknung) gegenübergestellt. Die Randbedingungen sind für die Fassungen der Norm von 2001 und 2014 in Tabelle 3.5 vergleichend zusammengestellt.

Tabelle 3.5: Randbedingungen für das Glaser-Verfahren nach DIN 4108-3 (2001) und DIN 4108-3 (2014)

Tauperiode[1)]		**Verdunstungsperiode**[1)]	
Normfassung 2001	**Normfassung 2014**	**Normfassung 2001**	**Normfassung 2014**
• Warmseite/innen: – 20 °C – 50 % relative Luftfeuchte	• Warmseite/innen, Wasserdampfpartialdruck: – 1.168 Pa (ca. 20 °C, 50 % relative Luftfeuchte)	• Warmseite/innen: – 12 °C – 70 % relative Luftfeuchte	• Warmseite/innen: – Werte analog zu den Daten Kaltseite/außen der Verdunstungsperiode der Normfassung 2014
• Kaltseite/außen: – −10 °C – 80 % relative Luftfeuchte	• Kaltseite/außen, Wasserdampfpartialdruck: – 321 Pa (ca. −5 °C, 80 % relative Luftfeuchte)	• Kaltseite/außen: – 12 °C – 70 % relative Luftfeuchte (in der Tauwasserebene sind 100 % relative Luftfeuchte anzusetzen; an sonnenbeschienenen Dachoberflächen dürfen 20 °C angesetzt werden)	• Wasserdampfpartialdruck innen und außen: – 1.200 Pa (ca. 12 °C, 86 % relative Luftfeuchte oder 20 °C, 51 % relative Luftfeuchte) • Wasserdampfpartialdruck Tauwasserebene Wände und Decken: – 1.700 Pa (ca. 15 °C, 100 % relative Luftfeuchte) • Wasserdampfpartialdruck Tauwasserebene Dächer: – 2.000 Pa (ca. 17,5 °C, 100 % relative Luftfeuchte)
• R_{si} horizontal und nach oben: – 0,13 $m^2 \cdot K/W$ • R_{si} nach unten: – 0,17 $m^2 \cdot K/W$ • R_{se} an Außenluft: – 0,04 $m^2 \cdot K/W$ • R_{se} an Belüftungsschichten: – 0,08 $m^2 \cdot K/W$ • R_{se} an Erdreich: – 0 $m^2 \cdot K/W$	• R_{si}: – 0,25 $m^2 \cdot K/W$ • R_{se}: – 0,04 $m^2 \cdot K/W$	• Werte analog zu den Daten der Tauperiode der Normfassung 2001	• Werte analog zu den Daten der Tauperiode der Normfassung 2014
• Dauer: – 60 Tage	• Dauer: – 90 Tage	• Dauer: – 90 Tage	• Dauer: – 90 Tage

R_{se} äußerer Wärmeübergangswiderstand
R_{si} innerer Wärmeübergangswiderstand

DIN 4108-3 (2001) DIN 4108-3 „Wärmeschutz und Energie-Einsparung in Gebäuden – Teil 3: Klimabedingter Feuchteschutz; Anforderungen, Berechnungsverfahren und Hinweise für Planung und Ausführung“ (2001)

1) Grenzwerte:
- Verdunstungsmenge ≥ Tauwassermasse
- zulässige Holzfeuchteerhöhung:
  - Vollholz ≤ 5 %
  - Holzwerkstoffe ≤ 3 %
- zulässige Tauwassermasse:
  - Normalfall: ≤ 1.000 g/m^2
  - an nicht kapillar wasseraufnahmefähigen Schichten, also Materialien mit einem Wasseraufnahmekoeffizienten $W_w < 0{,}5\ kg/(m^2 \cdot h^{0{,}5})$ wie Kunststofffolien, Bitumenbahnen, Metallen, Beton, Mineralwolle: ≤ 500 g/m^2

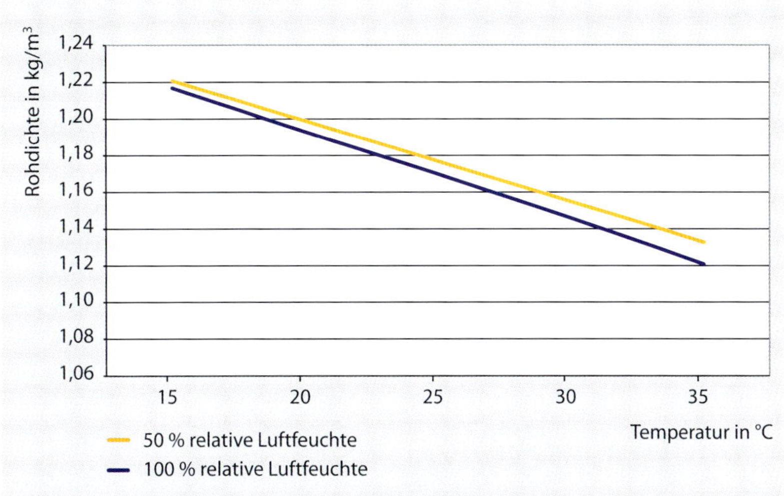

Abb. 3.11: Abnehmende Rohdichte von Luft bei 50 % und bei 100 % relativer Luftfeuchte bei steigender Temperatur unter konstantem Luftdruck von 1.013 hPa

Mit dem Verfahren wird die diffusionstechnische Zulässigkeit der Bauteile überprüft, d. h. die Tauwasserfreiheit bzw. die zulässigen Tauwassermassen und die Verdunstung.

Das Verfahren ist ein theoretisches Rechenmodell zum Vergleich von Baukonstruktionen. In der Praxis herrschen dagegen andere, instationäre Randbedingungen und die Materialien verhalten sich weitaus komplexer. Die mit dem Glaser-Verfahren ermittelten Werte für Feuchteeintrag und Trocknung aufgrund von Dampfdiffusion sind daher Anhaltswerte. Das Verfahren ist für einfache Konstruktionstypen gedacht. Es berücksichtigt keinen Feuchteeintrag aus Konvektion.

Trocknungsreserve im Glaser-Verfahren

Nach DIN 68800-2 müssen noch weitere Kriterien als nach DIN 4108-3 erfüllt werden. Deshalb ist es auch erforderlich, zu prüfen, ob Konstruktionen, die nach DIN 4108-3 nachweisfrei sind, gegebenenfalls eines Nachweises nach DIN 68800-2 bedürfen. In der Bilanzierung muss während der Verdunstungsperiode die Trocknungsmenge des Wassers die angefallene Feuchte aus der Tauperiode um bestimmte Werte überschreiten. Die Trocknungsreserve in der Verdunstungsperiode muss deshalb nicht nur, wie in der DIN 4108-3 gefordert, mindestens der berechneten Tauwassermasse entsprechen, sondern diese berechnete Tauwassermasse im Bauteil um folgende Werte überschreiten:

- Dächer: 250 g/(m² · a)
- Wände und Decken: 100 g/(m² · a)

Mit den unterschiedlichen Werten soll berücksichtigt werden, dass thermischer Auftrieb zu Feuchteanreicherungen in der oberen Zone des Gebäudes führt. Dieser „Kamineffekt“ erklärt sich daraus, dass feuchtwarme Luft eine geringere Dichte hat und deshalb aufsteigt (Abb. 3.11). Meist strömt in der unteren Gebäudehälfte Außenluft ein, die in der oberen Gebäudehälfte an Konvektionsfehlstellen wieder ausströmt. In der kalten Jahreszeit kann dadurch Feuchte in die oben gelegenen Bauteile gelangen.

Diese Begründung für die unterschiedlichen Mengen der Trocknungsreserve hat 2 Schwachstellen:

- Obwohl Giebelwände befinden sich auf der gleichen Höhenlage wie Steildächer. Dennoch sind auch hier nur 100 g/(m^2 · a) Trocknungsreserve gefordert.
- Bei nicht ausgebauten, ungedämmten Dächern ist die Luftdichtheitsebene in der Decke zum Dachraum anzusetzen. Entsprechend wäre analog zum Dach hier die größte konvektive Feuchtebelastung zu erwarten. Auch hier fordert die Norm aber nur 100 g/(m^2 · a) Trocknungsreserve.

Da eine Norm nur den Regelfall behandelt, ist der Nachweis je nach Bauteilfunktion zu führen. Insbesondere wenn Konstruktionen in der oberen Gebäudezone an ihrer Kaltseite eher dampfbremsend ausgeführt werden sollen, wird die Normregel ungenau. Hier bietet sich an, die Trocknungsreserve bereits in der Planung deutlich über dem Wert von Wand und Decke näher beim Wert für Dächer anzusetzen. Dies kann in der Regel über Variation des s_d-Wertes der inneren Schichten erreicht werden. Die DIN 68800-2, Tabelle 1, gibt Kombinationen der äußeren und inneren s_d-Werte an, die als risikoarm und bewährt gelten. Sie sind hier in Tabelle 3.4 wiedergegeben. Wenn diese Wertekombinationen eingehalten werden, muss die zusätzliche Trocknungsreserve nicht nachgewiesen werden.

Die Angaben in Zeile 3 der Tabelle 3.4 setzen voraus, dass werkseitig vorgefertigte Bauteile eine der handwerklichen Fertigung überlegene Luftdichtheit besitzen. Ob dies jeweils der Fall ist, hängt jedoch von der individuellen Fertigungsqualität und der Sorgfalt bei der Elementmontage ab. Anzumerken ist ferner, dass sich Zeile 3 in Tabelle 3.4 von der ähnlichen Tabelle 3 für tauwassertechnisch nachweisfreie Dächer in der DIN 4108-3 (2014), Abschnitt 5.3.3.2, unterscheidet. Dort wird die Spanne der äußeren s_d-Werte zwischen 0,3 und 2,0 m festgesetzt. Damit kann es zu Fällen kommen, in denen ein Nachweis gemäß DIN 68800-2 nicht erforderlich ist, gemäß DIN 4108-3 (2014) aber zu führen ist oder umgekehrt.

Grenzen des Glaser-Verfahrens

Es gibt Konstruktionen, deren Feuchteverhalten mit dem Glaser-Verfahren nicht abschätzbar ist, nach DIN 4108-3 (2014), Abschnitt 1, sind dies z. B. Gründächer. Auch bei bekiesten Flachdächern ist fraglich, ob das Glaser-Verfahren ausreichend realistisch ist. Konstruktionen mit feuchtevariablen Dampfbremsen sind grundsätzlich nicht über das Glaser-Verfahren nachweisbar.

Unterschiede zwischen „altem“ und „neuem“ Glaser-Verfahren

In der DIN 68800-2 wird auf das Glaser-Verfahren nach DIN 4108-3 ohne Nennung einer bestimmten Ausgabe dieser Norm verwiesen. Formal bedeutet dies, dass bei einer Neuausgabe der DIN 4108-3 die gegebenenfalls geänderten Bedingungen für das Glaser-Verfahren anzusetzen sind.

Mit der Neuausgabe der DIN 4108-3 von 2014 haben sich die Randbedingungen gegenüber der Ausgabe von 2001 tatsächlich geändert (siehe Tabelle 3.5). Es muss allerdings sachverständig hinterfragt werden, ob es sinnvoll ist, die geänderten Kriterien anzuwenden, denn Intention der DIN 68800-2 war, mittels des Glaser-Verfahrens auf der Basis der DIN 4108-3 (2001) den Nachweis zu führen. Hilfreich für einen Vergleich sind die Berechnungsbeispiele für eine Holzbauwand in beiden Fassungen der DIN 4108-3 wie in Tabelle 3.6 dargestellt. Die Beispielkonstruktionen sind in beiden Fassungen der DIN 4108-3 identisch.

Unter Berücksichtigung, dass es sich um ein theoretisches Vergleichsmodell handelt und nicht um die Abbildung wirklicher Tauwassermassen, hat sich durch die neuen Berechnungsregeln wenig geändert. Auch wenn die absoluten Mengen nach der neuen Normfassung größer sind, ist wegen der geringeren Spanne zwischen Tauwasser und Verdunstung nach alter Regel ein ähnliches Sicherheitsniveau erreicht. Für holzschutztechnische Betrachtungen ist es daher meist unerheblich, ob nach „altem“ oder „neuem“ Glaser-Verfahren gerechnet wird. Entscheidend ist vielmehr, dass überhaupt eine Trocknungsreserve für Konvektionsfehlstellen berücksichtigt wird.

Tabelle 3.6: Vergleich der Berechnungsergebnisse aus den Beispielen in Anhang B der DIN 4108-3 (2001) und der DIN 4108-3 (2014)

Größe	**Normfassung der DIN 4108-3 von 2001**	**Normfassung der DIN 4108-3 von 2014**
Tauwassermasse[1)]	225 g/m²	269 g/m²
Verdunstungsmenge[2)]	514 g/m²	659 g/m²
Zuwachs der Tauwassermasse in der Normfassung 2014 gegenüber der Normfassung 2001	–	ca. 20 %
Zuwachs der Verdunstungsmenge in der Normfassung 2014 gegenüber der Normfassung 2001	–	ca. 28 %
Verdunstungsmenge bezogen auf die Tauwassermasse	228 %	245 %

1) in beiden Normfassungen als „flächenbezogene Tauwassermasse“ bezeichnet
2) in beiden Normfassungen als „flächenbezogene Verdunstungsmasse“ bezeichnet

Wenn Konstruktionen gewählt werden, die an der Außenseite dampfbremsende Schichten haben, ist die Trocknungsreserve mit Berechnung nach dem Glaser-Verfahren gemäß „neuer“ DIN 4108-3 (2014) auf der „sicheren Seite“, da die neuen Randbedingungen bei dichten Konstruktionen die rechnerische Verdunstungsmenge vermindern. Das kann dazu führen, dass Konstruktionen, die die Anforderung der DIN 68800-2 hinsichtlich der Trocknungsreserve bei Berechnung nach dem alten Glaser-Verfahren erfüllen, dies bei Berechnung nach dem neuen Glaser-Verfahren nicht tun. Wenn jedoch über das alte Verfahren 250 $g/(m^2 \cdot a)$ bzw. 100 $g/(m^2 \cdot a)$ Trocknungsreserve nachweisbar sind, ist der Intention der DIN 68800-2 entsprochen, da diese sich inhaltlich auf den alten Rechengang bezieht. Sachverständig kann dann ein Nachweis gemäß „alter“ DIN 4108-3 (2001) als ausreichend angesehen werden.

Praxistipp

In der angebotenen Berechnungssoftware für das Glaser-Verfahren wird teilweise keine Verdunstungsmenge ausgewiesen, wenn im Berechnungsgang kein Kondensat angefallen ist. Um die Trocknungsreserve nachzuweisen, können hier entweder die Berechnungsbedingungen nach DIN 4108-3 in einem Tabellenkalkulationsprogramm selbst erstellt oder es kann im Berechnungsmodell an der diffusionstechnisch kritischen Stelle im Bauteilaufbau (oft auf der kalten Seite der Dämmebene) eine dampfbremsende Schicht eingefügt und deren s_d-Wert langsam erhöht werden. Sobald diese fiktive Dampfbremse so groß ist, dass in der Berechnung Tauwasser anfällt, wird auch eine Verdunstungsmenge ausgegeben. Wenn die Lage der fiktiven Dampfbremsschicht bauphysikalisch richtig gewählt ist, sind solche Berechnungsergebnisse auf der „sicheren Seite“.

Bauteilsimulationen

Statt mit dem Glaser-Verfahren kann der Tauwasserschutznachweis auch über eine Bauteilsimulation nach DIN EN 15026 geführt werden. Mit sehr leistungsfähiger Software werden ein Bauteilausschnitt modelliert und klimatische Randbedingungen festgesetzt. Insbesondere muss auch eine Annahme für übliche unvermeidbare Konvektionsfehlstellen in die Simulation eingehen.

Hierfür sieht die DIN 68800-2 vor, den „geplanten“ q_{50}-Wert anzusetzen. Die DIN 4108-7 „Wärmeschutz und Energie-Einsparung in Gebäuden – Teil 7: Luftdichtheit von Gebäuden – Anforderungen, Planungs- und Ausführungsempfehlungen sowie -beispiele“ (2011) sieht 3,0 $m^3/(m^2 \cdot h)$ als Obergrenze für q_{50} vor. Dies entspricht normalen bis relativ guten Konstruktionen. In Altbauten können sich die Werte auch im Bereich um 5,0 $m^3/(h \cdot m^2)$ und mehr bewegen. Entsprechend realistisch sollte die Simulation eingestellt werden.

Bei klimatisierten Räumen ist die geplante Auslegung der Klimaanlage mit zu betrachten. Wenn die Anlage einen Überdruck erzeugt, vergrößert sich der konvektive Feuchteeintrag aus der Raumluft in die Hüllfläche erheblich.

Bietet die verwendete Simulationssoftware keine Möglichkeit, den q_{50}-Wert direkt einzugeben, besteht z. B. die Möglichkeit, in der kritischen Bauteilzone analog zur Trocknungsreserve bei den Berechnungen nach dem Glaser-Verfahren eine Feuchtequelle entsprechender Größe (100 g/[$m^2 \cdot a$] oder 250 g/[$m^2 \cdot a$]) zu erzeugen.

Die Ausgaben der Simulationsberechnungen sollten im Stundenintervall erfolgen und für kritische Bauteilzonen die relative Porenluftfeuchte, die Temperatur sowie gegebenenfalls die Materialfeuchte/Holzfeuchte in Masse-% umfassen. Die betrachteten Zonen sollten nicht größer als 10 mm × 10 mm sein.

Entsprechende Simulationen gehören in die Hände von Fachleuten, die mit der Bauphysik und den Möglichkeiten und Grenzen der Simulationssoftware vertraut sind. Hilfestellung für die Simulation geben auch die Merkblätter der Wissenschaftlich-Technischen Arbeitsgemeinschaft für Bauwerkserhaltung und Denkmalpflege e. V. (WTA-Merkblätter) der Reihe 6 zur Bauphysik. In Deutschland werden z. B. die Berechnungssoftware WUFI des Fraunhofer-Instituts für Bauphysik IBP, Stuttgart (www.wufi.de), oder DELPHIN des Instituts für Bauklimatik, Fakultät Architektur der TU Dresden (www.bauklimatik-dresden.de), eingesetzt.

Bei besonderen klimatischen Verhältnissen wie Kühlhauswänden, Schwimmbädern, Wäschereien oder Bäckereien müssen die klimatischen Randbedingungen für den Tauwasserschutznachweis realistisch angenommen werden.

Hinweis

Die Genauigkeit von Bauteilsimulationen hängt von der Genauigkeit der Eingaben für Materialparameter und Randbedingungen ab. Deshalb sollten nur Experten die Berechnungen durchführen und Annahmen ausreichend auf der „sicheren Seite" treffen. Die Simulationsergebnisse selbst müssen holzschutztechnisch bewertet werden.

Holzschutztechnische Bewertung von Bauteilsimulationen

Liegen unter realistischen Annahmen gewonnene Simulationsergebnisse vor, ist dies noch kein Nachweis im Sinne des Holzschutzes. Die Simulationsergebnisse müssen vielmehr noch holzschutztechnisch bewertet werden. Der einzige Bewertungsmaßstab in der DIN 68800 ist das Holzfeuchtekriterium von 20 % bzw. die nur kurzzeitige Überschreitung der Luftfeuchtebedingung von 85 % relativer Luftfeuchte (vgl. Tabelle 3.1). Dieses Kriterium ist das Grenzkriterium für Gebrauchsklasse 2, also für eine anzunehmende Gefährdung durch Holz zerstörende Pilze. Instationäre Simulationsergebnisse sollten jedoch immer instationär unter Berücksichtigung der Porenluftfeuchte und der gleichzeitig herrschenden Temperatur bewertet werden. Geringfügige Feuchteüberschreitungen von kurzer Dauer werden in dieser Hinsicht kontrovers diskutiert. Sachverständige können daher bei der Bewertung zu unterschiedlichen Ergebnissen kommen.

In Abb. 3.12 ist das Vorgehen beim Nachweis des Tauwasserschutzes als Flussdiagramm dargestellt. Selbstverständlich kann auch bei Konstruktionen, die

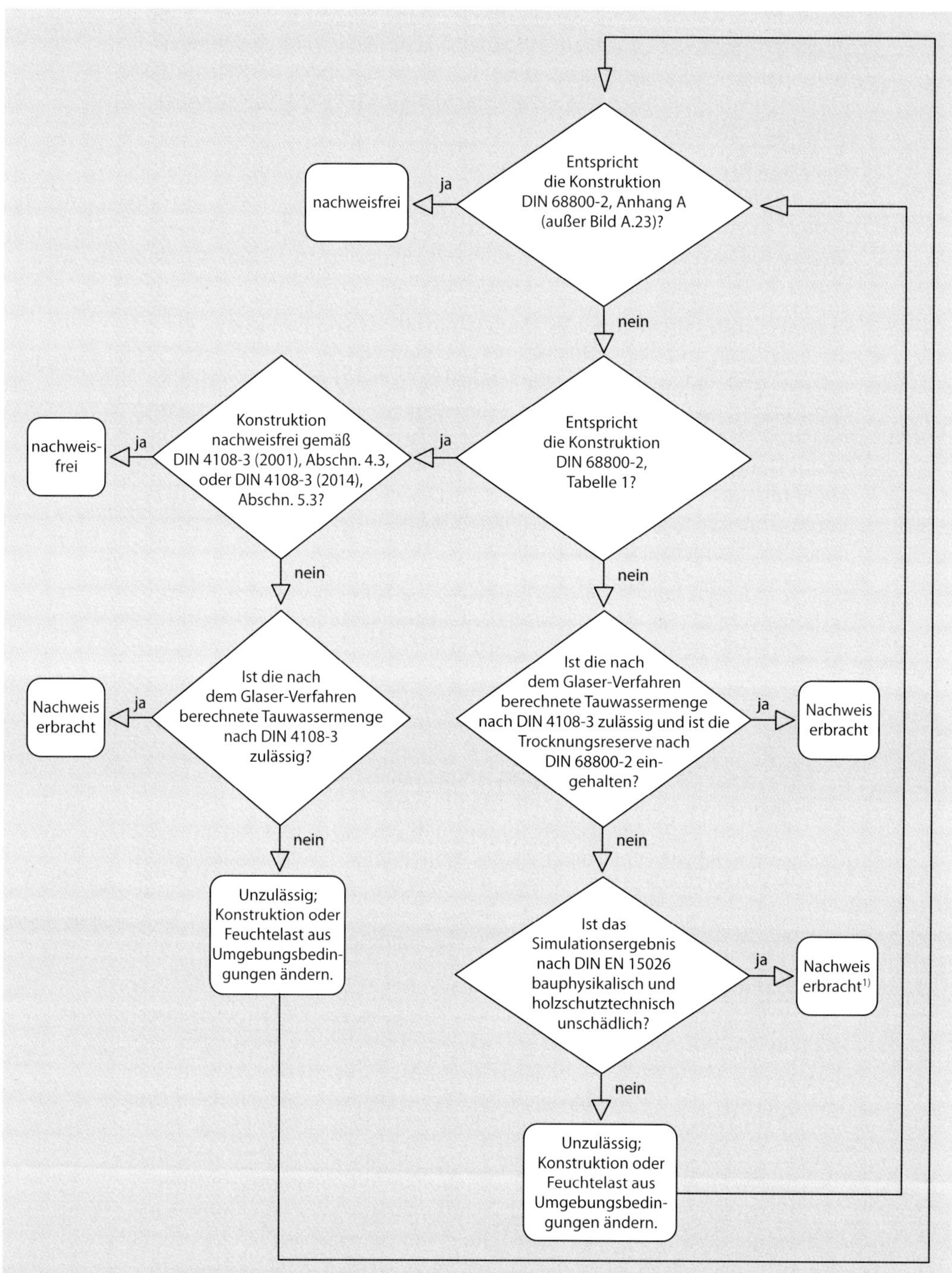

Abb. 3.12: Ablaufschema für den Nachweis des Tauwasserschutzes

über andere Wege nachweisbar sind, eine Simulation gemäß DIN EN 15026 aus bauphysikalischen und holzschutztechnischen Gesichtspunkten bewertet werden. Für die Bewertung gibt es keine einheitlichen, normierten Maßstäbe. Neben den dargestellten Nachweisen sind Kaltwasserleitungen in Konstruktionen gegebenenfalls gegen Tauwasserausfall zu dämmen und es ist immer entsprechend den Regeln der Technik luftdicht zu bauen.

Zusätzlich nachzuweisende Bedingungen

Der Tauwasserschutznachweis allein reicht noch nicht aus für eine Einstufung in die Gebrauchsklasse 0. Neben der Durchführung der grundsätzlichen baulichen Maßnahmen ist eine Umstufung von Gebrauchsklasse 1 in Gebrauchsklasse 0 wie in Kapitel 3.6.2 beschrieben nachzuweisen. Sollten die grundsätzlichen baulichen Maßnahmen hierfür nicht ausreichen, ist nachzuweisen, dass die besonderen baulichen Maßnahmen nach DIN 68800-2, Abschnitt 6, umgesetzt wurden (vgl. Kapitel 3.5).

Zusätzlich oder alternativ kann nachgewiesen werden, dass die Konstruktionsprinzipien nach DIN 68800-2, Abschnitt 7 bis 9, eingehalten sind (vgl. Kapitel 3.6.3.2). In diesen Abschnitten der Norm werden Konstruktionsmöglichkeiten für Wände, Decken, Dächer und Balkenköpfe vorgegeben. Sie werden im Einzelnen in Kapitel 6 erörtert.

3.6.3.3 Rechnerische Nachweise und sonstige Nachweise

Wenn rechnerische Nachweise wie die holzschutztechnische Bewertung von Bauteilsimulationen nach DIN EN 15026 verwendet werden, um die Gebrauchsklasse 0 nachzuweisen, ist zu bedenken, dass es hierfür noch keinen normierten Bewertungsmaßstab gibt. Dies bedeutet, dass Sachkunde in hygrothermischer Bauphysik und Holzschutz erforderlich ist, um eine Bewertung vornehmen zu können. Dabei ist es möglich, dass andere Sachkundige aufgrund ihrer individuellen Meinung zu abweichenden Ergebnissen kommen und um die Einstufung in Gebrauchsklasse 0 mittels rechnerischer und sonstiger Nachweise gestritten wird.

Allerdings sind hierzu inzwischen Bewertungsvorschläge unterbreitet worden (vgl. z. B. Kehl, 2013). Sie beziehen sich auf wissenschaftliche Untersuchungen von Arbeitsgruppen (vgl. z. B. Viitanen, 1997; Viitanen et al., 2009, 2010). In ungefährer Größenordnung werden die von Kehl dargestellten Grenzkriterien stimmen.

Beim Einsatz des Modells sind jedoch einige problematische Aspekte zu berücksichtigen. So sind Abweichungen möglich, weil das Holzfäulemodell nach Viitanen im Wesentlichen anhand nur einer Holzart und nur einer Pilzart unter bestimmten, stationären Luftfeuchte- und Temperaturbedingungen erstellt wurde. Diese stationären Ergebnisse wurden in eine instationäre Berechnungsfunktion übertragen. Wird zudem von den Luftfeuchtebedingungen der wissenschaftlichen Versuche anhand gebräuchlicher Sorptionsisothermen auf Holzfeuchten umgerechnet, kommt eine weitere Ungenauigkeit hinzu. Es sollten bei diesen Bewertungen daher Porenluftfeuchten gegenüber Holzfeuchten bevorzugt werden. Andere wissenschaftliche Laboruntersuchungen (vgl. Huckfeldt/Schmidt/Quader, 2005; Meyer et al., 2014; Stienen/

Schmidt/Huckfeldt, 2014) sind nicht in den Bewertungsvorschlägen von Kehl berücksichtigt: Wenn in der Nähe (d. h. in wenigen Dezimetern Abstand) eines potenziell gefährdeten Holzes eine Wasserquelle zur Verfügung steht, kann das Holz bei Holzfeuchten von teilweise unter 20 % abgebaut werden. Deshalb ist es erforderlich, ausreichende, realistische Sicherheitszuschläge anzuwenden (vgl. Arnold, 2013). Auch das tradierte Holzfeuchtekriterium von 20 % ist ein Wert, der unter stationären Betrachtungen einen Sicherheitszuschlag enthält.

3.6.3.4 Nachweise beim Bauen im Bestand

Prinzipiell gelten auch für das Bauen im Bestand die in Kapitel 3.6 dargestellten Anforderungen. Die DIN 68800 fordert hier die gleichen Nachweise, betrachtet jedoch schwerpunktmäßig Neubauten. Verschiedentlich finden sich im Bestand jedoch Konstruktionen, die den Prinzipien nach DIN 68800-2, Abschnitt 7 bis 9, nicht entsprechen. Dann müssen Analogieschlüsse gezogen werden. Insbesondere bei Fachwerkbauten geben die WTA-Merkblätter der Reihe 8 zu Fachwerk und Holzkonstruktionen Hinweise zur holzschutztechnischen Einstufung bzw. Ausführungsempfehlungen. Ebenso müssen traditionelle Blockhäuser über Analogien beurteilt werden. Der Wetterschutz, der Tauwasserschutz und das Risiko von Insektenschäden sind zu betrachten. Gelegentlich ist eine bauphysikalische Simulation nach DIN EN 15026 mit anschließender holzschutztechnischer Bewertung sinnvoll, um die Konstruktion einzuordnen. Einige Einzelheiten hierzu werden in Kapitel 6.4.3 besprochen.

In Abb. 3.13 ist die Nachweisführung für die Gebrauchsklasse 0 als Flussdiagramm dargestellt. Die Darstellung orientiert sich an der DIN 68800-2, Abschnitt 6.1. Da in dieser vereinfachten Darstellung Feinheiten verloren gehen, müssen die konkreten Fälle – z. B. mithilfe dieses Buches – im Detail geprüft werden. Spezielle Nachweise für Sonderkonstruktionen können abweichen.

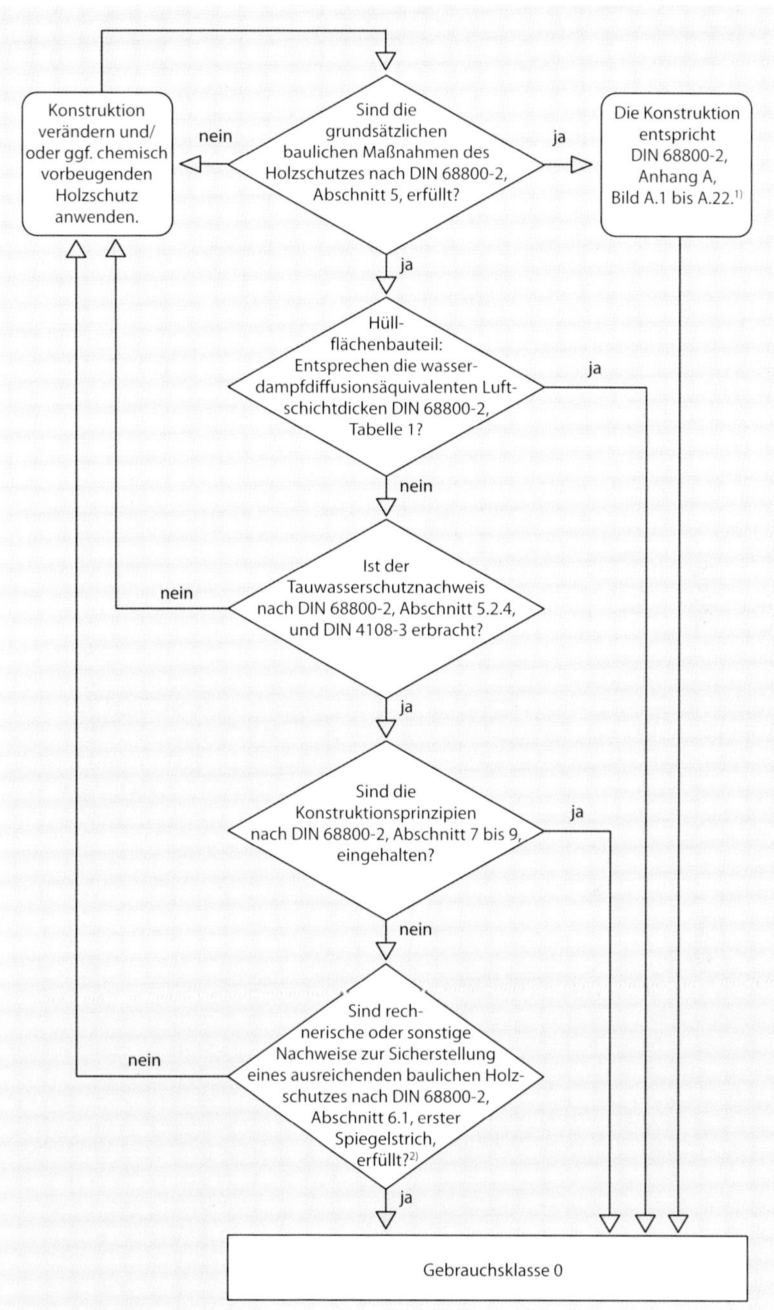

Abb. 3.13: Ablaufschema für den Nachweis der Gebrauchsklasse 0

4 Beschaffenheitsvereinbarungen

Aus dem in Kapitel 2 Dargestellten ergibt sich, dass Risiken individuell bewertet werden müssen. Auch sind einige Regelungen der Normen der Reihe DIN 68800 zumindest in Teilen umstritten. Deshalb erhalten Beschaffenheitsvereinbarungen einen hohen Stellenwert.

4.1 Der Zweck von Vereinbarungen

Alles, was eindeutig geregelt ist, kann verhindern, dass Missverständnisse über das geschuldete Ausführungssoll entstehen. Unterschiedliche Erwartungen sollten daher im Vorfeld der Beauftragung erkannt und verhandelt werden. Erfahrungsgemäß führen ungenau oder gar nicht geregelte Sachverhalte immer wieder zu Auseinandersetzungen. Die in Fachkreisen unterschiedlichen Auffassungen, wie die DIN 68800 zu verstehen ist, sowie einige in der Norm enthaltene, praktisch jedoch nicht umsetzbare Einzelregelungen zwingen ebenfalls dazu, Beschaffenheiten zu vereinbaren. Hierzu gehört z. B. die Frage, ob ein Holzfenster, das chemisch vorbeugend geschützt werden soll, am Einzelteil, vor der Verklebung oder erst nach der Verklebung zu behandeln ist. Ebenso ist zu vereinbaren, dass die Einhaltung der anerkannten Regeln der Technik als geschuldet anzusehen ist, wenn keine ausdrückliche Abweichung gefordert wird. Gegebenenfalls ist mit Einhaltung einer Regel aus einer Norm allerdings noch keine anerkannte Regel der Technik umgesetzt (vgl. Kapitel 1.4). Die zeitintensive und vielfach als lästig empfundene Abstimmung des vertraglich geschuldeten Solls ist ein gut investierter Aufwand. Spätere Auseinandersetzungen kosten in der Regel mehr Zeit, Geld und Nerven. Deshalb sollte sich kein Auftraggeber, gleich ob Laie oder Baufachabteilung einer Kommune, seiner Bringschuld, Beschaffenheiten zu bestimmen, entziehen.

Das Festlegen von **Beschaffenheiten geht Hand in Hand mit der Risikobewertung** und mit der **Planung des Holzschutzes**. Baubeschreibungen oder Leistungsverzeichnisse, die für ein gesamtes Gebäude oder für gesamte Konstruktionsteile wie Dächer **pauschal eine Gebrauchsklasse festlegen**, sind **unzureichend**. Es bedarf vielmehr einer differenzierten Beurteilung jedes einzelnen Holzbauteils hinsichtlich der Einbaubedingungen und der Gebrauchsklassen und der daraus resultierenden vom Auftraggeber geforderten Maßnahmen zum Holzschutz. Laien müssen von Planern und Ausführungsunternehmen ausführlich beraten werden, damit sie die Zusammenhänge verstehen. Vor- und Nachteile sowie Folgen der Entscheidung für eine Variante müssen dargelegt werden. Hierzu gehören auch Erläuterungen über Schadensfolgen bei Pilzbefallsrisiken unterschiedlicher Konstruktionsvarianten, wenn z. B. ein Bauherr einen Balkon auf den aus dem Innenraum nach außen durchbindenden Holzbalken statt als vorgestellte Stützenkonstruktion wünscht. Denn falls die durchbindenden Balken repariert werden

Abb. 4.1: Unterschiedliche Astigkeit in einem Parkett: Als Naturmaterial enthält Holz immer Äste.

müssen, ist in der Regel auch die Decke im Innenraum davon betroffen. Häufig ist es auch erforderlich, nicht materialgerechte Erwartungen beim Besteller zu korrigieren. Holz ist ein Naturmaterial. Es weicht im Aussehen und in seinen technischen Eigenschaften stärker von Mittelwerten ab (Abb. 4.1) als künstliche Materialien, die sehr viel homogener hergestellt sind. Streit über die optische Erscheinung lässt sich durch Bemusterung mit Dokumentation der Muster verhindern.

Weil sie nicht direkt dem Kreislauf der Natur entnommen sind, sind künstliche Materialien zudem weniger anfällig für biologischen Abbau. Für viele Anwendungen ist Holz trotzdem oder gerade deswegen der Baustoff der Wahl. Häufig wird ein Naturmaterial mit seinen angenehmen Eigenschaften und den damit verbundenen Emotionen gewünscht. Hier muss die Beratung Missverständnisse ausräumen. Es gibt keine guten oder schlechten Materialien, sondern nur Konstruktionen, in denen Material und Beanspruchung nicht auf die erforderliche Dauerhaftigkeit abgestimmt sind. Solche ungünstigen Konstruktionen gilt es im Vorfeld auszuschließen.

4.2 Werkverträge

Unabhängig davon, ob es sich um einen BGB- oder einen VOB/B-Vertrag handelt, sind nicht nur Ausführungsverträge, sondern auch Planerverträge auf Basis des Werkvertragsrechts geschlossen. Ausnahmen sind nur möglich, wenn der Verkauf von nicht individuell hergestellten Bauteilen im Vordergrund der Leistung steht. In solchen Fällen ist zu prüfen, ob es sich juristisch gegebenenfalls nicht um einen Werkvertrag, sondern um einen Kaufvertrag handelt. Früher haben einige Praktiker angenommen, Planungs- oder Gutachterleistungen unterlägen wie die Leistungen von Ärzten und Rechtsanwälten dem Dienstvertragsrecht. Ein wesentliches Merkmal des Dienstvertrags ist jedoch, dass der Auftragnehmer nur ehrliches **Bemühen**, nicht unbedingt aber **Erfolg** schuldet. Die Rechtsprechung beurteilt Vereinbarungen über Planungs- und Gutachterleistungen eindeutig als Werkverträge. Damit ist nicht nur Bemühen, sondern Erfolg geschuldet.

4.2.1 BGB-Vertrag

Das Bürgerliche Gesetzbuch definiert in § 631 „Vertragstypische Pflichten im Werkvertrag", was unter einem Werkvertrag zu verstehen ist:

„(1) Durch den Werkvertrag wird der Unternehmer zur Herstellung des versprochenen Werkes, der Besteller zur Entrichtung der vereinbarten Vergütung verpflichtet.

(2) Gegenstand des Werkvertrags kann sowohl die Herstellung oder Veränderung einer Sache als auch ein anderer durch Arbeit oder Dienstleistung herbeizuführender Erfolg sein."

Absatz 2 umfasst dabei nicht nur Ausführungsleistungen, sondern auch Planungen und Begutachtungen. In Absatz 1 wird das **„versprochene Werk"** als Vertragsgegenstand genannt. Es ist daher hilfreich, im Vorfeld genau einzugrenzen, was dem Besteller „versprochen" worden ist. Grundsätzlich sollte nur das versprochen werden, was auch gehalten werden kann. In der Anbahnung des Vertrages sollte jeder Auftragnehmer daher selbstkritisch prüfen, welche Versprechen er wirklich halten kann. Gleichzeitig sollte ein seriöser Auftraggeber nicht Dinge verlangen, die nicht zu erfüllen sind. Erfahrungsgemäß wird es jedoch schwer für Auftragnehmer, sich auf eine Unerfüllbarkeit der Leistung zu berufen, wenn sie diese vorher vertraglich zugesichert haben. Dies ist auch folgerichtig, denn jeder, der etwas bestellt und bezahlt, erwartet zu Recht, genau das Bestellte zu erhalten. Andererseits erhält der Auftraggeber bei ungenügender oder falscher Beschreibung der bestellten Sollbeschaffenheit auch nur die ungenügende Leistung, die bestellt wurde. Wer Holz bestellt, ohne die botanische Art, den Splintholzanteil, die Holzfeuchte usw. zu vereinbaren, bekommt eben nur ein Stück waldfrisches Holz. Ob es für die gedachte Verwendung wirklich geeignet ist, ist dann dem Zufall überlassen.

Wenn ein Laie etwas bestellt, insbesondere wenn es sich um komplexe Bauleistungen handelt, bestehen jedoch **Beratungspflichten**. Die Auslegung des Willens des Bestellers bzw. die Auslegung von Verträgen (§§ 133, 157 BGB) begründen Beratungspflichten und Schadensersatz bei Pflichtverletzung (§ 280 BGB). Entsprechend hat z. B. das Oberlandesgericht Hamm im Fall eines Natursteinbodenbelags mit Abweichungen im Steinformat entschieden (Oberlandesgericht Hamm, Beschluss vom 8.5.2012 – 21 U 89/11).

Von großer Bedeutung sind die **Verjährungsfristen** (vielfach auch als „Gewährleistungsfristen" bezeichnet). Dies sind die Fristen, in denen ein Auftraggeber bestimmte Rechte gegenüber dem Auftragnehmer geltend machen kann, wenn das Werk einen Mangel aufweist. Ein Mangel kann entweder ein **Sach**mangel oder ein **Rechts**mangel sein (§ 633 BGB). In Abb. 4.2 sind die Schritte der Prüfung einer Werkleistung auf Sachmangelfreiheit als Flussdiagramm dargestellt.

Die Rechtsprechung setzt stillschweigend voraus, dass zur **Sachmangelfreiheit** auch gehört, die anerkannten Regeln der Technik eingehalten zu haben (siehe Kapitel 1.4). Ausnahmen können vorliegen, wenn vertraglich bewusst Sonderkonstruktionen vereinbart wurden. Hierfür ist je nach Kenntnisstand des Auftraggebers eine mehr oder weniger umfangreiche Beratung erforderlich.

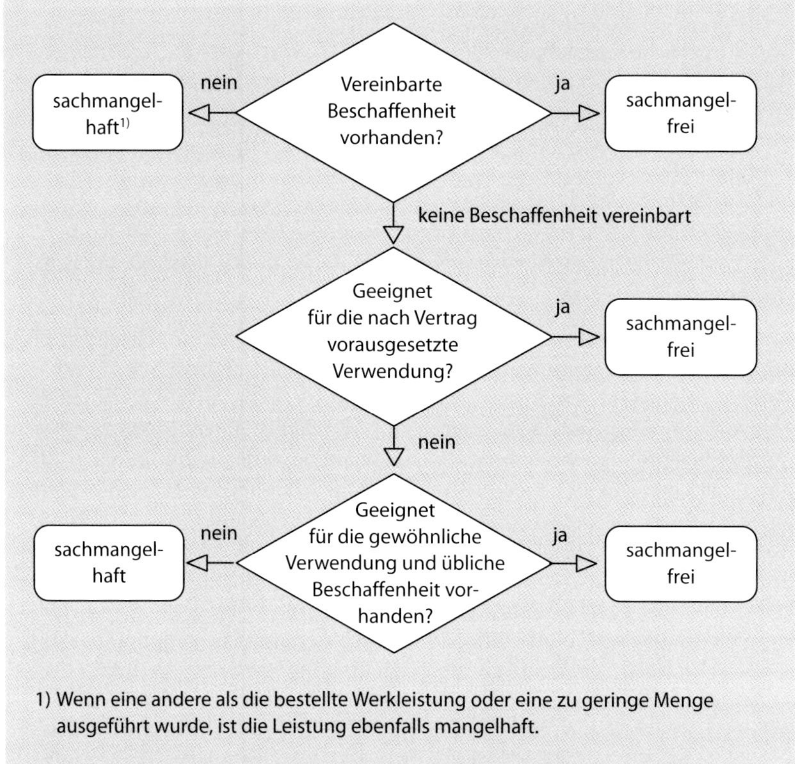

Abb. 4.2: Ablaufschema der Prüfung auf Sachmangelfreiheit nach § 633 BGB

Rechtsmangelfreiheit eines Werkes liegt vor, wenn Dritte keine oder nur im Vertrag vereinbarte Rechte gegenüber dem Auftraggeber geltend machen können.

Beispiel 4.1

Ein Planer erstellt eine künstlerisch bedeutende Planung, die er nicht selbst entwickelt hat, sondern ohne Erlaubnis von einem Kollegen kopiert hat. Der Kollege, dessen Pläne benutzt wurden, hat nun einen Urheberrechtsanspruch gegenüber dem Bauherrn.

Beispiel 4.2

Ein Handwerker hat eine Holzverschalung an seinen Kunden geliefert, das Material bei seinem Lieferanten jedoch nicht bezahlt. Der Lieferant hat dem Handwerker das Material unter dem Vorbehalt verkauft, dass es bis zur Bezahlung Eigentum des Lieferanten bleibt. Damit hat der Lieferant Rechte an dem beim Kunden gelagerten Material. Wenn dieses Material dagegen bereits durch Einbau ein im Sinne des § 94 BGB wesentlicher Bestandteil des Gebäudes geworden ist, kann der Lieferant des Handwerkers keine Rechtsmängel beim Bauherrn geltend machen.

Die Feststellung, ob ein **Sach**mangel vorliegt, ist eine juristische Frage. Um Juristen die Grundlagen zu geben, die sie zur Klärung benötigen, muss die

Situation anhand der gegebenen Kriterien technisch geprüft werden. Die Grundlagen zur Klärung von **Rechts**mängeln dagegen können Techniker nur sehr eingeschränkt liefern. Hier kommen die Juristen meist ohne technische Unterstützung aus.

Ist die Leistung mangelhaft, kann innerhalb der Verjährungsfrist Nacherfüllung durch Nachbesserung oder Neuerstellung, Ersatzvornahme und Mangelbeseitigung durch andere, Rücktritt vom Vertrag oder Minderung der Vergütung sowie ferner Schadensersatz gefordert werden (§§ 634 ff. BGB). Diese Rechte wahrzunehmen, ist mit unterschiedlichen Folgen verbunden. Dabei handelt es sich um juristische Erörterungen, die hier nicht weiter verfolgt werden können. In der Regel hat der Auftragnehmer das Recht auf Nacherfüllung, bevor andere Mängelrechte geltend gemacht werden können (§ 635 BGB).

Die **Verjährungsfrist** beträgt nach § 634a BGB *„bei einem Bauwerk und einem Werk, dessen Erfolg in der Erbringung von Planungs- und Überwachungsleistungen hierfür besteht"*, 5 Jahre, sonst gewöhnlich 2 Jahre bzw. die regelmäßige Verjährungsfrist. Die Verjährung beginnt mit der Abnahme. Die Prüfung, wann eine Verjährungsfrist abgelaufen ist, kann sehr kompliziert sein und gehört in die Hände von Juristen. Bei Bauleistungen ist die **Abnahme** ein wichtiger Zeitpunkt. Neben dem Beginn der Verjährung ist sie auch der Zeitpunkt, an dem eine Beweislastumkehr eintritt. Bis zur Abnahme liegt die Beweislast für die Mangelfreiheit beim Auftragnehmer, nach der Abnahme muss der Auftraggeber eine Mangelbehauptung beweisen. Außerdem wird mit der Abnahme der Werklohn fällig. Das Risiko für zufällige Beschädigungen der Werkleistung geht auf den Auftraggeber über. Ansprüche wegen erkennbarer optischer Mängel und Vertragsstrafen sind spätestens mit der Abnahme geltend zu machen, andererseits verfallen sie. Im BGB-Vertrag gibt es keine näheren Regelungen für Fristen, in denen die Abnahme erfolgen soll. Es empfiehlt sich, eine förmliche Abnahme mit Protokoll zeitnah nach der Fertigstellung durchzuführen. Formal gesehen muss der Auftraggeber die Leistungen selbst abnehmen, Planer und Bauleiter können ihn diesbezüglich in der Regel nur beraten.

4.2.2 VOB/B-Vertrag

Die Vergabe- und Vertragsordnung für Bauleistungen (VOB; früher „Verdingungsordnung für Bauleistungen") ist speziell auf Bauleistungen zugeschnitten. Sie kann im Sinne einer allgemeinen Geschäftsbedingung die Regelungen des BGB bei Bauverträgen ersetzen. Bei öffentlichen Aufträgen ist sie regelmäßig Bestandteil der Verträge. Die VOB gliedert sich in die Teile A, B und C. Teil A enthält Bestimmungen zur Vergabe, Teil B zur Ausführung und Teil C allgemeine Regelungen für Bauarbeiten jeder Art (VOB/C ATV DIN 18299) sowie Ausführungsnormen für bestimmte Gewerke (VOB/C ATV DIN 18300 bis 18459). Seit 2008 wird in der Rechtsprechung angenommen, dass Bauverträge mit Verbrauchern nicht ohne Weiteres auf Basis der VOB/B wirksam sind (Bundesgerichtshof, Beschluss vom 24.7.2008 – VII ZR 55/07). Der Bundesgerichtshof hat entschieden, dass der Verbraucher als Baulaie durch einige Regelungen in der VOB/B unzulässig benachteiligt werden kann. Dies kann dazu führen, dass einzelne Bestimmungen eines VOB/B-Vertrages bzw. der gesamte Vertrag nichtig werden und Regelungen des BGB an ihre Stelle treten.

Da die juristische Tragweite von Regelungen hier nicht umfassend erörtert werden kann, ist für die Vertragsgestaltung und Verfolgung von Mängelansprüchen zu empfehlen, den Rat von Baujuristen in Anspruch zu nehmen. Hier sollen nur kurz **wesentliche Unterschiede zwischen BGB- und VOB/B-Regelungen** genannt werden.

Mängelansprüche werden in § 13 VOB/B geregelt. Im Prinzip gelten die gleichen Grundsätze wie in § 633 BGB. Es wird jedoch ausdrücklich bestimmt, dass die Leistung im Regelfall die vereinbarten Beschaffenheit haben **und** den anerkannten Regeln der Technik entsprechen muss (siehe Kapitel 1.4). Wenn ein Mangel entstanden ist, weil die Leistungsbeschreibung des Auftraggebers oder Vorleistungen anderer Unternehmer mangelhaft sind, entbindet dies den Auftragnehmer im VOB/B-Vertrag nur dann von der Haftung, wenn er vorher gemäß § 4 Abs. 3 VOB/B schriftlich Bedenken angezeigt hat. Die Bedenkenanzeige muss an den Auftraggeber, nicht an den Architekten (oder andere Bauleiter) gerichtet werden, da ein Architekt in der Regel nicht ausreichend umfassende Vollmachten hat, als dass er die Entscheidung über eine Bedenkenanzeige für den Auftraggeber treffen dürfte. Die VOB/B regelt daneben sehr viele Details exakter als das BGB. Darin liegt eine Chance, Streitpotenzial zu verringern. Gegenüber Baulaien gelten jedoch die oben beschriebenen besonderen Schutzanforderungen aufgrund der BGH-Rechtsprechung. Einige wesentliche Unterschiede zwischen BGB-Vertrag und VOB/B-Vertrag sind in Tabelle 4.1 gegenübergestellt.

Mit der VOB/B wird im Regelfall die Ausführung gemäß den Ausführungsnormen VOB/C ATV DIN 18300 bis 18459 Vertragsbestandteil. In den Ausführungsnormen VOB/C ATV DIN 18334 „Zimmer- und Holzbauarbeiten" (2012), VOB/C ATV DIN 18355 „Tischlerarbeiten" (2012) und VOB/C ATV DIN 18360 „Metallbauarbeiten" (2012) wird auf verschiedene Teile der DIN 68800 als Ausführungsmaßstab hingewiesen. Damit werden Ausführungen gemäß DIN 68800 im VOB/B-Vertrag geschuldetes Soll. Andererseits wird im VOB/B-Vertrag ausdrücklich gefordert, anerkannte Regeln der Technik zu beachten. Wie in Kapitel 1.4 dargestellt, sind einzelne Teile der DIN 68800 nach Sicht des Verfassers und anderer Fachleute jedoch keine anerkannten Regeln der Technik bzw. widersprüchlich.

Widersprüche treten auch bei den genannten mit der VOB/B verknüpften Ausführungsnormen der Reihe VOB/C ATV DIN 18300 bis 18459 auf. Offensichtlichster Widerspruch in der VOB/C ATV DIN 18360, Abschnitt 3.4.10, z. B. ist der Verweis, für vorbeugenden chemischen Holzschutz, die „Bekämpfungsnorm" DIN 68800-4 statt die DIN 68800-3 einzuhalten. Damit ist die VOB/C ATV DIN 18360 hier falsch formuliert. Der Umgang mit Widersprüchen dieser Art sollten im Vorfeld einer Beauftragung geklärt werden.

VOB/C ATV DIN 18363 „Maler- und Lackierarbeiten – Beschichtungen" (2012) verweist zwar nicht auf Holzschutzmaßnahmen nach DIN 68800, fordert aber Bläueschutz nach DIN EN 152-1 „Prüfverfahren für Holzschutzmittel; Laboratoriumsverfahren zur Bestimmung der vorbeugenden Wirksamkeit einer Schutzbehandlung von verarbeitetem Holz gegen Bläuepilze; Teil 1: Anwendung im Streichverfahren" (1989). Hier besteht ein Unterschied zur DIN 68800-3, in der der Bläueschutz als frei zu vereinbarende Leistung aufgeführt ist.

Tabelle 4.1: Wesentliche Unterschiede zwischen BGB-Vertrag und VOB/B-Vertrag

Gegenstand	BGB-Vertrag	VOB/B-Vertrag
Art der Leistungen	• Planungs- und Ausführungsleistungen	• nur Ausführungsleistungen
Verjährungsfrist bei Mängeln	• 5 Jahre bei Bauwerken	• 4 Jahre bei Bauwerken
Mängelansprüche des Bestellers	• Nacherfüllung • Mangelbeseitigung • Rücktritt • Minderung • Schadensersatz	• ähnlich dem BGB, jedoch zahlreiche Details genau geregelt, z. B. die Pflicht zur Bedenkenanzeige des Auftragnehmers, um Mängelansprüche gegen sich wegen unzureichender Vorleistungen anderer abzuwenden
Vorgehen bei widersprüchlichen Vertragsinhalten	• Der Vertrag muss ausgelegt werden (Hinzuziehung von Juristen, ggf. unterstützt durch technische Sachverständige).	• § 1 Abs. 2 VOB/B regelt die Rangfolge von Vertragsunterlagen, die zur Entscheidung herangezogen werden. Enthalten Vertragsunterlagen widersprüchliche Angaben, dient zur Klärung als wichtigstes Dokument die Leistungsbeschreibung, gefolgt von weiteren, im Einzelnen aufgeführten Unterlagen. • Eine Auslegung ist nur erforderlich, wenn das Vorgehen nach § 1 Abs. 2 VOB/B keine Klärung bewirkt.
Bedeutung der anerkannten Regeln der Technik	• Einhaltung lediglich auf Grundlage gefestigter Rechtsprechung, sofern keine Vereinbarung über eine Abweichung hiervon getroffen wurde	• Einhaltung gemäß § 13 Abs. 1 und 7 VOB/B verbindlich, sofern keine Vereinbarung über eine Abweichung getroffen wurde
Status der Ausführungsnormen VOB/C ATV DIN 18300 bis 18459	• Es besteht die Anscheinsvermutung, dass es sich um anerkannte Regeln der Technik handelt. • Die Anscheinsvermutung kann widerlegt werden. • Wenn eine Normregelung einer Ausführungsnorm der Reihe VOB/C ATV DIN 18300 bis 18459 als anerkannte Regel der Technik gilt, ist sie auf Grundlage der Rechtsprechung einzuhalten oder es ist eine Vereinbarung über eine Abweichung zu treffen. • Einzelne Ausführungsnormen der Reihe VOB/C ATV DIN 18300 bis 18459 fordern, bestimme Holzschutznormen für die Ausführung einzuhalten. Hier sind Widersprüche zu anerkannten Regeln der Technik und in der Praxis nicht umsetzbare Normregelungen im Vorfeld der Beauftragung zu erörtern.	• Nach § 13 Abs. 1 VOB/B sind die Ausführungsnormen VOB/C ATV DIN 18300 bis 18459 einzuhalten, wenn keine Vereinbarung über eine Abweichung getroffen wurde.
Abnahme	• Verpflichtung des Auftraggebers zur Abnahme nach Fertigstellung der Leistung, sofern keine wesentlichen Mängel vorliegen • nur wenige nähere Regelungen	• Abnahme gemäß § 12 VOB/B nach Fertigstellung innerhalb 12 Tagen nach Verlangen des Auftragnehmers • förmliche Abnahme gemäß § 12 VOB/B erforderlich, wenn eine der Vertragsparteien sie verlangt • zahlreiche nähere Regelungen
Abschlagszahlungen	• Ohne besondere Regelungen wie Zahlungspläne ist die Werklohnzahlung erst nach Fertigstellung und Abnahme fällig. • Frist: sofort	• Es können und sollen Abschläge gezahlt werden. • Frist: in der Regel 21 Tage

5 Holzschutz in Planung, Bauphase und Objektnutzung

5.1 Planungsschwerpunkte

Anschlusspunkte und Staunässe

Die Umsetzung der Regelungen der Normen der Reihe DIN 68800, vor allem der DIN 68800-1, zur Erreichung einer möglichst niedrigen Gebrauchsklasse erfordert eine Detailplanung. Dies bedeutet, Anschlusspunkte nicht nur statisch, sondern auch holzschutztechnisch auszulegen. An allen beregneten Bauteilen ist die Wasserführung nachzuvollziehen und zu optimieren, um das Entstehen von Staunässe (Abb. 5.1) zu verhindern.

Dachgeometrie

Dachflächen sollten möglichst glatt und einfach gehalten werden (Abb. 5.2), da z. B. Kehlen, Gaubenanschlüsse oder Grabenrinnen (Abb. 5.3) das Risiko eines Feuchteeintritts in die Konstruktion erhöhen.

Insektenunzugängliche Bauteile

Insektenunzugängliche Bauteile müssen diese Anforderung auch an den Eckfugen und Montagestößen erfüllen (Abb. 5.4).

Abb. 5.1: Staunässe (dunkle Färbung) im unteren Bereich einer Fachwerkschwelle: Ursache ist eine unmittelbar unter der Schwelle verlegte Sperrbahn, die an der bewitterten Außenkante einige Millimeter übersteht.

Abb. 5.2: Fehlertolerante Konstruktion: Dachfläche ohne Verschneidungen

Abb. 5.3: Nicht fehlertolerante Konstruktion: Aufgrund der begrenzten Haltbarkeit der Rinnenbleche waren unter der Grabenrinne tragende Hölzer der Dachtraufe stark durch Pilzbefall geschädigt.

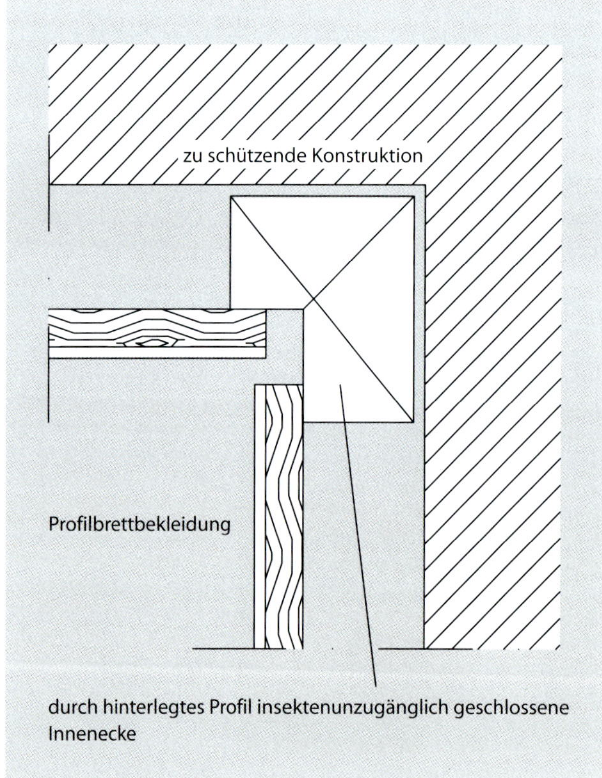

Abb. 5.4: An der Innenecke hinterlegter Stoß von Profilbrettern, die als insektenunzugängliche Bekleidung dienen

Einbaufeuchte

Holzbauteile sollten mit ungefähr der Holzfeuchte, die sich im Gebrauch als Ausgleichsfeuchte einstellt, eingebaut werden. Bei Konstruktionen unter Dach ist dies häufig eine Feuchte weit unterhalb von 20 %. Dies ist bereits bei der Planung und bei der Ausschreibung zu berücksichtigen. In Tabelle 5.1 sind übliche Einbau-/Ausgleichsfeuchten angegeben.

Tabelle 5.1: Übliche Einbau-/Ausgleichsfeuchten für ausgewählte Bauteile und Konstruktionsbereiche

Bauteil/Konstruktionsbereich	**Holzfeuchte in %**	**Norm**
Bauschnittholz allgemein	≤ 20	VOB/C ATV DIN 18334[1)], DIN 4074-1[2)], DIN 4074-5[2)]
Bauschnittholz im Holzhausbau, Holzrahmenbau und Holztafelbau	≤ 18	VOB/C ATV DIN 18334[1)]
Innenwand- und Deckenbekleidungen	≤ 15	VOB/C ATV DIN 18334[1)]
Fußböden und Fußleisten	≤ 12	VOB/C ATV DIN 18334[1)]
Blindböden	≤ 20	VOB/C ATV DIN 18334[1)]
Unterböden	≤ 15	VOB/C ATV DIN 18334[1)]
Treppen	6–12	VOB/C ATV DIN 18334[1)]
Dachlatten	20	DIN 4074-1[3)]
Pfosten und Riegel für Glasfassaden	≤ 15	DIN 68800-2, Abschnitt 7.3[1)]
voll gedämmte, nicht belüftete Flachdächer	≤ 15	DIN 68800-2, Bild A.20[1)]
beheizte Gebäude	6–12	DIN 1052-1[4)]
unbeheizte Gebäude	9–15	DIN 1052-1[4)]
offene Bauteile unter Dach	12–18	DIN 1052-1[4)]
bewitterte Bauteile	12–24	DIN 1052-1[4)]

DIN 1052-1 DIN 1052-1 „Holzbauwerke; Berechnung und Ausführung" (1969)
DIN 4074-1 DIN 4074-1 „Sortierung von Holz nach der Tragfähigkeit – Teil 1: Nadelschnittholz" (2012)
DIN 4074-5 DIN 4074-5 „Sortierung von Holz nach der Tragfähigkeit – Teil 5: Laubschnittholz" (2008)
VOB/C ATV DIN 18334 VOB/C ATV DIN 18334 „Zimmer- und Holzbauarbeiten" (2012)

1) vorgeschriebene Einbaufeuchte
2) Bezugsholzfeuchte für die Festigkeitssortierung
3) Messbezugsholzfeuchte (Maßhaltigkeit)
4) Ausgleichsfeuchte (in der Norm bereits spätestens in der DIN 1052-1 [1969] angegeben, jedoch nicht mehr in der DIN 1052 „Entwurf, Berechnung und Bemessung von Holzbauwerken – Allgemeine Bemessungsregeln und Bemessungsregeln für den Hochbau" [2004])

Die Holzfeuchte passt sich der Umgebungsfeuchte an. Deshalb entstehen unterhalb des Fasersättigungsbereichs Quell- und Schwindverformungen. In Faserrichtung sind diese Verformungen für übliche Baukonstruktionen meist vernachlässigbar. Tangential und radial zu den Jahrringen muss jedoch bereits bei der Planung berücksichtigt werden, welche Feuchtewechsel und welche Verformungen oder Materialspannungen dabei durch behinderte Verformungen auftreten können. In Tabelle 5.2 sind differenzielle Schwindmaße (Formänderungen in % je % Holzfeuchtewechsel) typischer Konstruktionshölzer zusammengestellt.

Tabelle 5.2: Differenzielle Schwindmaße typischer Konstruktionshölzer (nach Sell, 1989)

Holzart	**differenzielles Schwindmaß[1] in %/%**	
	radial zum Jahrring	**tangential zum Jahrring**
Douglasie (*Pseudotsuga menziesii*)	0,15–0,19	0,24–0,31
Fichte (*Picea abies*)	0,15–0,19	0,27–0,36
Kiefer (*Pinus sylvestris*)	0,15–0,19	0,25–0,36
Rotbuche (*Fagus sylvatica*)	0,19–0,21	0,38–0,44
Stieleiche (*Quercus robur*), Traubeneiche (*Quercus petraea*)	0,18–0,22	0,28–0,35

1) Wenn die Einbaulage eines Bauteils nicht bekannt ist, kann entweder ein aus radialer und tangentialer Richtung gemitteltes Schwindmaß verwendet werden oder es können die jeweils kritischeren Werte auf der „sicheren Seite" angesetzt werden.

Luftdichtheits- und Dampfbremsschichten

Luftdichtheits- und Dampfbremsschichten müssen praxistauglich montierbar sein. Für Kabel- und Rohrdurchführungen gibt es z. B. eine breite Palette von Anschlussmanschetten (Abb. 5.5), die zuverlässiger und schneller eine Abdichtung der Durchdringung erlauben, als es mit dem Anstückeln von Spezialklebebändern möglich ist. Am Markt sind Manschetten für unterschiedliche Kabel- und Rohrdurchmesser sowie für mehrere Durchdringungen erhältlich.

In der Regel liegt die Luftdichtheitsebene auf der Warmseite der Bauteile. Voraussetzung für eine Luftströmung ist eine Öffnung, die den Innenraum mit der Außenluft verbindet. Die Bauteile für die Luftdichtheitsebene können auch in anderen Ebenen liegen, wenn sie lückenlos ausgeführt sind (vgl. Informationsdienst Holz, 2004). Komplizierte Durchdringungen in Ecken, die kaum mit der Hand erreichbar sind, sollten vermieden werden. Die Luftdichtheitsebene muss lückenlos geplant sein. Unabhängig davon, wie Schnittebenen durch das geplante Gebäude gelegt werden, muss die Luftdichtheitsebene einen geschlossenen Linienzug ergeben (siehe Abb. 5.6). An Versprüngen in der Fassade und an Innenwänden muss deshalb manchmal auch an Wandober- und -unterkanten von Innenwänden, Treppenraum-

Abb. 5.5: Anschlussmanschette zur Abdichtung einer Kabeldurchführung

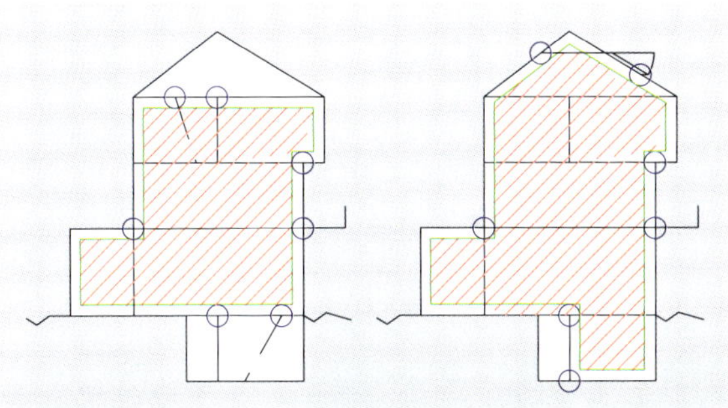

Abb. 5.6: Bei beliebigen Schnitten durch das Gebäudemodell muss die Luftdichtheitsebene (grüne Linie) einen geschlossenen Linienzug um die beheizten Räume (rot schraffiert) ergeben. Häufig vernachlässigte Anschlüsse zu Innenwänden, Türen, Treppen, Dachaufbauten und Durchdringungen sind blau markiert.

Abb. 5.7: Für die Instandsetzung eines Flachdachs errichtetes und mehrere Wochen vorgehaltenes Notdach, um zu verhindern, dass die Konstruktion weiter durch Regen geschädigt wird

türen, Einschubtreppen und Kellertüren die Luftdichtheitskonstruktion geplant sein.

5.2 Bauablauforganisation

In der Organisation des Bauablaufs sind vor allem folgende Aspekte zu berücksichtigen:

- die zeitliche Abfolge der Montageschritte
- die sinnvolle Einordnung der Arbeitsschritte in verschiedene Gewerke
- der Schutz des erstellten Teilwerks bis zur Gesamtfertigstellung (Abb. 5.7)

Abb. 5.8: Schnee auf Bauholz: Dieses Material darf so nicht eingebaut werden, sondern muss erst wieder trocknen.

Abb. 5.9: Ein nicht optimaler Bauablauf: Wenn der Schnee schmilzt, nimmt das Dachstuhlholz viel Feuchte auf. Nach dem Richten sollte unverzüglich die Unterdeckbahn als Schutz vor Niederschlägen montiert werden.

Materiallieferung und -lagerung

Bereits beim Transport des Holzes zur Baustelle muss dafür gesorgt werden, dass das Material nicht durchnässt wird. Bei starkem Regen oder Schnee ist es erforderlich, das Material zu schützen, Lagerung im Freien (Abb. 5.8) führt sonst zu Folgeschäden. Eine Lufttrocknung im Stapel kommt hier zur Nachbesserung nicht infrage, da sie sehr lange dauern würde und es im Winter zweifelhaft ist, ob die maximal zulässige Einbaufeuchte (vgl. Tabelle 5.1) mit Lufttrocknung überhaupt zuverlässig erreicht werden kann. Die erneute Trocknung müsste entweder in einer technischen Trockenanlage ausgeführt werden, was den Terminplan der Baustelle empfindlich stören würde, oder das Holz müsste durch trockene Ware ersetzt werden. Auf der Baustelle darf das Holz nicht in Pfützen und Schlamm abgestellt werden.

Es ist sinnlos, Materialien und Baugruppen an die Baustelle zu liefern, wenn erforderliche Vorleistungen noch nicht erbracht sind. Bauholzstapel, die auf der Baustelle gelagert werden, müssen vor Regen geschützt und gleichzeitig so luftig gelagert werden, dass keine Bläue- und Schimmelpilze an der Oberfläche wachsen können. Ferner besteht die Gefahr, dass Holz zerstörende Insekten in Gebieten mit hohem Befallsdruck Eier am Holz ablegen, das nicht unverzüglich insektenunzugänglich verbaut worden ist. Eine – theoretisch mögliche – Verlegung der Bauzeit auf die insektenfreie Zeit in Herbst und Winter würde allerdings das Feuchterisiko erhöhen (Abb. 5.9). Daher sollten Holz und Baugruppen nur kurzfristig zwischengelagert werden. Dies senkt zugleich den Flächenbedarf für die Baustelleneinrichtung.

Toleranzen und Schnittstellenkoordination

Um eine sinnvolle Montageabfolge zu gewährleisten, müssen die einzelnen Arbeitsschritte bedacht und vom Planer vorgegeben werden. Schwierigkeiten entstehen häufig an den Schnittstellen der einzelnen Gewerke. So müssen im Holzhausbau möglichst geringe Toleranzen für die Erstellung von **Fundament und Sohlplatte** im Gewerk Betonbau erzielt werden. Nur dann lassen sich weitgehend vorgefertigte Baugruppen, die schnell montiert und vor Witterung geschützt werden können, einsetzen. Eine Möglichkeit, Fertigungstoleranzen auszugleichen, muss immer geplant sein. Hierzu eignen sich Richtschwellen unterhalb der Wandschwellen von Wandtafeln. Holzbauwände sollten planmäßig einen leichten Überstand zur Fundamentkante aufweisen. So können hier Toleranzen „versteckt" werden, und ein zügiger Bauablauf ohne Änderungen vor Ort ist möglich.

Es ist empfehlenswert, die Verantwortung für die **Luftdichtheitsfunktion** möglichst vollständig dem Holzbaugewerk zu übertragen. In der Regel ist der Holzbauer ohnehin für die Luftdichtheit in den Regelflächen der Konstruktion verantwortlich. Deshalb ist es sinnvoll, dass er auch die Anschlüsse an Massivbauteile übernimmt. Dies verhindert Streit um Verantwortlichkeiten, wenn die Luftdichtheit nachgebessert werden muss.

Wenn **Flachdachschalungen** vom Holzbauer hergestellt werden und die Abdichtung durch den Dachdecker vorgenommen wird, müssen diese Hand in Hand arbeiten. Es darf nicht dazu kommen, dass eine Schalung Stunden oder Tage offen liegt, bevor sie abgedichtet wird. Selbst Notabdichtungen oder Abdeckplanen wirken nur begrenzt und nicht lange gegen Niederschläge. Bei **Steildächern** muss die Sparrenebene nach dem Aufrichten geschlossen werden, bevor Feuchte zutreten kann. Ein kurzer Regenschauer kann beim Richten der Dächer immer auftreten; dies ist in unseren Breiten nicht zu verhindern. Eine solche kurze Befeuchtung dringt jedoch nicht tief in das Dachstuhlholz ein, sodass es nur eine geringe Menge Wasser aufnimmt. Wenn der Dachstuhl jedoch einige Tage oder länger offen steht, ist die Wasseraufnahme bei ungünstigen Witterungsbedingungen hoch. Die Unterdeckbahn muss deshalb zügig nach dem Aufrichten montiert werden.

In der Zeitplanung und der Größe von Bauabschnitten muss diese Taktung der Gewerke berücksichtigt sein. Eine besondere Schnittstellenkoordination ist auch beim Einbau von **Fenstern** erforderlich. Hier muss geklärt werden, welches Gewerk welche Arbeiten übernimmt und wie die Arbeiten in einer sinnvollen Reihenfolge ineinandergreifen.

Zur Verarbeitung von **Klebstoffen, Beschichtungen und Mörtel** sind in der Regel Temperaturen > 5 °C erforderlich. Die Ausführung ist daher bei ausreichend warmem Wetter oder unter Beheizung durchzuführen.

Verhinderung des Entstehens unzuträglicher Baufeuchte

Wenn Teile der Konstruktion fertiggestellt sind, müssen sie vor Beschädigung und insbesondere vor Baufeuchte geschützt werden (vgl. DIN 68800-2, Abschnitt 5.1). Selbst ein Holzhaus hat in der Regel eine Betonsohlplatte, die Baufeuchte abgibt. Häufig werden Estriche gegossen und Mauerwerk und Innenputz hergestellt. Diese mit Wasser angemachten Baustoffe trocknen

Abb. 5.10: Mörtelspritzer des Wandverputzes am Holz eines geschädigten Flachdachs: Die Konstruktion ist erst nach den Putzarbeiten geschlossen worden und Baufeuchte wurde eingeschlossen.

nur langsam ab. Dabei werden große Mengen des Anmachwassers wieder an die Raumluft der Baustelle abgegeben. Wenn Konstruktionen von der Innenseite erst nach einem solchen Baufeuchteeintrag geschlossen werden, kann viel Wasser eingesperrt werden (Abb. 5.10). Deshalb ist es vorteilhaft, Bauteile vorzumontieren und bereits geschlossen zur Baustelle zu transportieren (Abb. 5.11, 5.12). Es gibt Fälle, in denen das Holz mit Holzfeuchte unter 20 % angeliefert und montiert wird, durch Baufeuchte jedoch nach der Montage nass wird.

Häufig ist der natürliche Luftwechsel zur Abfuhr von Baufeuchte nicht ausreichend. In der Regel ist es daher erforderlich, **technische Bautrocknungsmaßnahmen** durchzuführen (vgl. Hankammer/Resch/Böttcher, 2014). Hierfür geeignet sind Kondenstrockner (Abb. 5.13). Bei geringen Temperaturen ist eine begleitende elektrische Aufheizung der Luft oder Adsorptionstrocknungstechnik erforderlich. Die Leistung der Geräte muss auf das zu trocknende Luftvolumen abgestimmt sein. Wenn noch keine Fenster und Türen vorhanden sind, müssen provisorisch Bereiche zur Trocknung abgegrenzt werden. Hierzu können Folienwände erstellt werden; sie müssen nicht absolut luftdicht sein. Auf keinen Fall darf zur Bautrocknung mit Gasbrennern geheizt werden, denn bei der Verbrennung von 1 kg Propan entstehen ca. 1,64 kg Wasserdampf.

Empfindlich gegen Baufeuchte verhalten sich auch **feuchtevariable Dampfbremsen**. Wenn die Luftfeuchte aufgrund der Baufeuchte ansteigt, nimmt die dampfbremsende Wirkung dieser Spezialfolien ab. Das Belegreifheizen z. B. eines Heizestrichs kann so zu problematischen Feuchteanreicherungen in Dachkonstruktionen führen. Hier sind gelegentlich moderat wirkende Dampfbremsen ohne variable Eigenschaften mit starren s_d-Werten im Bereich zwischen 2,0 und 5,0 m die sicherere Wahl. Vor allem wenn diese Baufeuchtephase in den Herbst oder in den Winter fällt, können die Auswirkungen gravierend sein. Dies ist nicht nur bei Neubauten, sondern auch bei Umbauten zu berücksichtigen.

Abb. 5.11: Montagetisch mit einer noch nicht geschlossenen Holzrahmenbauwand in einer Zimmerei, die nach Holztafelbaurichtlinie, 1992, qualifiziert ist, beidseitig geschlossene Bauelemente im Werk herzustellen

Abb. 5.12: Zum Transport auf die Baustelle bereitstehende beidseitig geschlossene Bauelemente in der Halle eines Holzbaubetriebs. Die Elemente sind mit dem Überwachungskennzeichen nach Holztafelbaurichtlinie, 1992, gekennzeichnet.

Abb. 5.13: Einsatz eines Kondenstrockners vor Schließung der Konstruktion, nachdem bei Schwammbekämpfungsarbeiten Baufeuchte durch das Schwammsperrmittel und durch neuen Putz eingebracht wurde

Abb. 5.14: Durch Augenschein erkennbarer Ausführungsfehler: Bei einer nachträglichen Dachdämmung wurde die Luftdichtheits-/Dampfbremsbahn nicht an das Giebelmauerwerk angeschlossen.

5.3 Bauüberwachung

Während der Baumaßnahme muss die tatsächliche Ausführung mit der Planung abgeglichen werden. Abweichungen oder nachlässige Ausführungen müssen korrigiert werden, bevor Schäden oder unzuträglich hohe Holzfeuchten entstehen. Die Einbaufeuchte von Holz und Holzwerkstoffen sollte gelegentlich kontrolliert werden; das ausführende Unternehmen darf sich nicht ungeprüft auf die Angaben seines Lieferanten verlassen. Der bauleitende Planer sollte wiederum das ausführende Unternehmen stichprobenweise kontrollieren. Wenn Anforderungen an die angelieferte Holzart bestehen, sind die Art des Holzes und der Splintholzanteil zu prüfen.

Kontrolle der luftdichten Bauweise

Besonderes Augenmerk verdient die Ausführungsqualität von Luftdichtheitsschichten. Folienstöße und Anschlüsse von Luftdichtheitsschichten an andere Bauteile sollten kontrolliert werden. Die einfachste Kontrollmaßnahme ist der Augenschein. Mangelhafte Anschlüsse lassen sich oft bereits so feststellen (Abb. 5.14). Ohne Messgeräte und andere technische Hilfsmittel kann überprüft werden, ob die verwendeten Klebesysteme und anderen Baustoffe der Planung entsprechen und für die vorgesehene Verwendung geeignet erscheinen. Dabei ist u. a. darauf zu achten, dass Klebebänder für die jeweiligen Untergründe verwendbar sind und Bauteile, an die angeschlossen werden soll, mit einem Primer beschichtet werden, falls dies für die dauerhafte Verklebung des Produkts erforderlich ist. Bei Folienanschlüssen ist darauf zu achten, dass eine Bewegungsschlaufe hergestellt wird, um unterschiedliche Bewegungen der Konstruktionsglieder auszugleichen.

Bereits wenn die Luftdichtheitsebene fertiggestellt ist, empfiehlt sich eine Differenzdruckmessung zur Prüfung auf gegebenenfalls vorhandene Leckagen. Ist der Innenausbau erst abgeschlossen, wird die Reparatur von Leckagen bedeutend aufwendiger. Es ist deshalb auch dann sinnvoll, mit Differenzdruck nach Leckagen zu suchen, wenn ein Nachweis der Luftdichtheit erst für den übergabereifen Bauzustand vorgesehen ist. Bei der Prüfung wird mit einem

Abb. 5.15: Ventilator zur Erzeugung eines Differenzdrucks von 50 Pa zwischen Innenraum und Außenluft

Abb. 5.16: Leckagesuche mit einem Strömungsmessgerät für größere Strömungsgeschwindigkeiten (Flügelrad-Anemometer)

Abb. 5.17: Thermogramm eines Wandbereichs mit zugehöriger Normalfotografie: Auf dem Thermogramm ist die Abkühlung in den Fensterlaibungen durch einströmende kalte Luft an Fehlstellen der Luftdichtheitsebene, die den vorhandenen Wärmebrückeneffekt verstärken, zu erkennen (blau). (Quelle: Wolfgang Böttcher, Brunn)

Ventilator (Abb. 5.15) ein Differenzdruck von 50 Pa zwischen Innenraum und Außenluft aufgebaut. Anhand des geförderten Volumenstroms kann die hüllflächenbezogene Leckage (q_{50}-Wert) berechnet werden. Thermografie ermöglicht es, Leckagen zu lokalisieren.

Außer den Druckerzeugern mit integrierter Mess- und Regeltechnik sind folgende Messgeräte bzw. Hilfsmittel zum Aufspüren undichter Stellen geeignet:

- Strömungsmessgeräte (Anemometer):
  - Thermo-Anemometer für geringe Strömungsgeschwindigkeiten
  - Flügelrad-Anemometer (Abb. 5.16) für größere Strömungsgeschwindigkeiten
- Thermografiekameras (Abb. 5.17); Voraussetzung: ausreichend große Temperaturunterschiede zwischen Raum- und Außenluft

Abb. 5.18: Überprüfung eines Anschlusses mit künstlichem Nebel

Abb. 5.19: Durch den Luftstrom an einer Fuge abgelenkte Feuerzeugflamme

- Rauchröhrchen
- Nebelgeneratoren (Abb. 5.18); gegebenenfalls Unterrichtung der Leitstelle der Feuerwehr, um Fehlalarmierungen zu vermeiden
- Kerzen- oder Feuerzeugflammen (Abb. 5.19)

Bei der Druckprüfung können auch die eigenen Sinne helfen: Durch den großen Druckunterschied entsteht an massiven Fehlstellen eine Strömung, die mit der Hand spürbar ist.

Abb. 5.20: Vorgeprimerte und geschlossene Öffnungen für eine Einblasdämmung und für Durchdringungen in der zweiten Entwässerungsebene

Kontrolle von Wetterschutzbekleidungen

Sehr wichtig ist die Ausführung von Anschlüssen und Fugen in der Wetterschutzschicht. Wenn hier Fehler übersehen werden, können Feuchteanreicherungen entstehen, die erst bemerkt werden, wenn bereits ein großer Schaden eingetreten ist. Unterdeckplatten (Abb. 5.20) sollten deshalb vor dem Eindecken kontrolliert werden.

Insbesondere an Fenstersohlbänken sollte ebenfalls kontrolliert werden (siehe auch Kapitel 6.9.3).

5.4 Dokumentation

Die Zuordnung zu Gebrauchsklassen (siehe Kapitel 3) muss dokumentiert werden. Im Bauablauf sollte stichprobenartig die Feuchte von angeliefertem Holz und von Holz vor dem Verschließen von Bauteilen dokumentiert werden. Hierfür eignen sich elektrische Holzfeuchtemessgeräte, die nach dem Widerstandsprinzip gemäß DIN EN 13183-2 „Feuchtegehalt eines Stückes Schnittholz – Teil 2: Schätzung durch elektrisches Widerstands-Messverfahren“ (2002) arbeiten. Auch Temperatur und Luftfeuchte sollten gelegentlich erfasst und ebenso wie Niederschläge in Bautagebuchberichten dokumentiert werden. In diese Berichte gehören auch Anordnungen zum Bauablauf und zu Nachbesserungen. Es bietet sich an, während des Baufortschritts ausreichend viele Fotos anzufertigen, um Sachverhalte gegebenenfalls belegen zu können.

Lieferscheine von Holz, Holzwerkstoffen und Dämmstoffen sowie Leistungserklärungen auf den gelieferten Gebinden sollten gesammelt werden. Beim Bauen im Bestand gilt dies auch für Nachweise über die ordnungsgemäße Entsorgung von Altholz und anderem Abbruchmaterial.

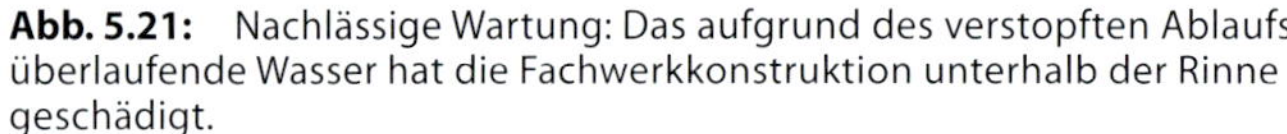

Abb. 5.21: Nachlässige Wartung: Das aufgrund des verstopften Ablaufs überlaufende Wasser hat die Fachwerkkonstruktion unterhalb der Rinne geschädigt.

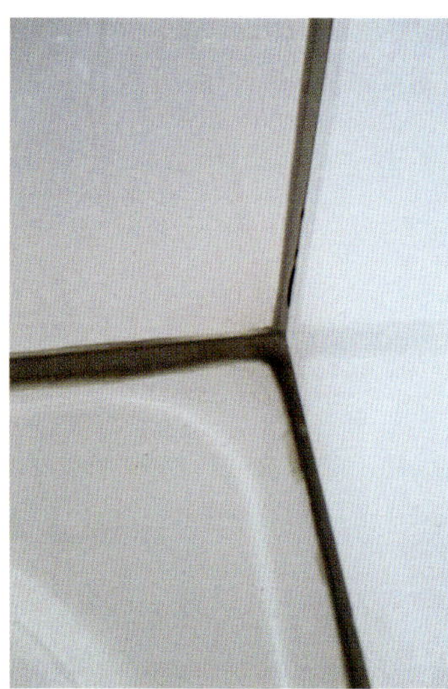

Abb. 5.22: Nachlässige Wartung: eingerissene Silikonfuge in einem häuslichen Bad

Die Abnahme von Leistungen sollte möglichst förmlich mit einer Abnahmeniederschrift, in der gegebenenfalls Vorbehalte und Mängel fixiert sind, erfolgen.

5.5 Holzschutzmaßnahmen während der Objektnutzung

Alle Bauwerke benötigen Pflege und Wartung. Dies zu gewährleisten, ist Aufgabe des Gebäudeverantwortlichen. Der Besitzer kann sie über Wartungs- oder Haumeisterverträge teilweise auf andere übertragen. Typische Aufgaben sind das Entfern von Schmutz und Laubansammlungen (Abb. 5.21) und das Prüfen auf sichtbare Schäden an Dachdeckung, Dachentwässerung, Fassade und Wasser führenden Installationen (Abb. 5.22).

Beschichtete Außenbauteile müssen rechtzeitig mit Überholungsbeschichtungen gewartet werden. Wenn die Gebrauchsklasse 0 über kontrollierbare Konstruktionen erzielt wurde, ist einmal jährlich auf Hinweise hinsichtlich eines Insektenbefalls zu prüfen (siehe Kapitel 2.2 und 3.6.2).

Zur Überwachung von potenziell kritischen Einbaubedingungen von Holz sind auch **Langzeitmessungen** möglich. In den Bauteilen können mit Datenloggern die relative Luftfeuchte und die Temperatur gemessen und aufgezeichnet werden. Es ist auch möglich, Messstellen für die elektrische Widerstandsmessung in Anlehnung an die DIN EN 13183-2 im Bauteil vorzubereiten und Kabel aus dem geschlossen Bauteil herauszuführen, um die Daten mit einem Holzfeuchtemessgerät abzugreifen (Abb. 5.23).

Solche vorbereiteten Messstellen sind ebenfalls geeignet, den elektrischen Widerstand und die Temperatur im Holz aufzuzeichnen und daraus den Holzfeuchteverlauf zu berechnen (Abb. 5.24; vgl. z. B. Brischke/Rapp/Bayerbach, 2008).

Abb. 5.23: Holzfeuchtemessgerät, das an Kabel angeschlossen ist, die aus einem geschlossenen Bauteil herausgeführt sind

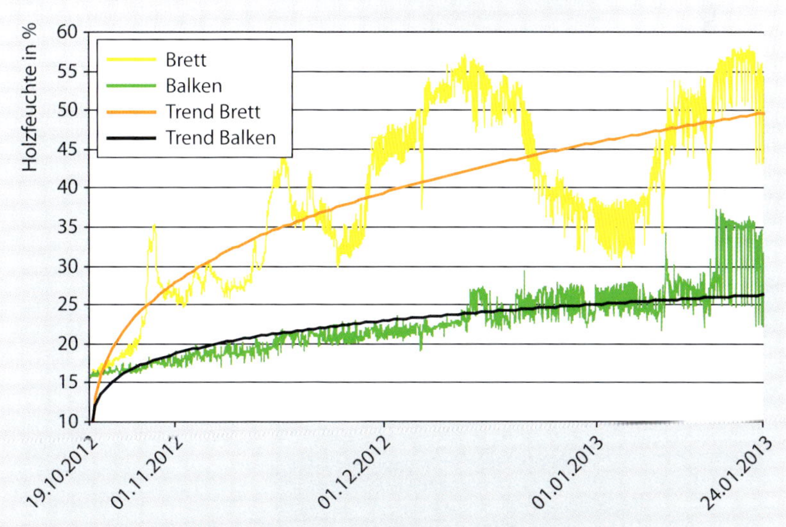

Abb. 5.24: Aus dem elektrischen Widerstand und der Temperatur des Holzes berechnete Holzfeuchteverläufe eines Brettes (gelb) und eines Balkens (grün), jeweils mit einer Trendlinie, in der Kurzzeitschwankungen ausgeglichen sind (Bestimmtheitsmaß Trend Brett: $R^2 = 0{,}7363$, Bestimmtheitsmaß Trend Balken: $R^2 = 0{,}7018$)

Abb. 5.25: Spritzwasserbelastung durch einen Brennholzstapel, der die Sockelhöhe vor einer Fachwerkfassade übersteigt

Abb. 5.26: Schaden infolge der Spritzwasserbelastung an der Schwelle des Gebäudes in Abb. 5.25

Neben nachlässiger Wartung können auch Eingriffe der Nutzer in der Umgebung des Gebäudes zu holzschutztechnischen Problemen führen, wie z. B. Spritzwassereinwirkung aufgrund eines Holzstapels vor einer Fassade (Abb. 5.25, 5.26).

6 Bauteile und Konstruktionen

In diesem Kapitel werden typische Bauteile und Konstruktionen dargestellt, bauliche Holzschutzmaßnahmen an Beispielen und besondere Maßnahmen zum Erreichen niedriger Gebrauchsklassen erläutert. Die Darstellung umfasst sowohl Neubaukonstruktionen als auch Umbauten und Ertüchtigungen vorhandener Bausubstanz. Dabei finden auch die Musteraufbauten aus der DIN 68800-2 Berücksichtigung. Die Beispiele bieten einen Einstieg in die objektbezogene Planung, sind jedoch an die Gegebenheiten vor Ort anzupassen.

Weitere Hilfestellungen finden sich z. B. in der von der Holzforschung Austria federführend organisierten Datenbank dataholz.com (www.dataholz.com). Die dort angegebenen Musteraufbauten sind laut Holzforschung Austria von akkreditierten Instituten bauphysikalisch geprüft und freigegeben. Auch der Informationsdienst Holz (www.informationsdienst-holz.de) gibt in seiner gleichnamigen Schriftenreihe Erläuterungen zu vielen Themenbereichen. Hilfreich beim Bauen im Bestand sind ferner die Merkblätter der Wissenschaftlich-Technischen Arbeitsgemeinschaft für Bauwerkserhaltung und Denkmalpflege e. V. (WTA-Merkblätter) der Reihe 1 zu Holz und Holzschutz sowie der Reihe 8 zu Fachwerk und Holzkonstruktionen.

Die folgenden **Kapitel 6.1 bis 6.11** sind **einheitlich in die 5 Abschnitte „Übliche Konstruktionsweisen“, „Feuchteeinwirkungen“, „Schutz vor Feuchteeinwirkungen“, „Schutz gegen Insektenbefall“** und **„Gebrauchsklassenzuordnung“** gegliedert.

6.1 Feuchte aus Massivbauteilen

6.1.1 Übliche Konstruktionsweisen

Feuchteaufnahme aus Massivbauteilen ist im Neubaubereich bei Wandschwellen auf Betonsohlen und z. B. bei Fußpfetten auf Betondecken zu erwarten. Fußbodenaufbauten aus Holz über Betonsohlen oder direkt über Erdreich können in ihrer Gebrauchstauglichkeit durch die Feuchtelast beeinträchtigt werden. Vor allem beim Bauen im Bestand haben z. B. Balkenköpfe, Streichbalkenseiten und Treppenwangen Kontakt zu Mauerwerk, das gegebenenfalls feucht sein kann. Auch Fenster sind mit Massivbauteilen verbunden.

6.1.2 Feuchteeinwirkungen

Grundsätzlich ist zwischen Baufeuchte, die nach Herstellung der Massivbauteile langsam auf Gebrauchsfeuchte trocknet, und dauerhafter oder immer wieder entstehender Feuchte der Massivbauteile aus anderen Quellen wie Schlagregen oder Erdfeuchte zu unterscheiden. Einmalige, wieder abklingende Feuchte ist bei Weitem nicht so unzuträglich wie permanente oder immer wieder hohe Feuchte. Nach DIN 68800-2 ist formal als Kriterium für eine Gefährdung durch Holz zerstörende Pilze bei einmaligen, wieder abklingenden Feuchtelasten anzusetzen, ob innerhalb von 3 Monaten Holzfeuchten von maximal 20 % erreicht sind: *„Wird Holz in den Nutzungsklassen 1 und 2 nach DIN EN 1995-1-1 während der Bauphase auf eine Holzfeuchte u > 20 % aufgefeuchtet, muss nachgewiesen werden, dass die Holzfeuchte u ≤ 20 % innerhalb einer Zeitspanne von höchstens 3 Monaten ohne Beeinträchtigung der gesamten Konstruktion erreicht wird.“* (DIN 68800-2, Abschnitt 5.1.2.6, S. 9)

In die Bewertung müssen in der Planungsphase immer die Erfahrungen mit vergleichbaren Bauteilen einfließen. Unter den in Kapitel 3.6.3.2 und 3.6.3.3 genannten Einschränkungen können auch Bauteilsimulationen nach DIN EN 15026 „Wärme- und feuchtetechnisches Verhalten von Bauteilen und Bauelementen – Bewertung der Feuchteübertragung durch numerische Simulation“ (2007) Grundlage für eine Bewertung sein.

Hinweis

Großflächige Schwammsperrmitteleinsätze im Rahmen von Hausschwammbekämpfungen befeuchten Mauerwerk stärker als das Anmachwasser des Mörtels bei Herstellung des Gebäudes.

6.1.3 Schutz vor Feuchteeinwirkungen

Sockelschwelle

In der DIN 18195-4 „Bauwerksabdichtungen – Teil 4: Abdichtungen gegen Bodenfeuchte (Kapillarwasser, Haftwasser) und nichtstauendes Sickerwasser an Bodenplatten und Wänden, Bemessung und Ausführung“ (2011) ist festgelegt, dass an einem Wandsockel eine Sperrbahn gegen aufsteigende Feuchte eingebaut werden muss. Im Rückschluss ist somit unterhalb von Wandschwellen als Regelfall eine Feuchtesperre erforderlich (siehe auch Kapitel 6.8).

Fußpfette

Bei kurzfristig einwirkender Baufeuchte wie bei Betondecken unterhalb einer Fußpfette (hier ist meist Gebrauchsklasse 0 möglich) sollte sicherheitshalber eine Sperrbahn angeordnet werden. Mit steigender Dampfbremswirkung der Dachhülle steigt das Feuchterisiko. Die Erfahrung mit Schadensfällen zeigt, dass es bei Konstruktionen, die außen dampfdicht sind (z. B. Flachdächer), durch die Baufeuchte von Betonringankern zu Schäden kommen kann (vgl. z. B. Borsch-Laaks/Walther, 2014). In solchen Fällen sollte eine Sperrschicht auf der gesamten Oberseite des Betonringankers verlegt werden. Diese soll nicht primär die kapillare Wasserleitung, sondern vor allem das Verdampfen der Baufeuchte in die geschlossene Konstruktion verhindern. Deshalb sollten die Bahnenstöße der Abdichtung verklebt werden.

Fußbodenaufbauten

Wenn auf frischen Betondecken dichte Bodenaufbauten montiert werden, kann die Feuchte aus dem Beton kaum abtrocknen. Hier ist mit einer unzuträglichen Feuchtebelastung von Holzbauteilen innerhalb des Bodenaufbaus

Abb. 6.1: Hölzerner Fußbodenaufbau auf einer Betonsohle in der Bauphase: Die Sohle ist lückenlos mit einer Abdichtungsbahn bedeckt. Am Wandsockel ist eine Anschlussfahne zur luftdichten Anbindung des Unterbodens an den Wandverputz vorbereitet.

Abb. 6.2: Fenster vor dem Einbau: Die Holzbauteile sind auch an der später verdeckten Fuge zum Mauerwerk beschichtet.

zu rechnen. Diese Feuchte kann nur durch eine lückenlose flüssigkeits- und dampfdichte Sperrbahn (Abb. 6.1) auf der gesamten Betondecke vom Bodenaufbau ferngehalten werden.

In Altbauten finden sich verschiedentlich Sohlen gegen Erdreich, die nicht nach heutigen Maßstäben abgedichtet sind, was bei der früher üblichen Raumklimatisierung und Konstruktion meist ohne Folgen blieb. Es handelt sich jedoch um riskante Bauweisen, da hier die Sicherheitsmarge im Feuchteschutz gering ist. Bereits geringe Änderungen des Grundwasserstands oder in der Raumklimatisierung können ebenso wie dampfbremsende Oberbeläge (PVC, Laminat) den Feuchtehaushalt so stark beeinträchtigen, dass es zu Pilzbefall kommt. Eine Verbesserung ist durch Neuaufbau mit einer abgedichteten Betonsohle, analog zu üblichen Neubauten, möglich.

Bei geringen Feuchtemengen aus **kleinen** Mauerwerksreparaturen nahe den Balkenköpfen im Massivbau (meist Gebrauchsklasse 2) ist eine Sperrbahn in der Regel nicht erforderlich (siehe auch Kapitel 6.10).

Feuchte aus Schwammsperrmitteln und Mauerwerkserneuerung

Wenn aufgrund einer Schwammbekämpfung im Mauerwerk in zu großem Umfang Feuchte eingebracht und das Mauerwerk nicht hinreichend technisch getrocknet wurde, sollte zu angrenzendem Holz eine Sperrbahn verwendet werden. Es ist bei der Schwammbekämpfung immer zu prüfen, wie viel Schwammsperrmittel überhaupt aus sachverständiger Sicht verwendet werden muss, damit der Feuchteeintrag im möglichen Maß minimiert wird.

Fensterrahmen

Wenn der Feuchteschutz der Fassade und der Einbaufugen ordnungsgemäß ist, benötigen Holzfensterrahmen keine zusätzliche Sperrbahn zum Mauerwerk. Sie müssen als Feuchteschutz jedoch mindestens eine unversehrte Grund- und Zwischenbeschichtung an den Kontaktzonen zum übrigen Bauwerk aufweisen (Abb. 6.2).

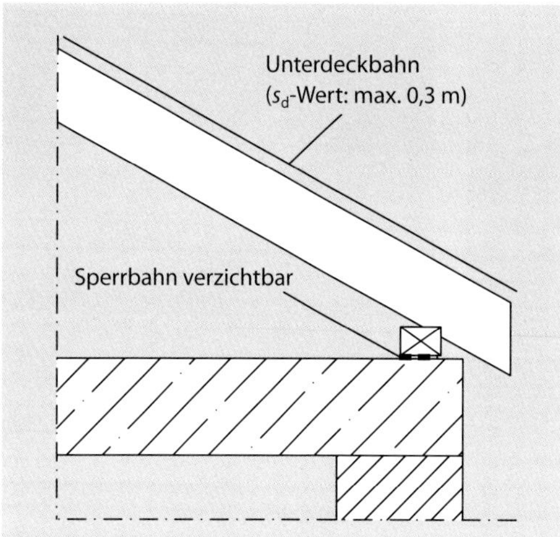

Abb. 6.3: Fußpfette auf bestehenden Betonbauteilen: Hat die Konstruktion die Baufeuchte bereits abgegeben (z. B. bei Umbauten im Bestand), kann wie hier dargestellt auf eine Sperrbahn auf Betondecken verzichtet werden. Die Unterdeckbahn sollte in diesem Fall einen s_d-Wert ≤ 0,3 m aufweisen.

6.1.4 Schutz gegen Insektenbefall

Wenn der Feuchteschutz ausreichend beachtet wird, ist das Risiko eines Insektenbefalls äußerst gering. Viele der üblichen Konstruktionen sind in die Gebrauchsklasse 0 einzuordnen. Gegebenenfalls kann durch Einsatz von Farbkernholz der Dauerhaftigkeitsklasse 3 bis 4 oder besser die Gefährdung weiter gesenkt werden. Gemäß DIN 68800-1, Abschnitt 3.20, technisch getrocknete Ware verringert außerdem die Befallsattraktivität des Holzes für Insekten.

6.1.5 Gebrauchsklassenzuordnung

Durch Sperrbahnen von feuchten Massivbaustoffen getrennte Holzbauteile lassen sich **meist in die Gebrauchsklasse 0** einordnen. Die DIN 68800-2, Abschnitt 5.2.3, fordert als grundsätzliche bauliche Maßnahme, andauernden Feuchteeintrag aus angrenzenden Baustoffen zu verhindern. Als grundsätzliche bauliche Maßnahme ist dies unabhängig von der erzielbaren Gebrauchsklasse immer umzusetzen (siehe Kapitel 3.5).

Schutz gegen Feuchte aus angrenzenden Bauteilen muss auch für chemisch vorbeugend geschütztes Holz gewährleistet werden, wenn es nicht ohnehin planmäßig bewittert oder anders befeuchtet wird. Die DIN 68800-2 verweist hierzu auch auf die DIN 18195-4. Nur wenn begründete Zweifel bestehen, dass die nachstoßende Baufeuchte aus den angrenzenden Bauteilen schnell genug austrocknet, ist eine Sperrbahn vorzusehen. In anderen Fällen ist sie verzichtbar (Abb. 6.3). Die Möglichkeit eines Verzichtes auf die Sperrbahn ist allerdings nicht direkt aus der Norm entnehmbar; diese Lösung sollte daher mit dem Auftraggeber abgestimmt werden (siehe Kapitel 4).

Für Sockelschwellen gilt die Anscheinsvermutung, dass gemäß DIN 18195-4 eine Sperrbahn erforderlich ist. Diese Vermutung kann mit einer Einzelfallbetrachtung gegebenenfalls widerlegt werden. Wenn eine Sperrbahn eingebaut wird, darf sie bei der vorangehend beschriebenen Situation keinesfalls seitlich überstehen, weil sich unplanmäßig eindringendes Wasser sonst auf der Sperrbahn staut.

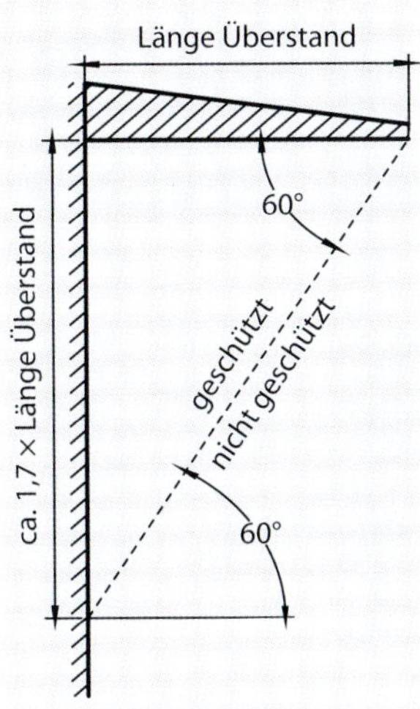

Abb. 6.4: 60°-Regel: Auskragende Überstände schützen die darunter liegende Zone in einem Winkel von 60° zur Horizontalen, d. h. auf ca. der 1,7-fachen Länge der Auskragung.

Abb. 6.5: Wenn Schlagregen schräg angreift, schützt auch ein weiter Dachüberstand nur begrenzt: Je nach Ausrichtung des Gebäudes sind Pfettenoberkanten bewittert (blauer Pfeil). Der Balkon ist ebenfalls nicht vollständig durch den großen Dachüberstand geschützt (roter Pfeil). Die aus Gestaltungsgründen auskragenden Wandrähme sind nur unzureichend abgedeckt (magentafarbener Pfeil). Das bewitterte Skeletttragwerk (grüner Pfeil) ist holzschutztechnisch ungünstig (siehe auch Kapitel 6.7).

6.2 Dachüberstände

6.2.1 Übliche Konstruktionsweisen

Grundsätzlich muss beim Steildach zwischen dem Ortgang und der Traufe unterschieden werden. Am Ortgang kragen meist tragende Pfetten aus. Auf den Pfetten ist ein Flugsparren angeordnet und zwischen Holzkonstruktion und Dachdeckungsmaterialien liegt eine Sichtschalung. Verschiedentlich kragt auch nur die an der Dachdeckung befestigte Sichtschalung einige Dezimeter aus. An der Traufe binden in der Regel die Dachsparren nach außen durch und tragen eine Sichtschalung sowie darüber die Dachdeckung. Wenn Aufdachdämmungen vorhanden sind, durchstoßen die Sparren die Gebäudehülle oft nicht, sondern aufgedoppelte Traghölzer bilden die Unterkonstruktion des Dachüberstands. Am Flachdach sind Dachüberstände ähnlich wie bei der Steildachtraufe ausgeführt.

6.2.2 Feuchteeinwirkungen

Schlagregen

Die Hölzer können direktem Niederschlag ausgesetzt sein. Hier gilt es, die in Abb. 6.4 dargestellte 60°-Regel nach DIN 68800-1, Abschnitt 3.22, und DIN 68800-2, Abschnitt 5.2.1.5, richtig anzuwenden.

Die Schlagregenseite, in der Regel Richtung Südwesten, muss als Hauptregenrichtung angenommen werden. Dies kann bedeuten, dass die Dachdeckung auskragende Pfetten an der einen Ortganghälfte gut schützt, während an der anderen Hälfte Niederschläge direkt auf die Oberkante der Pfetten treffen (Abb. 6.5).

Abb. 6.6: Eis in der Rinne staut als Schanze über dem Traufblech nach oben auf, sodass Schmelzwasser und Regen nicht abgeführt werden können.

Abb. 6.7: Schimmelpilzbesiedlung an einem Dachüberstand, der nachts stark auskühlt

An Dachüberständen kann es zudem zu Verwirbelungen kommen, die Niederschläge auch an eigentlich gut geschützte Bereiche führen. Lang anhaltende Feuchteeinträge durch Verwirbelungen sind jedoch nur in windreichen Lagen zu erwarten.

Eisschanzen

Im Winter können an Traufen Eisschanzen entstehen, die die zweite Entwässerungsebene der Deckung beanspruchen (Abb. 6.6). Gefährdet sind vor allem flach geneigte Dächer in gebirgigen Lagen.

Tauwasser

In kalten Nächten können Dachüberstände so stark auskühlen, dass an der Bauteiloberfläche die Taupunkttemperatur der Außenluft unterschritten wird. Dadurch kann die relative Luftfeuchte in den Oberflächenporen ansteigen oder Tauwasser an den Oberflächen ausfallen. Damit steigt das Risiko einer Bläue- oder Schimmelpilzbesiedlung (Abb. 6.7); die Feuchtebedin-

Abb. 6.8: Holzrahmenbau in ungünstiger Konstruktionsweise: Die Dachentwässerung über dem Wandquerschnitt ist wenig fehlertolerant. Selbst die Notentwässerung kann das Risiko unzuträglicher Feuchteeinwirkung nur begrenzt kompensieren. Durch den Verzicht auf einen Dachüberstand fehlt zudem ein Schlagregenschutz.

gungen für einen Befall durch Holz zerstörende Pilze werden jedoch nicht erreicht.

Konvektion

Der Dachüberstand liegt an Kanten der Gebäudehüllfläche. Oft durchstoßen Bauteile die Hüllfläche. Damit nimmt das Risiko von Fehlstellen in der Luftdichtheitsebene zu. Konvektionsströme warmer, feuchtebeladener Luft können dann in der kälteren Jahreszeit große Feuchtemengen in die Konstruktion und an die Unterseite von Dachüberständen führen.

Schadhafte Aufdachrinnen

Im Bestand sind oft über der Außenwand liegende Aufdachrinnen zu finden. Im Laufe von Jahrzehnten können Fehlstellen in den Blechkonstruktionen auftreten und es kann Regenwasser in die Krone der Außenwand gelangen. Dabei werden Sparrenenden und Fußpfetten dauerhaft befeuchtet. Zudem fällt der Feuchteschaden erst lange nach seinem Eintritt auf. Solche Bauweisen sind daher nicht fehlertolerant und sollten im Neubau und bei Baureparaturen vermieden werden (Abb. 6.8).

6.2.3 Schutz vor Feuchteeinwirkungen

Abdeckung

Werden Bauteile direkt durch Niederschläge beansprucht, sollten Möglichkeiten gefunden werden, diese Bauteile abzudecken. Dies gilt insbesondere für tragende oder nur aufwendig auszuwechselnde Bauteile. Andere Bauteile können dagegen auch als Verschleißteile betrachtet werden. Die Verwendung von Verschleißteilen sollte mit dem Auftraggeber abgestimmt werden (siehe Kapitel 4).

Abdeckungen sollten immer hinterlüftet sein. An Dachüberständen haben sich Schnittholzschalungen, Metallabdeckungen und Schieferschirme be-

Abb. 6.9: An der Farbbeschichtung ist die Witterungsbeanspruchung ablesbar. Die auskragende Dachdeckung reicht zur Minderung der Schlagregenlast nicht aus. Die Pfette steht weiter vor als der Flugsparren, sodass sich dort Feuchtenester bilden.

Abb. 6.10: Der Pfettenkopf liegt in der Hauptwetterrichtung, zudem ist die Abdeckung des Sparrens ausgespart. Dies hat zu einem Pilzbefall am Pfettenkopf geführt.

Abb. 6.11: Ein im Vergleich zur Situation in Abb. 6.10 besserer baulicher Holzschutz: Die Abdeckung des Sparrens wurde nicht ausgespart und der Pfettenkopf endet zurückgesetzt.

Abb. 6.12: Durch die schuppenförmig angeordneten Lappen der Dachdeckung, die Schieferabdeckung des Sparrens und eine Blechkappe vor dem Hirnende der Pfette geschütztes Holz

währt. Auch Konstruktionen wie Schindeln sind ausführbar. Es kann erforderlich werden, auskragende Pfetten mit größeren Kästen zu umkleiden, damit keine Feuchte auf der Oberseite einwirkt. Die Abb. 6.9 bis 6.16 geben Beispiele ungünstiger und vorteilhafter Konstruktionen.

Dachdeckung

Dachdeckung und zweite Entwässerungsebene müssen auch an Kanten und Durchdringungen sorgfältig geplant und ausgeführt werden. An gefährdeten Traufen sollte die zweite Entwässerungsebene im Bereich der Traufe als Abdichtung gegen an Eisschanzen aufstauendes Schmelzwasser konzipiert werden. Eine ausreichende Hinterlüftung der Dachdeckung verringert eine Konzentration abschmelzenden Wassers von der Unterseite der Deckung an der Traufe, wo es wieder gefrierend Eisschanzen bildet (vgl. Bernhardt-van Laak, 2000; Zimmermann, 2000).

Abb. 6.13: Durch die Blechkante der Dachdeckung und ein Deckbrett mit Abtropfspitze geschützte Holzbauteile

Abb. 6.14: Wetterschutz aller tragenden Bauteile durch den Kasten. Die deckend weiße Beschichtung ist allerdings wartungsintensiv.

Abb. 6.15: An einem Pultdachfirst mit Abdeckungen geschützte Sparrenenden

Abb. 6.16: Schutz ohne Abdeckung der tragenden Hölzer: Der Flugsparren bewahrt die Kontaktfuge zur Pfette durch die Ausarbeitung mit Besteck vor Wasseranreicherungen.

Wärmedämmung des Dachüberstands

Die Auskühlung der Oberflächen kann abgemindert werden, indem der Dachüberstand an der Oberseite mit einer dünnen Wärmedämmschicht versehen wird. Untersuchungen haben jedoch nur einen geringen Einfluss dieser Wärmedämmung ergeben (vgl. Winter/Schmidt/Schopbach, 2003). Auch die Strahlungseigenschaften der Dachdeckung haben Einfluss darauf, wie stark ein Dachüberstand auskühlt. Deckschichten mit einem hohen Absorptionsgrad für kurzwellige Sonnenstrahlung werden wärmer als Baustoffe mit geringem Absorptionsgrad, da für den **Energie**eintrag vor allem die **kurz**wellige Strahlung verantwortlich ist. Dadurch sinkt die Gefahr der Auskühlung etwas. Schwarze Dichtungsbahnen sind deshalb gegenüber hellen Farbtönen zu bevorzugen. Bei Blechdeckungen sind dunkel vorbewitterte Bleche günstiger als walzblanke oder gar polierte Oberflächen.

Abb. 6.17: Luftdichtheitsebene aus einer Beplankung mit OSB-Platten. Die Plattenstöße sind mit Spezialklebeband abgeklebt.

Farbwahl

Eine dunkle, lasierende Beschichtung ist an der holzsichtigen Unterseite des Dachüberstands vorteilhafter als eine helle, deckende Beschichtung. Leichte Besiedlungen mit Bläue- oder Schimmelpilzen fallen auf der dunklen Oberfläche so weniger auf. Wenn deckende Beschichtungen altern, kann es zudem zu kleinen Rissen im Film kommen, während lasierende Beschichtungen gleichmäßiger abwittern. In der Umgebung eines Risses in deckenden Beschichtungen erhöht sich die Feuchte, weil Wasser besser eindringen kann als an der ungestörten Fläche, durch den Beschichtungsfilm jedoch am Trocknen gehindert wird. Die Folge können optische Beeinträchtigungen und auch ein Befall mit Holz zerstörenden Pilzen sein.

Materialwahl

Holzwerkstoffplatten aus Seekiefer (*Pinus pinaster*) und Birke (*Betula* spp.) enthalten viel Zucker und andere von Bläue- und Schimmelpilzen leicht verwertbare Speicherstoffe. Als Schälfurniere sind die Gefäße auf der Oberfläche angeschnitten, zusätzlich begünstigen Schälrisse den Feuchteeintritt. Daher sind Holzwerkstoffplatten aus Seekiefer und Birke im Allgemeinen anfälliger für Besiedlungen als z. B. Fichtenschnittholz.

Luftdichte Bauweise

Auf luftdichte Ausführungen ist besonderer Wert zu legen. Es empfiehlt sich, zwischen dem Herstellen der Luftdichtheitsebene und dem Herstellen der fertigen Innenoberflächen die Luftdichtheit durch Differenzdruckmessungen zu überprüfen (siehe Kapitel 5.3). Fehler können so rechtzeitig behoben werden. Unnötige Durchdringungen sind zu vermeiden. Die abzudichtenden Fugen sollten möglichst dauerhaft sein. In Eckstößen sind Bewegungsschlaufen an Folien vorzusehen. Die Klebebänder für luftdichte Verklebungen müssen mehrere Jahrzehnte ihre Klebkraft behalten. Zum Langzeitverhalten können bisher jedoch nur begrenzte Aussagen gemacht werden, weil die Verklebung erst in den 1990er-Jahren eine übliche Konstruktionsweise wurde. Ergebnisse von Untersuchungen deuten auf große Unterschiede von Produkt zu Produkt hin (vgl. Gross/Maas/Hauser, 2004; Höing, 2008). Insbesondere Polyethylen-(PE-)Folien sind zudem ein sehr schwieriger Untergrund zur Herstellung dauerhafter Verklebungen. Als eine stabile Alternative zu luftdichten Folien können Holzwerkstoffplatten benutzt werden (Abb. 6.17), da

Abb. 6.18: Gründerzeithaus mit Aufdachrinne (links). An der Traufe war unbemerkt ein Pilzschaden entstanden. Im Zuge der Beseitigung des Pilzschadens an der Traufe wurde die Rinne als Hängerinne umgebaut (rechts).

saubere, trockene Holzwerkstoffe als Untergrund für Verklebungen besser geeignet sind als PE-Folien.

Hängerinnen

Hängerinnen vor der Fassade sind als fehlertolerantere Bauweise anderen Rinnenkonstruktionen vorzuziehen (Abb. 6.18).

6.2.4 Schutz gegen Insektenbefall

Das Risiko eines Insektenbefalls an Dachüberständen ist sehr gering. In der Regel ist ein insektenvorbeugender chemischer Holzschutz daher unangemessen. Sollte die Konstruktion nur begrenzt gegen Feuchteeinflüsse geschützt sein, steigt das Risiko eines Befalls durch Holz zerstörende Insekten zwar etwas an, doch nur bei erwiesenem Befallsdruck aus der Umgebung, wie z. B. Hausbockkäferbefall in umgebenden Bauten, erscheinen zusätzliche Maßnahmen sinnvoll. Die Wahl dauerhafterer Holzsortimente (siehe Kapitel 2) stellt eine Alternative zu chemischen Maßnahmen dar. Dachkästen insektendicht auszubilden, ist dagegen eher nur theoretisch möglich.

6.2.5 Gebrauchsklassenzuordnung

Nach DIN 68800-1 wären Dachüberstände **in Gebrauchsklasse 1** einzuordnen, weil das Holz unter Dach nicht bewittert und keiner Befeuchtung ausgesetzt ist (siehe Kapitel 3.2, Tabelle 3.1). Bei gut konstruierten Dachüberständen entstehen Phasen mit erhöhter Porenluftfeuchte nur so kurzzeitig, dass 20 % Holzfeuchte nicht überschritten werden. Damit herrschen Bedingungen, die unter der Schwelle für Gebrauchsklasse 2 liegen. Dachüberstände werden nach DIN 68800-2 im Regelfall der Gebrauchsklasse 0 zugeordnet: „*Latten hinter Vorhangfassaden, Dach- und Konterlatten sowie Traufbohlen, ferner Dachschalungen werden der Gebrauchsklasse GK 0 zugeordnet. Dies gilt auch für im Freien befindliche Dachbauteile, wenn diese so abgedeckt sind, dass eine unzuträgliche Veränderung des Feuchtegehaltes nicht vorkommen kann.*“ (DIN 68800-2, Abschnitt 6.1, S. 12)

Aus der praktischen Erfahrung kann der Normeinstufung zugestimmt werden, weil sich an Dachüberständen nur selten Schädlingsbefall findet, der ja stets mit einer zu verhindernden „unzuträgliche[n] Veränderung des Feuchtegehalts" oder erhöhtem Insektenbefallsdruck einhergeht. Nicht regengeschützte Flugsparren und Pfettenköpfe sind dagegen durchaus in Gebrauchsklasse 2 bis 3.2 einzuordnen. Wenn an der Wetterseite Regen immer wieder in die Pressfuge zwischen Sparren und Pfette eindringt, ist nach einigen Jahren Gebrauchsdauer mit einem Pilzbefall zu rechnen. Filmbildende Beschichtungen beschleunigen den Verlauf, weil durch sie die Abtrocknung des in die Fuge eingetretenen Wassers behindert wird.

6.3 Dachlatten

6.3.1 Übliche Konstruktionsweisen

Dachdeckung und Vorhangfassaden werden auf Dachlatten montiert. Sie werden meist kreuzweise als Konter- und Traglatten angeordnet. In der gleichen Einbausituation wie Dachlatten befinden sich auch Keilbohlen (Traufbohlen), die den Höhenunterschied des „fehlenden" Dachziegels unter dem traufseitigen Abschlussziegel ausgleichen.

6.3.2 Feuchteeinwirkungen

Regen

Dachdeckungen sind regensicher, nicht wasserdicht. Deshalb wird bei Wind Regen und Flugschnee unter die Deckung geweht. Bei starken Niederschlägen kann Regenwasser sogar die Deckungsmaterialien aus Ziegeln oder Betondachsteinen durchdringen. Im Extremfall sammeln sich so Tropfen an der Unterseite der Deckung. Außerdem entstehen spezielle Luftfeuchteverhältnisse in dem Hohlraum unter Dachdeckungen und Fassaden, in dem sich die Dachlatten befinden.

Dampfdiffusion

In der kalten Jahreszeit diffundiert Wasserdampf aus der Innenraumluft in die Ebene der Latten.

Konvektion

Bei Leckagen der Luftdichtheitsschicht strömt feuchtebeladene Luft in die Lattungsebene.

Klimaeinfluss

In gewissen Grenzen beeinflusst die Feuchte der Umgebungsluft die Latten, weil sie in den Hohlraum gelangt. Oft wird dieser Außenluftstrom bewusst als Hinterlüftung mit dem Ziel eingesetzt, Feuchte abzuführen. Durch nächtliche Auskühlung kann an der Unterseite von Abdeckungen Tauwasser entstehen.

6.3.3 Schutz vor Feuchteeinwirkungen

Abdeckung

Vor direkter Bewitterung werden die Latten durch die Dachdeckung oder die Fassadenbekleidung geschützt. Die Regenfeuchtemenge, die hinter die Abdeckung gelangt, ist nur sehr gering und wird bei kleinformatigen Ab-

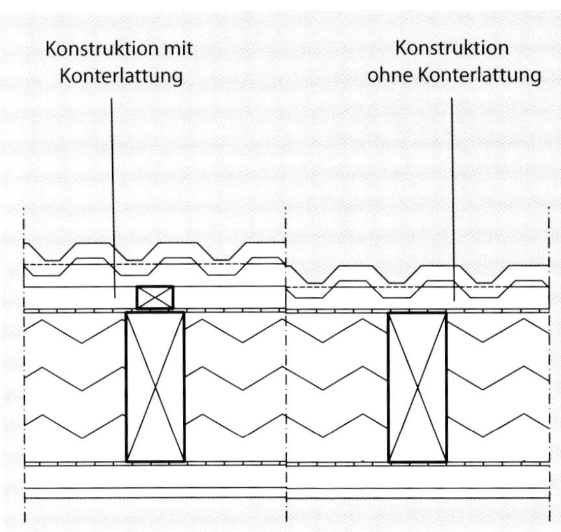

Abb. 6.19: Bei Einbau von Konterlatten fließt eingedrungenes Wasser auf die Unterdeckung ab (links). Wird auf eine Konterlatte verzichtet (rechts), kann sich Schmutz sammeln und Wasser aufstauen und zu Durchfeuchtungen führen.

deckungen (z. B. Dachziegel, Brettschalung, Schiefer) über den Luftstrom der Deckungsfugen sowie gegebenenfalls durch planmäßige Hinterlüftung schnell abgeführt.

Konterlatten

Wenn keine Konterlatten vorhanden sind, entsteht am Kreuzungspunkt von Sparren und Latte eine Fuge, in der sich Schmutz sammelt. Bei steifen Unterdächern und Unterdeckbahnen über voll gedämmten Sparrenräumen gibt es nahezu keine Durchbiegung der Unterdeckung zwischen den Sparren. Dies bedeutet, dass sich hier auf ganzer Länge der Latten Schmutz anlagern würde. Solche Schmutzansammlungen binden Feuchte. Ihre Entstehung kann durch den Einbau von Konterlatten verhindert werden (Abb. 6.19). Bauphysikalisch funktionieren übliche Dachdeckungen zwar auch ohne Konterlatten, doch erhöhen Konterlatten die Fehlertoleranz gegenüber unplanmäßig eindringender Feuchte z. B. an Dachdurchdringungen (vgl. z. B. Hauser 1987; Künzel, 1996a). Es sollte daher nicht auf sie verzichtet werden.

Luftdichte Bauweise

Eine ausreichende Luftdichtheit der Konstruktion ist immer dann wichtig, wenn unter der Fläche ein beheizter Gebäudebereich liegt. Es muss verhindert werden, dass durch Fehlstellen feuchtebeladene Raumluft in die Lattungsebene strömt, da sie dort abkühlt und zu häufigem Tauwasserausfall führen kann. Die Diffusionsfeuchte ist dagegen bei sorgfältig konstruierten Bauteilen so gering, dass sie problemlos aus der Lattungsebene abgeführt werden kann.

Anforderungen und Einstufungen der Fachverbände

Nach einer von den Fachverbänden der Zimmerer und Dachdecker herausgegebenen Information würden Dachlatten so schnell trocknen können, dass ein Pilzbefall ausgeschlossen sei (vgl. Information. Holzschutz bei Dach- und Konterlatten, 2013). Übliche Belüftungen von Dachdeckungen sind gemäß

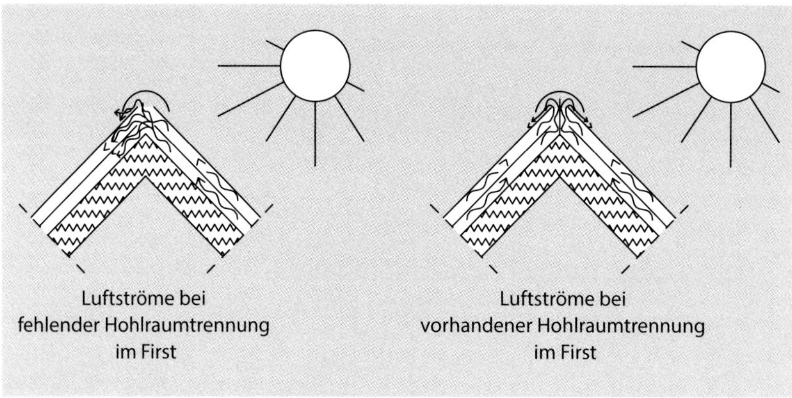

Abb. 6.20: Lüftungsebenen im Satteldach: Ohne Trennung (links) strömt ein Teil der feuchtebeladenen Luft von der warmen Dachseite in die Hinterlüftungsräume der kalten Dachseite. Mit Trennung (rechts) strömt die Luft von beiden Seiten am First heraus.

DIN 4108-3 „Wärmeschutz und Energie-Einsparung in Gebäuden – Teil 3: Klimabedingter Feuchteschutz – Anforderungen, Berechnungsverfahren und Hinweise für Planung und Ausführung" (2014), Abschnitt 5.3, und gemäß Regelwerk des Deutschen Dachdeckerhandwerks (vgl. Hinweise Holz und Holzwerkstoffe, 2005) in der Lage, die gesamte Dachkonstruktion ohne rechnerischen Nachweis des Tauwasserschutzes ausreichend zu entfeuchten, wenn bestimmte s_d-Werte außenseitig und raumseitig der Wärmedämmschicht eingehalten werden. Die Hinweise Holz und Holzwerkstoffe, 2005, empfehlen bis 8 m Sparrenlänge 24 mm hohe Konterlatten, bis 12 m Sparrenlänge 30 mm hohe Konterlatten und über 12 m Sparrenlänge 40 mm hohe Konterlatten. In der neuen Fassung (vgl. Hinweise Holz und Holzwerkstoffe, 2015) ist diese Vorgabe nicht mehr enthalten. Als Richtgröße erscheint die Auswahl der Konterlattenhöhe nach der Fassung von 2005 dem Verfasser jedoch noch immer sinnvoll. Auch mit geringeren Belüftungshöhen funktionieren Dachdeckungen aus Pfannen oder Betondachsteinen oft gut, weil die kleinformatigen Werkstoffe eine konvektive Trocknung über die Fugen zulassen. Zur Holzfeuchte in Dachlatten liegt eine Zusammenfassung mehrerer Forschungsprojekte mit unterschiedlichen Deckungsvarianten vor (Künzel, 1996a). Nur unter Biberschwanzdeckung in Nordausrichtung wurde ein Jahresmittelwert von geringfügig über 20 % Holzfeuchte gemessen. Alle anderen untersuchten Konstruktionen wiesen 1991 Jahresmittelwerte deutlich unter 20 % Holzfeuchte auf. Einzelne Tageswerte waren durchaus gelegentlich höher. Die Gefahr eines Pilzbefalls lässt sich wegen der relativ schnellen Trocknung daraus jedoch nicht ableiten.

Hohlraumtrennung im First

Um Umverteilungen des Wasserdampfs in der Lattungsebene von besonnten auf nicht besonnte Satteldachflächen zu verhindern, sollten im First Trennungen für die beiden Abluftströme eingebaut werden (Abb. 6.20). Dies gilt insbesondere für Konstruktionen mit zusätzlicher Luftschicht in der Sparrenebene unterhalb der zweiten Entwässerungsebene. Solche sogenannten belüfteten Konstruktionen waren bis Mitte der 1990er-Jahre üblich.

6.3.4 Schutz gegen Insektenbefall

Die Lattungsebene lässt sich nicht insektenunzugänglich verschließen. Allerdings sind die Querschnitte der Latten so gering, dass sich kaum Trockenrisse einstellen. Insekten, insbesondere der Hausbockkäfer, legen Eier zwar bevorzugt in Trockenrissen ab, bestehen aber genug Alternativen, so sind Dachlatten unattraktiv zur Eiablage. In der Regel lassen sich die sehr seltenen Befälle an Dachlatten außerdem auf Einschleppung bereits vor dem Einbau befallener luftgetrockneter Latten oder auf Übergang aus angrenzenden befallenen Sparren zurückführen. Die üblichen Holzfeuchten in Dachlatten sind für die Larvenentwicklung prinzipiell geeignet, jedoch geringer als die Optimalfeuchte für den Hausbockkäfer und den Gewöhnlichen Nagekäfer (siehe Kapitel 2.2, Tabelle 2.3). **In der Praxis** findet sich ein **Insektenbefall** oder ein Insektenaltschaden **nur selten an verbauten Dachlatten**. Nach Erfahrung des Verfassers werden Insektenschäden fast ausschließlich nur dann gefunden, wenn das Dach feuchtetechnisch nicht den anerkannten Regeln der Technik entspricht, sodass sich in den Latten Holzfeuchten näher am Optimalbereich der Larvenentwicklung oder sogar pilzbefallförderliche Feuchten einstellen. Besonders betroffen sind undichte Kehl- und Traufbereiche.

Insektenbefall ist bei üblichen Konstruktionsweisen daher nur sehr selten zu erwarten, jedoch nicht vollständig ausgeschlossen. Eine Risikobewertung (siehe Kapitel 2.4) ist also angebracht. Wenn das (geringe) Restrisiko eines Insektenbefalls nicht akzeptiert wird, besteht neben chemischem Schutz die Möglichkeit, die Latten aus Farbkernhölzern herzustellen. Dies bedeutet allerdings höhere Materialkosten. Außerdem zeigt die Erfahrung, dass der Handel oft Ware mit größerem Splintholzanteil als bestellt liefert. Daher sollten immer eine Nachsortierung und daraus folgend Mehrmengen für Ausschuss eingeplant werden, um genug Material zeitnah zur Verfügung zu haben.

6.3.5 Gebrauchsklassenzuordnung

Die DIN 68800-2, Abschnitt 6.1, ordnet Dachlatten und Traufbohlen der **Gebrauchsklasse 0** zu. Im Kommentar zur Norm (Radović et al., 2013) wird diese Einstufung wie folgt begründet: Die Erfahrung bestätige die Gebrauchsklasse, weil keine Feuchte oberhalb der Fasersättigung und daher kein Pilzbefall zu erwarten sei, überschüssige Holzfeuchte schnell an die Umgebungsluft abgegeben werde, die Latten weitgehend rissfrei blieben, in der Praxis Schäden durch Pilze und Insekten äußerst selten gefunden würden und sich im Sommer immer wieder für längere Zeit Temperaturen über 55 °C im Lattenquerschnitt einstellten, die eine sichere Abtötung von zufällig doch im Holz entwickelten Larven gewährleisteten.

Das Argument der Abtötungstemperatur könnte dabei eher theoretischer Natur sein, da – soweit dem Verfasser bekannt – keine wissenschaftlichen Untersuchungen hierzu existieren. Eigene Messungen an strahlungstechnisch ungünstig gelegenen Latten haben niedrigere Temperaturen ergeben. Würde das Argument der Abtötungstemperatur zutreffen, dürfte es zudem auch keine Einzelfälle mit Befall geben, weil dieser bereits im Lauf des ersten Entwicklungsjahres abgetötet würde. Wenn die Erwärmung durch die Sonne

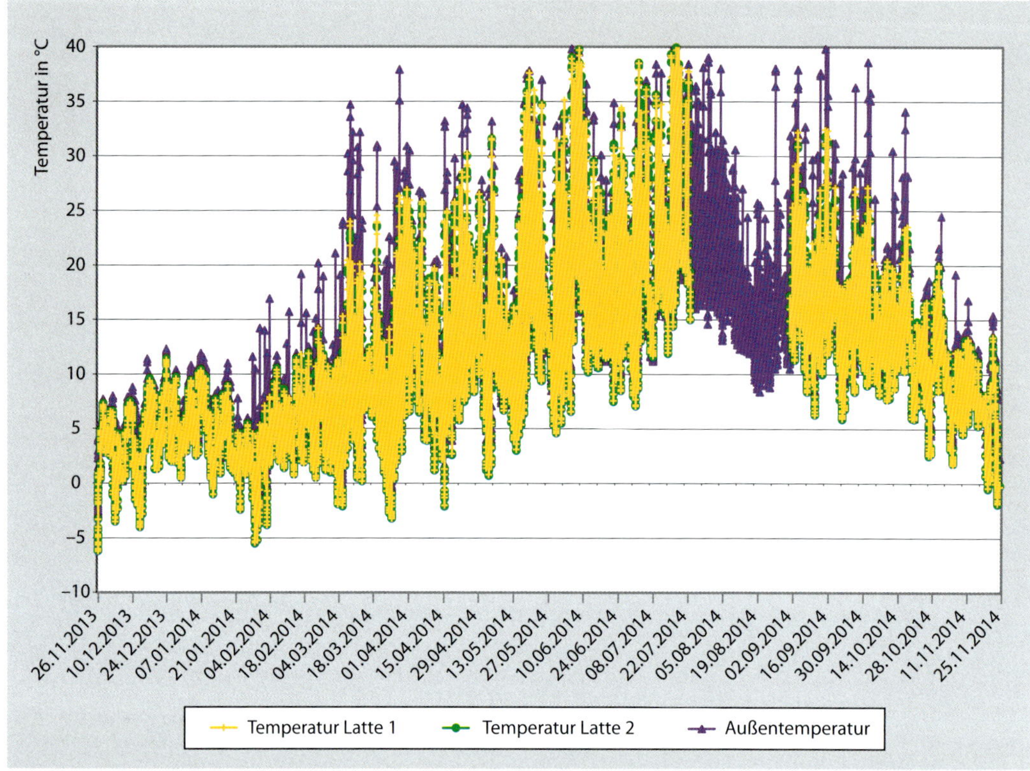

Abb. 6.21: Messung in 2 Dachlatten (gelbe und grüne Kurve) an einer nach Norden geneigten Dachfläche: Die nahezu identischen Kerntemperaturen in den beiden Dachlatten lagen deutlich unter 55 °C. Die Außentemperatur (violette Kurve) lag über den Temperaturen in den Dachlatten.

gering und die Wärmeabstrahlung hoch ist und eine Holzfeuchte im oberen Bereich des Möglichen vorliegt, ist jedoch nicht davon auszugehen, dass sich eine Abtötungstemperatur in der Latte einstellt. Eine Messung, die dies belegt, zeigt das Diagramm in Abb. 6.21.

Dennoch kann **für übliche Konstruktionen die Gebrauchsklasse 0 als gerechtfertigt angesehen** werden. Um bei Dächern mit besonderen klimatischen Umgebungsbedingungen oder einem hohen Befallsdruck Restrisiken auszuschließen, kann ausnahmsweise die Einstufung in Gebrauchsklasse 1 auf Basis der DIN 68800-1 erfolgen. Auch besonders aufwendig zu wartende Konstruktionen rechtfertigen Einzelfalleinstufungen höher als Gebrauchsklasse 0. In Gebrauchsklasse 2 wird nur in Einzelfällen eingestuft, wenn die Feuchtelast langfristig Holzfeuchten deutlich über 20 % erwarten lässt. Sollten solche Bedingungen zu befürchten sein, ist im Sinne fehlertoleranten Bauens vordringlich zu prüfen, ob die Konstruktion so verändert werden kann, dass Gebrauchsklasse 0 erreicht wird (siehe auch das Beispiel einer Risikobewertung in Kapitel 2.4).

6.4 Steildächer

6.4.1 Übliche Konstruktionsweisen

Kaltdach

Vor allem in historischen Gebäuden sind noch echte Kaltdächer zu finden. Hier ist der gesamte Dachraum weder ausgebaut noch gedämmt. Früher wurde dieser Gebäudebereich als Lager- oder Bergeboden oder auch gar nicht genutzt. In heutigen Wohnhäusern ist gelegentlich ein Spitzboden entsprechend ausgeführt. Modernere Kaltdachvarianten sind die übliche Bauweise in Wohngebäuden der Nachkriegszeit bis in die 1990er-Jahre. Hier ist der Sparrenzwischenraum nicht vollständig ausgedämmt. Oberhalb der Wärmedämmung sorgt eine Luftschicht für den Abtransport von Feuchte; es handelt sich um **belüftete Dächer**. Regeln zur Ausführung der Belüftungsschicht finden sich in Kapitel 6.5.3, Tabelle 6.2. Zu beachten ist, dass sich Mineralfaserdämmstoffe nach dem Einbau etwas ausdehnen. Dadurch kann der Belüftungshohlraum eines belüfteten Daches verringert werden.

Warmdach

Aktuelle Bauweisen nutzen den gesamten Sparrenzwischenraum für die Wärmedämmung; es handelt sich um **nicht belüftete Dächer**. In einem voll gedämmten Dach kann die Unterdeckbahn in Feldmitte durch sich ausdehnenden Mineralfaserdämmstoff angehoben werden. Deshalb ist es wichtig, die Dämmstoffdicke passend zur Sparrenhöhe zu dimensionieren. Oft wird diese Dämmung noch mit einer Wärmedämmung auf der Innenseite in der Unterkonstruktion des Innenausbaus oder einer Aufdachdämmung auf der Außenseite kombiniert.

Aufdachdämmung

Gelegentlich werden Steildächer mit von innen sichtbaren Sparren konstruiert. Hier sind auf der Sparrenlage eine Schalung und weitere Funktionsschichten einschließlich der Wärmedämmung montiert.

Nachträgliche Wärmedämmung von außen

Zum Klimaschutz ist es erforderlich, den durch die Gebäudeheizung hervorgerufenen Kohlendioxidausstoß zu vermindern. Eine der möglichen Maßnahmen ist die Verbesserung der Wärmedämmung von Dächern. Im Baubestand muss die Planung des Holzschutzes die vorhandene Konstruktion sowie nicht technisch begründete Randbedingungen berücksichtigen. Oft sollen Dächer nur von außen gedämmt werden, ohne dass die innenseitigen Oberflächen angetastet werden. Diese Bestandskonstruktionen sind innenseitig meistens weder in höherem Maße luftdicht noch dampfbremsend. Entsprechende Funktionsschichten müssen daher ertüchtigt werden. Dies gestaltet sich von außen bedeutend schwieriger als von innen. Hier haben sich 2 Herangehensweisen etabliert:

- die um die Sparren herumgeführte Luftdichtheits-/Dampfbremsbahn (sogenannte Sub-Top-Verlegung)
- die außen überdämmte Luftdichtheitsbahn oberhalb der Sparrenlage

6.4.2 Feuchteeinwirkungen

Niederschläge und Luftfeuchte

Bei **historischen Kaltdächern** ohne zweite Entwässerungsebene gelangt die Niederschlagsmenge, die die Deckung durchdringt, ungehindert in das Innere. In windreichen Lagen kann so unter Umständen viel Flugschnee eindringen. Da diese Konstruktionen jedoch gut durchlüftet sind, ist die Luftfeuchtebilanz nur untergeordnet von Luftfeuchte aus den darunter liegenden Räumen beeinflusst. Die Außenluftfeuchte wirkt über den Luftwechsel dominierend. Gelegentlich kann es zu Tauwasserausfall an kalten Oberflächen kommen. Die teils im Sparrenraum gedämmten Dächer verfügen oft über eine zweite Entwässerungsebene (z. B. Hartfaserplatten oder Unterspannbahnen aus Bitumen oder Kunststoff). Daher gelangt die Feuchtemenge, die die Dachdeckung durchdringt, nicht direkt in die Sparrenlage.

Bei **belüfteten Dächern** nimmt gegenüber den historischen, echten Kaltdächern der Einfluss aus der Raumluftfeuchte zu. Je mehr Wärmedämmung eingebaut ist, desto bedeutender wird der Feuchteeintrag aus Diffusion und Konvektion im Winter. Die kalte Außenzone im Sparrenzwischenraum besteht nur noch aus einem kleinen Luftvolumen, das weniger Feuchte puffern kann als dickere Belüftungsquerschnitte. Zugleich ist die Lufttemperatur im Belüftungsraum geringer. Dadurch steigt bei gleich hohem absolutem Wasserdampfgehalt die relative Luftfeuchte. An Satteldächern kommt es zu Feuchteumverteilungen aus der besonnten Dachhälfte über den First in die verschattete Seite. Antrieb hierfür ist eine Luftströmung von der warmen zur kalten Zone. Insbesondere bei belüfteten Dächern kann von der besonnten Seite aus der Belüftungsschicht zwischen Dämmung und zweiter Entwässerungsebene feuchtebeladene Luft sowohl in die Belüftungsschicht der nicht besonnten Seite als auch in die Hinterlüftung der Dachdeckung gelangen. Diese Problematik ist bereits im Kapitel 6.3.3 skizziert (siehe Abb. 6.20).

Konvektion infolge nicht luftdichter Ausführung

Die Luftfeuchte aus genutzten Bereichen unterhalb der Dachkonstruktion kann zu Feuchteanreicherungen führen, wenn Durchdringungen z. B. für Dachflächenfenster oder Fallstrangentlüftungen nicht ausreichend luftdicht sind. Dachluken zu Spitzböden müssen ebenfalls luftdicht sein, sonst gelangt feuchtebeladene Luft in den kalten Spitzboden und kann Tauwasserausfall und Schimmelpilzbesiedlung hervorrufen. Dies gilt sowohl für gedämmte als auch für nicht gedämmte Spitzböden.

Verschleiß

Besonders bei Altbauten besteht das Risiko, dass z. B. an Kehlen, Gaubenanschlüssen und Kaminen die einst gegebene Regensicherheit nicht mehr besteht. Hier können große Wassermengen in die Konstruktion gelangen (siehe auch Kapitel 6.2.2 zu Aufdachrinnen). Beim Bauen im Bestand ist zu berücksichtigen, dass die vorhandenen Unterspannbahnen oft mechanisch beschädigt oder durch UV-Strahlung versprödet sind. An den Fehlstellen wird dann verstärkt auf der zweiten Entwässerungsebene ablaufendes Wasser in die Konstruktion geleitet.

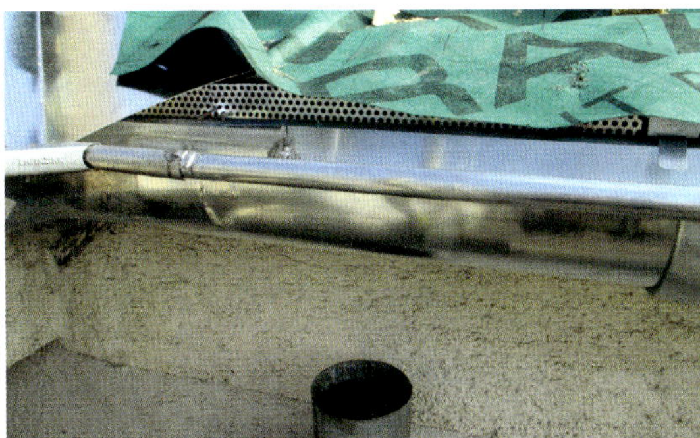

Abb. 6.22: In dieser Konstruktion entwässert die Unterdeckbahn, bedingt durch eine flach geneigte Einwölbung am unteren Ende, in die Dachrinne. Es können durch die Einwölbung jedoch Wasser- und Schneesäcke entstehen.

Abb. 6.23: In dieser Konstruktion entwässert die zweite Entwässerungsebene unterhalb der Dachrinne.

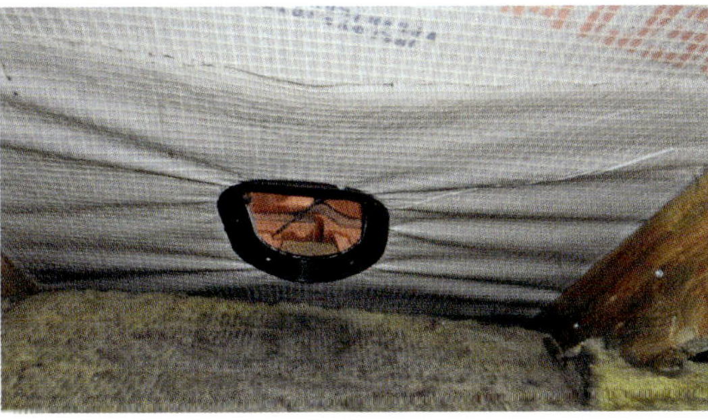

Abb. 6.24: Lüftungselement in einer Unterspannbahn. Das Element stellt eine ausreichende Belüftung nicht ausgebauter Spitzböden sicher, ohne dass auf die zweite Entwässerungsebene verzichtet werden muss. Die Ränder sind gegen auf der Unterspannbahn herablaufendes Wasser aufgekantet.

6.4.3 Schutz vor Feuchteeinwirkungen

Zweite Entwässerungsebene

Gegen Flugschnee schützen Unterspannbahnen oder Unterdächer. Es muss jedoch darauf geachtet werden, dass diese zweite Entwässerungsebene an der Traufe planmäßig entwässert wird. Das Wasser kann in die Dachrinne geführt (Abb. 6.22) oder unter der Dachrinne über Tropfbleche abgeleitet werden (Abb. 6.23). Außerdem sind ausreichende Zu- und Abluftöffnungen notwendig.

Selbst im klassischen, nicht ausgebauten Kaltdachboden ist am First ein Spalt für Abluft in der Unterspannbahn vorzusehen. Ohne Unterspannbahn ist die Durchlüftung solcher Dächer allerdings besser. In diesem Fall muss im Winter jedoch regelmäßig auf Flugschnee kontrolliert und gegebenenfalls im Gebäude Schnee entfernt werden. Lüftungselemente für die Unterspannbahn (Abb. 6.24) kombinieren die Vorteile beider Systeme.

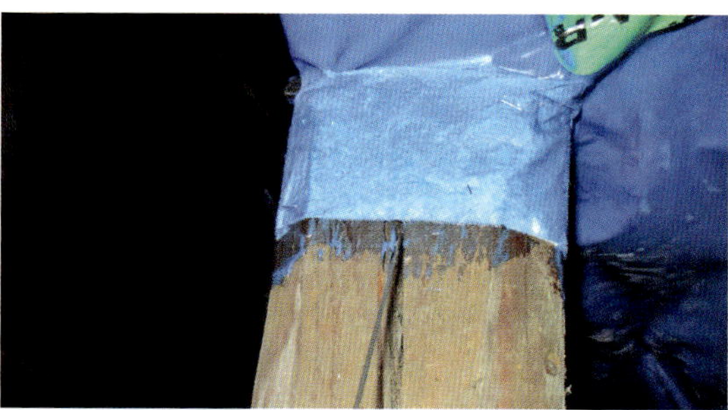

Abb. 6.25: Durchdringung der Luftdichtheits-/Dampfbremsebene: Der Anschluss erfolgte hier mit einem flüssig aufzutragenden Dichtstoff und einer Gewebeeinlage. Nach dem Aushärten der Dichtstoffdispersion konnte im Trockenriss eine Nadel in die Wärmedämmebene eingeführt werden. Trockenrisse dieser Größe sollten daher mit dem in Kartuschen abgefüllten Klebstoff für Luftdichtheitsbahnen ausgefüllt werden.

Luftfeuchtemanagement

Auch gedämmte Spitzböden sollten ausreichend belüftet sein, um Luftfeuchten unterhalb des für eine Schimmelpilzbesiedlung günstigen Wertes zu gewährleisten. Die Wasserdampfdiffusion in das Bauteil muss begrenzt und für eine ausreichende Trocknungsreserve gesorgt werden (siehe Kapitel 3.6.3.2). In der DIN 68800-2, Tabelle 1, sind Kombinationen von innerem und äußerem s_d-Wert aufgeführt, die größtenteils mit DIN 4108-3 „Wärmeschutz und Energie-Einsparung in Gebäuden – Teil 3: Klimabedingter Feuchteschutz – Anforderungen, Berechnungsverfahren und Hinweise für Planung und Ausführung“ (2014) und dem Regelwerk des Deutschen Dachdeckerhandwerks (vgl. Merkblatt Wärmeschutz bei Dach und Wand, 2015) abgestimmt sind (siehe Kapitel 3.6.3.2, Tabelle 3.4). Für entsprechende Kombinationen der diffusionswirksamen Funktionsschichten ist es nicht erforderlich, eine Trocknungsreserve als Ausgleich für übliche Fehlstellen in der Luftdichtheitsebene nachzuweisen. Bei anderen Kombinationen von innerem und äußerem s_d-Wert müssen entweder im Glaser-Verfahren 250 g/(m^2 · a) Trocknungsreserve (Dach) oder eine hüllflächenbezogene Leckage (q_{50}-Wert) im Nachweis gemäß DIN EN 15026 „Wärme- und feuchtetechnisches Verhalten von Bauteilen und Bauelementen – Bewertung der Feuchteübertragung durch numerische Simulation“ (2007) berücksichtigt werden (zum q_{50}-Wert siehe Kapitel 3.6.3.2). Die Luftdichtheitsebene muss fehlstellenfrei ausgeführt werden (siehe Kapitel 5). Beim Bauen im Bestand müssen hierzu oft Durchdringungen (Abb. 6.25) sicher angeschlossen werden.

Problemfälle

Außen dampfdichte Konstruktionen

Beim Bauen im Bestand entstehen gelegentlich ungünstige Verhältnisse. Unter Schieferdeckungen sind oft dampfdiffusionshemmende Bitumen- oder Teerbahnen eingebaut. Ähnlich wirken auch Deckungen mit Bitumenschindeln. Direkt darunter liegen die Dachschalung und die Sparren. Die Sparrenzwischenräume sollen zur Verbesserung des Wärmeschutzes in vielen Fällen mit Dämmstoff gefüllt werden, ohne die Dachdeckung als hinterlüftete Deckung neu aufzubauen. Unter diesen Voraussetzungen liegt an der kalten Außenseite eine bedenklich stark diffusionshemmende Schicht. Die Vorgaben der DIN 68800-2, Tabelle 1 (siehe Kapitel 3.6.3.2, Tabelle 3.4), sind dann nicht erfüllt. Es muss ein Tauwasserschutznachweis geführt werden. Dieser kann mit dem Glaser-Verfahren in der Regel nicht erbracht werden, weil bei diffusionsoffenen Innenbekleidungen die Tauwassermasse zu groß

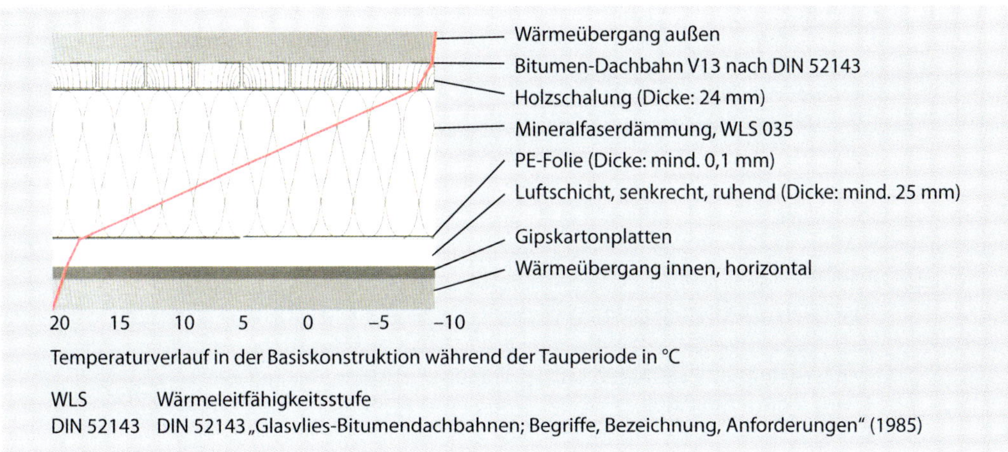

Abb. 6.26: Aufbau des Schieferdachs in der Berechnung in Beispiel 6.1

wird und bei dichten Innenbekleidungen die Trocknungsreserve nicht mehr gewährleistet ist. Die folgende Beispielbetrachtung illustriert dies.

Beispiel 6.1

Für die **nachträgliche Ausdämmung** eines typischen **Schieferdachs im Altbau** wird eine Berechnung nach dem Glaser-Verfahren gemäß DIN 4108-3 „Wärmeschutz und Energie-Einsparung in Gebäuden – Teil 3: Klimabedingter Feuchteschutz; Anforderungen, Berechnungsverfahren und Hinweise für Planung und Ausführung" (2001) durchgeführt. Dabei wird davon ausgegangen, dass die Konstruktion nur von innen verändert wird und die Sparren für eine zusätzliche Dämmung auf eine Höhe von 20 cm aufgedoppelt werden (siehe den Schichtenaufbau in Abb. 6.26). Der Sparrenzwischenraum wird mit 70 cm Breite angenommen, der Sparren mit 12 cm Breite und 20 cm Höhe. Die Schieferdeckung selbst wird gemäß DIN 4108-3 (2001) nicht mit berechnet. Es ist davon auszugehen, dass sie die Feuchtebilanz weiter verschlechtern würde, wenn sie mit in die Berechnung einginge.

Wenn unter diesen Randbedingungen eine PE-Folie mit $s_d = 20$ m als Dampfbremse dient, sind für die Berechnung ca. 110 g/(m^2 · a) Verdunstungsreserve im Sparrenfeld anzusetzen. Diese Menge liegt deutlich unter der in der DIN 68800-2 geforderten Menge von ≥ 250 g/(m^2 · a). Es läge damit eine von der DIN 68800-2 nicht abgedeckte, wenig fehlertolerante Sonderkonstruktion vor. Wird eine Dampfbremse mit $s_d = 100$ m verwendet, so sinkt die Verdunstungsreserve im Sparrenfeld noch weiter auf etwa 35 g/(m^2 · a).

Aufbauten, wie sie in Beispiel 6.1 betrachtet wurden, lassen sich nur mit Simulationsberechnungen nach DIN EN 15026 holzschutztechnisch genauer bewerten. Grundsätzlich sind sie als riskant einzustufen. In der Regel wird es nicht gelingen, einen seriösen Nachweis der Unbedenklichkeit zu führen. Es kann nur empfohlen werden, bei solchen Konstruktionen die Dachdeckung hinterlüftet mit einer diffusionsoffenen Unterdeckbahn ($s_d \leq 0{,}3$ m) und einer Dampfbremse ($s_d \geq 2{,}0$ m) neu aufzubauen. Dies veranschaulicht Beispiel 6.2.

Beispiel 6.2

In diesem Beispiel ist die Simulation des Luftfeuchteverlaufs in der **Dachschalung in 2 Varianten** – mit einer Dampfbremse mit $s_d = 2$ m bzw. mit $s_d = 100$ m – dargestellt (Abb. 6.27). Die Parameter der Simulation sind in Tabelle 6.1 zusammengestellt. Ausrichtung und Feuchtelast des Innenklimas sind dabei kritisch angenommen. Die Verteilung der Konvektionsfeuchtemenge auf ein gesamtes Jahr, nicht nur auf die Wintermonate, ist eher unkritisch angenommen, weil dadurch Feuchtespitzen im Winter reduziert werden.

Die Grenzbedingung für Gebrauchsklasse 2 von 85 % relativer Luftfeuchte ist in beiden Varianten überschritten. Zwar sind die Temperaturen in den Zeiträumen mit hohen Luftfeuchten gering, dennoch ist eine solche Konstruktion problematisch. Im Sinne einer fehlertoleranten Bauweise kann auch von der Variante mit hohem innerem Dampfsperrwert nur abgeraten werden, weil ein nicht zu unterschätzendes Risiko eines Befalls durch Holz zerstörende Pilze besteht.

Tabelle 6.1: Parameter der in Abb. 6.27 dargestellten Bauteilsimulation (eingesetzte Software: DELPHIN 5.6.8)

Parameter	**Werte**
Außenklima	Stadt Essen, Testreferenzjahr 2010
Innenklima	Temperatur: konstant 20 °C, Luftfeuchte: Sinuskurve zwischen 45 und 65 % relativer Luftfeuchte
Startbedingungen	1. September, 80 % Porenluftfeuchte
Simulationsdauer	4 Jahre
Dachneigung und -ausrichtung	45°, Norden
Feuchtelast aus Konvektion	über die oberen 3 cm Feuchtequelle von 250 g/(m² · a), verteilt auf das gesamte Jahr
Geometrie	Werte wie in der Berechnung nach dem Glaser-Verfahren in Beispiel 6.1 (siehe Abb. 6.26)
Ausgabe	Porenluftfeuchte und Temperatur im Bereich von ca. 1 cm² der Schalungsunterseite

Nachträgliche Wärmedämmung von außen

Eine nachträgliche Dämmung von außen ist in der Ausführung anspruchsvoll. Die Verlegung der Funktionsschicht um die Sparren herum ist eine Herausforderung für den Feuchteschutz. Im Sparrenfeld liegt die Bahn nahe an der inneren Warmseite, am Sparren wechselt die Lage zur kalten Außenseite. Eine Dampfbremsbahn, die den s_d-Werte-Verhältnissen von DIN 68800-2, Tabelle 1 (siehe Kapitel 3.6.3.2, Tabelle 3.4), folgt, erzeugt ein Feuchtestaurisiko an der Sparrenoberseite. Deshalb werden für diese Konstruktionsvariante feuchtevariable Bahnen angeboten (vgl. Borsch-Laaks, 2008). Dies bedeutet, dass der Feuchte- und Holzschutz nur mit Bauteilsimulationen nach DIN EN 15026 nachgewiesen werden kann.

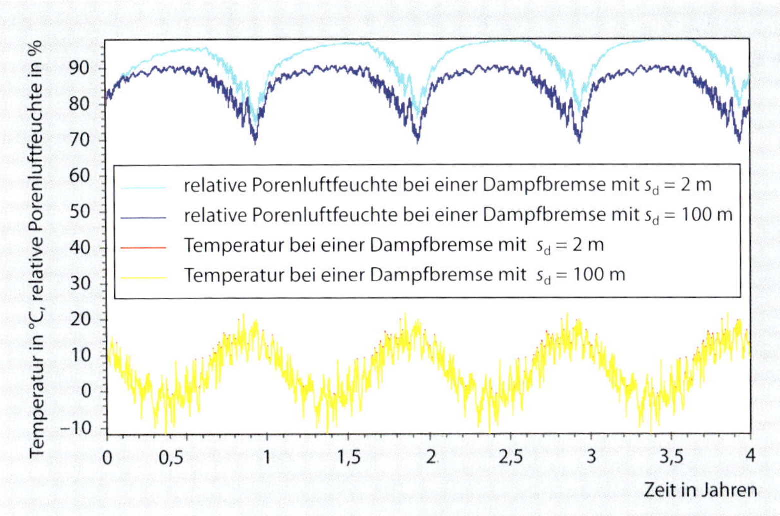

Abb. 6.27: Simulation der relativen Porenluftfeuchte und der Temperatur in der Schalung bei inneren Dampfbremsen mit s_d = 2 m bzw. mit s_d = 100 m über einen Verlauf von 4 Jahren (Beispiel 6.2). Die Variante mit geringem innerem Dampfwiderstand feuchtet zu stark auf (in der Simulation Annahme einer sehr hohen Raumluftfeuchte), während die Temperaturen in beiden Varianten praktisch identisch bleiben. Die Variante mit großem innerem Dampfwiderstand ist etwas trockener, aber ohne Tendenz, über die Gebrauchsdauer weiter abzutrocknen.

Hinweis

Eine Sub-Top-Verlegung mit feuchtevariabler Dampfbremsbahn erfordert eine Bauteilsimulation.

Vorteilhaft für diese Konstruktionen ist die Kombination mit einer Aufdachdämmung. Durch diese Maßnahme liegt die Bahn auf der Sparrenoberseite während der kalten Jahreszeit in wärmerer Umgebung. Damit steigt der Sättigungsdampfdruck in den Bauteilporen unmittelbar unter der Bahn und die relative Luftfeuchte sinkt entsprechend.

Die Ausführung ist anspruchsvoll. Die Bahn darf nicht durch Schrauben- oder Nagelspitzen des Innenausbaus perforiert werden. Oft sind Elektroinstallationen unter der Innenraumbekleidung verlegt. Um Beschädigungen zu verhindern, sollte daher im Sparrenfeld als „Nagelschutzdämmung“ eine dünne Dämmstoffmatte auf dem vorhandenen Innenausbau platziert werden. Die Bahn muss dicht an den Seiten der Sparren anliegen. Anderenfalls kann feuchtebeladene Luft neben den Sparren zur kalten Sparrenoberseite gelangen und dort unzuträgliche Feuchteanreicherungen hervorrufen. Die Bahn muss an Stößen und Anschlüssen luftdicht verklebt sein. Vielfach ist es nicht möglich, Bahnenstöße auf einem festen Untergrund zu platzieren. Die luftdichte Verklebung auf nachgiebigem Untergrund, z. B. auf der Dämmstoffmatte im Sparrenfeld, ist jedoch fehleranfällig. Seitliche Zangen, Wechsel und Traufkanten sind mit der Bahn schwierig zu umfahren. Hier lässt sich das Entstehen von Falten nicht völlig vermeiden.

Um diese Schwierigkeiten bei der Verlegung zu minimieren, wurde die Variante, eine Luftdichtheitsschicht auf der Sparrenoberseite auszuführen, ent-

Abb. 6.28: Dachertüchtigung von außen mit aufgelegter, überdämmter Luftdichtheitsbahn (Modell). An der linken unteren Ecke des Modells ist die Bahn sichtbar. (Foto des Autors mit freundlicher Genehmigung des Kompetenz Zentrums Holzbau & Ausbau, Biberach)

wickelt (Abb. 6.28). In Abhängigkeit vom Dampfdiffusionswiderstand der neuen Luftdichtheitsschicht und von den bestehenden Innenausbauten muss hier eine äußere Überdämmung dimensioniert werden (vgl. Ruisinger, 2012; Borsch-Laaks, 2014). Auf diese Weise kann der Feuchteschutz nachgewiesen werden. Feuchtevariable Dampfbremsbahnen erfordern wiederum eine Bauteilsimulation nach DIN EN 15026 sowie deren holzschutztechnische Bewertung. Auch bei dieser Konstruktionsweise lassen sich Bahnenstöße nicht immer auf festem Untergrund anordnen.

Die Anschlüsse z. B. an massive Außenwände sind bei beiden Ertüchtigungsvarianten besonders zu planen. Bewegungsschlaufen sind anzuordnen. In der Regel sind ein neuer Mörtelglattstrich, Primer und eine Klebstoffraupe erforderlich. Diese Verklebung sollte durch Klemmleisten oder die Überdämmung der Wände zusammengepresst werden. Aufgrund bauphysikalischer Gegebenheiten ist die Sub-Top-Verlegung günstiger und erfordert nicht unbedingt eine Überdämmung. Die überdämmte, äußere Verlegung der Funktionsschicht ist dagegen in der handwerklichen Ausführung weniger fehleranfällig (vgl. Borsch-Laaks, 2012).

Beispiel 6.3

Eine nachträglich ausgeführte **Dämmung von außen** wurde wie folgt ausgeführt: Zum Einsatz kamen **Holzweichfaserdämmstoffe**. Die Luftdichtheitsbahn wurde im **Sub-Top-Verfahren** verlegt. Zusätzlich ist eine **Überdämmung** mit 8 cm dicken **Holzweichfaser-Unterdeckplatten** ausgeführt worden. Die unveränderte Innenbekleidung besteht aus Profilbrettern. Zur Beobachtung wurden an kritischen Positionen auf der Warmseite der Bahn 3 Sensoren zur Erfassung von Temperatur und relativer Luftfeuchte eingebaut (Abb. 6.29 bis 6.33). Sowohl die handwerkliche Ausführbarkeit als auch die gezielt an ungünstigen Stellen erhobenen Messwerte zeigten, dass die Konstruktionsweise in der Regelfläche völlig unkritisch ist. An thermisch ungünstig gelegenen Kanten stellten sich jedoch problematisch hohe Feuchteverhältnisse ein, sodass hier eine Einstufung in Gebrauchsklasse 2 erforderlich ist (Abb. 6.34).

Abb. 6.29: Nachträglich ausgeführte Dämmung von außen: Auf den Innenausbau wurden Dämmstoffmatten gelegt, um hervorstehende Nägel, Schrauben und Elektroinstallationen abzudecken.

Abb. 6.30: Die problematische Bahnenverlegung und Herstellung der Anschlüsse

Abb. 6.31: „Buckelpiste" aus Anschlüssen, Pfetten und Zangen. Die seitlichen Klemmleisten an den Sparren sind mit bedenklich großen Abständen zueinander montiert. Die Verklammerung der Bahn ist jedoch in deutlich geringerem Abstand ausgeführt.

Abb. 6.32: Oben und unten neben einem Sparren platzierte Sensoren zur Aufzeichnung von Temperatur und relativer Luftfeuchte, um gegebenenfalls ungünstige Bedingungen am Holz unter der Luftdichtheits-/Dampfbremsbahn zu erfassen

Abb. 6.33: Sensor in einer Wärmebrücke am Eck von Traufe und Ortgang auf der „Nagelschutzdämmung" (siehe Abb. 6.29) unter der später schlaufenförmig eingelegten Luftdichtheits-/Dampfbremsbahn

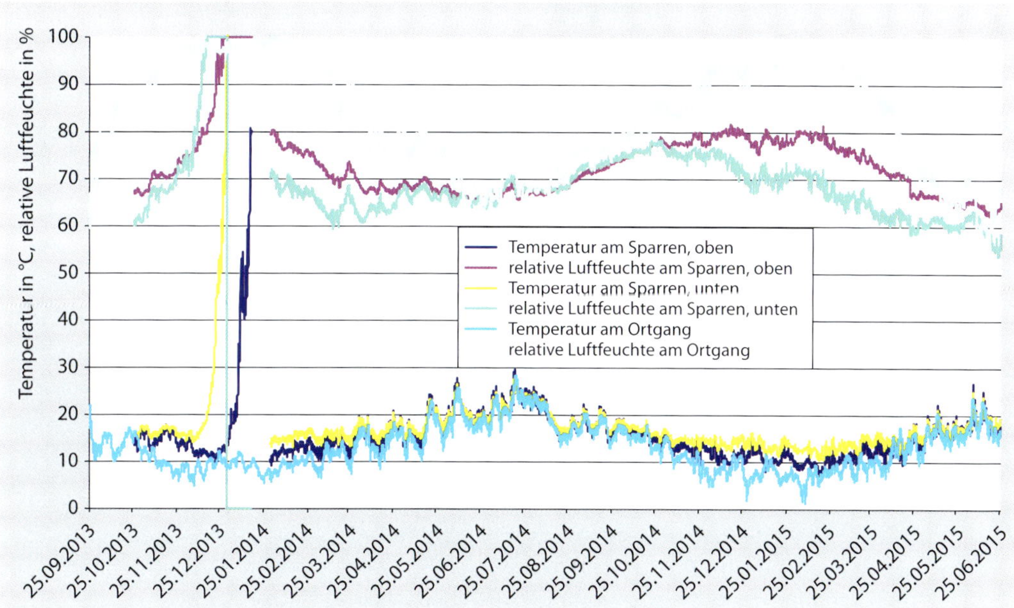

Abb. 6.34: Nachträglich ausgeführte Dämmung von außen: Die Messdaten wurden über einen Zeitraum von 21 Monaten im Stundenintervall erhoben. Der ungünstig gewählte Zeitpunkt der Bauausführung zu Beginn der Kälteperiode spiegelt sich in den Daten dadurch wider, dass in der Bauphase und kurz danach die relative Luftfeuchte so stark ansteigt, dass die Sensoren betauten und zeitweise ausfielen bzw. falsche Werte lieferten. Beim Bau wurde zudem Feuchte in der Konstruktion eingeschlossen, die nur langsam wieder abgegeben werden konnte. Erkennbar sind ferner extrem hohe relative Luftfeuchten am Sensor in der Wärmebrücke am Eck von Traufe und Ortgang (siehe Abb. 6.33) und deutliche Unterschiede zwischen den Werten der Sensoren, die oben und unten neben dem Sparren platziert wurden (siehe Abb. 6.32). Im Sommer nähern sich die Werte an allen Messpunkten einander an, im Winter entstehen am Messpunkt in der Wärmebrücke problematisch hohe relative Luftfeuchten.

Abb. 6.35: Verlegung der Luftdichtheits-/Dampfbremsbahn (Modell): spitzwinklig in die Traufe geführte Bahn (unten) und Ausführung mit Dämmstoffkeil und rechtwinklig geführter Bahn (oben) (Foto des Autors mit freundlicher Genehmigung des Kompetenz Zentrums Holzbau & Ausbau, Biberach)

Die Luftdichtheits-/Dampfbremsbahn kann am Traufanschluss spitzwinklig an das aufgehende Mauerwerk herangeführt werden, doch ist die Bahn dann schwierig faltenfrei zu verlegen. Alternativ ist es möglich, einen Dämmstoffkeil so in das Traufeck einzupassen, dass die Bahn auf diesem Dämmstoff rechtwinklig zur Maueroberkante geführt wird (Abb. 6.35).

Die Variante mit Dämmstoffkeil im Traufeck schafft bauphysikalisch ähnliche Bedingungen, wie sie in Abb. 6.34 zu Beispiel 6.3 in den Messkurven „Ortgang“ dargestellt sind. Deshalb ist sie feuchtetechnisch ungünstiger, allerdings leichter handwerklich fehlstellenfrei ausführbar.

6.4.4 Schutz gegen Insektenbefall

Die Bauteile sollten zügig so geschlossen werden, dass keine Insekten zur Eiablage an das Holz gelangen können. Insbesondere in Dachstühlen mit sichtbar angeordnetem Holz kann die Holzwahl – Farbkernholz und/oder technisch getrocknetes Holz – das Risiko eines Befalls durch Holz zerstörende Insekten mindern.

6.4.5 Gebrauchsklassenzuordnung

Prinzipiell sind die tragenden Hölzer von Steildächern **in Gebrauchsklasse 1** einzuordnen. Sie sind unter Dach verbaut und damit so weit feuchtegeschützt, dass kein Risiko eines Pilzbefalls besteht. Eine Messung an einem Objekt im Großraum Dortmund im Winter 2014/15, die dies belegt, zeigt das Diagramm in Abb. 6.36.

Vielfach ist eine weitere Verbesserung der Einstufung in Gebrauchsklasse 0 erreichbar. Hierzu sind insbesondere die DIN 68800-1, Abschnitt 5.2.1 und 8.2, und die DIN 68800-2, Abschnitt 6.3, heranzuziehen. Dachstühle mit Aufdachdämmung, die als sichtbare Konstruktion in Wohnräumen gebaut sind, fallen in Gebrauchsklasse 0 (DIN 68800-1, Abschnitt 5.2.1). Das Holz ist so trocken, dass nur Splintholzkäfer auf Dauer im Holz lebensfähig wären. Unabhängig davon, dass formal bereits durch das Wohnraumklima Gebrauchsklasse 0 erzielt wird, lassen sich das Risiko eines Befalls durch Holz zerstörende Insekten und die statische Auswirkung eines Befalls weiter mi-

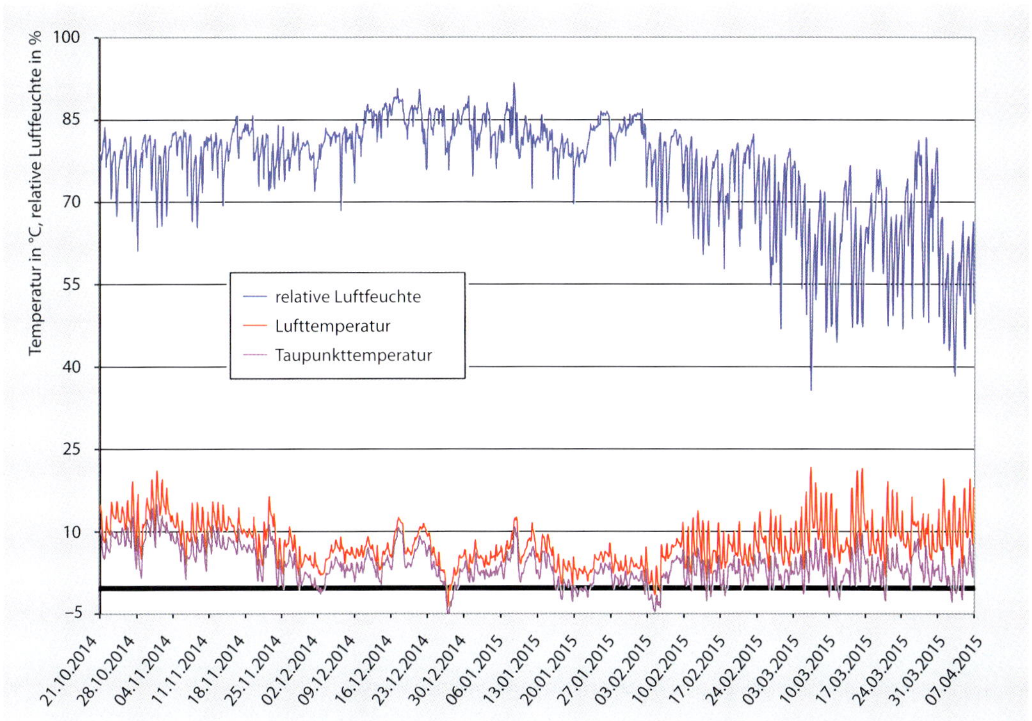

Abb. 6.36: Klimamessung im Winter 2014/15 in einem nicht ausgebauten und nicht beheizten Dachboden mit Unterspannbahn aus Gitterfolie. Eine Durchlüftung ist bei diesem Objekt durch kleinformatige Giebelbekleidung und Spalte in der Unterspannbahn an Traufe und First gewährleistet. Die kurzfristigen Überschreitungen von 85 % relativer Luftfeuchte sind daher unproblematisch.

nimieren, wenn Farbkernholz eingesetzt wird. Hier ist gemäß DIN 68800-1, Abschnitt 8.2, ein maximaler Splintholzanteil von 10 % zulässig. Solche Konstruktionen aus Farbkernholz in Bedingungen der Gebrauchsklasse 1 wie nicht ausgebauten Dachstühlen sind zwar formal in die Gebrauchsklasse 1 einzustufen, weil die Zuordnung von den Einbaubedingungen abhängt, doch ist dem Risiko eines Befalls durch Insekten über die Holzwahl im Sinne der Norm ausreichend begegnet.

Regelmäßige Kontrolle auf Insektenbefall

Damit Konstruktionen wie z. B. nicht ausgebaute Spitzböden oder offene Hallen der Gebrauchsklasse 0 zugeordnet werden können, ist eine regelmäßige Kontrolle notwendig. Sie dient dazu, doch aufgetretene Insektenbefälle frühzeitig zu erkennen. So bleibt Zeit, Maßnahmen zu ergreifen, bevor ein Schaden gravierend groß wird. Hier handelt es sich um die normgemäße *„offene Anordnung des Holzes, so dass es kontrollierbar ist und an sichtbar bleibender Stelle dauerhaft ein Hinweis auf die Notwendigkeit einer regelmäßigen Kontrolle angebracht wird"*. (DIN 68800-2, Abschnitt 6.3, Punkt d, S. 13)

Musterformular

> **Regelmäßige Kontrolle auf Insektenbefall**
>
> Zu kontrollierende Bauteilzone: ....
>
> Die offen angeordneten Holzbauteile können in seltenen Fällen von Holz zerstörenden Insekten befallen werden. Deshalb ist es erforderlich, diese **mindestens einmal im Jahr** auf Hinweise eines Insektenbefalls zu kontrollieren.
>
> Insektenbefall ist z. B. erkennbar an
>
> - frischen, hellen Ausschlupflöchern,
> - lebenden oder verendeten Holz zerstörenden Käfern wie Hausbockkäfer oder Nagekäfer,
> - Fraßgeräuschen von Hausbockkäferlarven und
> - papierdünnen Oberflächen des Holzes über Fraßgängen an Splintholzkanten.
>
> Sollten bei der Kontrolle Zweifel bezüglich eines Insektenbefall bestehen, sollte ein Sachkundiger hinzugezogen werden.
>
> Nutzen Sie die Kontrollbegehung auch, um allgemeinen Wartungs- und Reparaturbedarf zu festzustellen.

Konstruktionen zur Erreichung niedriger Gebrauchsklassen

Im Folgenden werden 5 Konstruktionen für Steildächer nach DIN 68800-2 zum Erreichen möglichst niedriger Gebrauchsklassen mit Schemazeichnungen (Abb. 6.37 bis 6.41) vorgestellt.

Für diese Konstruktionen sind **Mineralfaserdämmungen** (MW [mineral wool]) nach DIN EN 13162 „Wärmedämmstoffe für Gebäude – Werkmäßig hergestellte Produkte aus Mineralwolle (MW) – Spezifikation" (2015) oder **Holzfaserdämmungen** (WF [wood fibre]) nach DIN EN 13171 „Wärmedämmstoffe für Gebäude – Werkmäßig hergestellte Produkte aus Holzfasern (WF) – Spezifikation" (2015) zu verwenden. Andere Dämmstoffe bedürfen eines bauaufsichtlichen Verwendbarkeitsnachweises, in dem bescheinigt wird, analog zu Mineralfaser- und Holzfaserdämmungen die Gebrauchsklasse 0 zu erreichen.

Die **Bekleidung** als allgemeine Abdeckung von Bauteilen kann z. B. aus gipsgebundenen Werkstoffplatten, Holzwerkstoffplatten oder Schalungen bestehen. Die **Beplankung** als statisch wirksame Abdeckung von Bauteilen kann ebenfalls z. B. aus gipsgebundenen Werkstoffplatten, Holzwerkstoffplatten oder Schalungen bestehen.

Steildach, GK 0, in Anlehnung an die DIN 68800-2, Abschnitt 7.4

Für diese Konstruktion (Abb. 6.37) ist ein Tauwasserschutznachweis zu führen, wenn die s_d-Werte innen und außen von denen der DIN 68800-2, Tabelle 1, abweichen (siehe Kapitel 3.6.3.2, Tabelle 3.4). Dachlatten sind im Regelfall in Gebrauchsklasse 0 einzuordnen. Sparren sind in Gebrauchsklasse 0 einzuordnen, da sie trocken verbaut und insektenunzugänglich sind. Op-

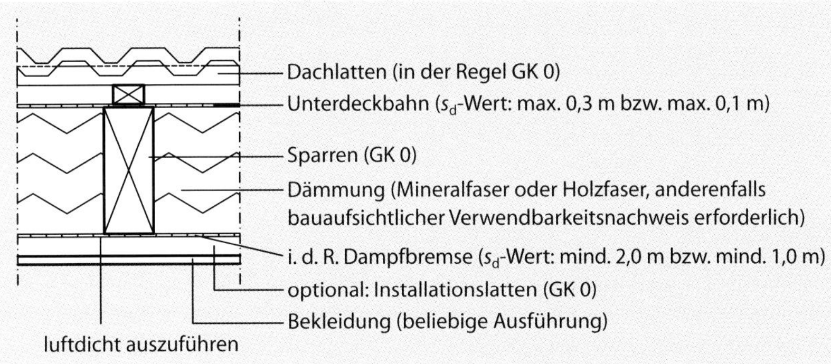

Abb. 6.37: Steildach, GK 0, in Anlehnung an die DIN 68800-2, Abschnitt 7.4

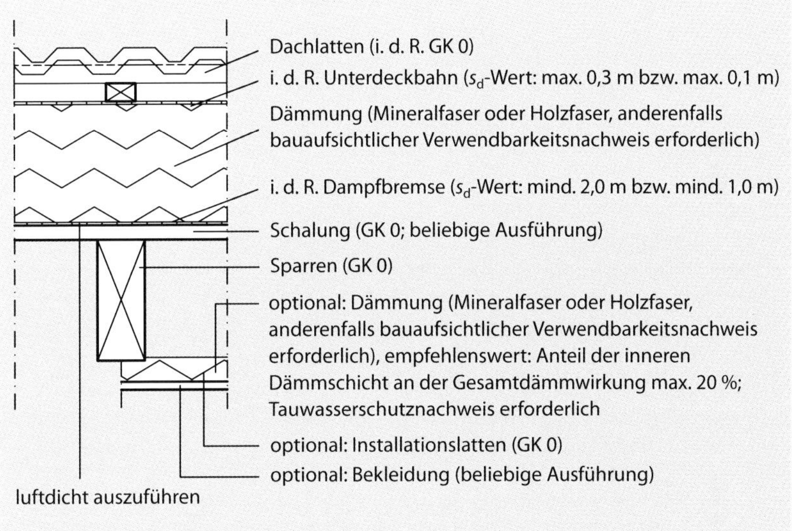

Abb. 6.38: Steildach, GK 0, in Anlehnung an die DIN 68800-2, Abschnitt 7.6

tional können sie zusätzlich aus Farbkernholz oder technisch getrocknetem Holz bestehen. Eine Installationslattung auf der Raumseite ist nicht zwingend erforderlich. Wenn die Installationslattung ausgebildet wird, ist sie in Gebrauchsklasse 0 einzuordnen. Die Konstruktion muss luftdicht ausgeführt werden, unabhängig davon, ob gemäß Tauwasserschutznachweis eine Dampfbremse erforderlich ist.

Steildach, GK 0, in Anlehnung an die DIN 68800-2, Abschnitt 7.6

Für diese Konstruktion (Abb. 6.38) gilt: Dachlatten sind im Regelfall in Gebrauchsklasse 0 einzuordnen. Sparren und Schalung sind in Gebrauchsklasse 0 einzuordnen, da sie in Raumluftklima liegen. Optional können sie zusätzlich aus Farbkernholz oder technisch getrocknetem Holz bestehen. Eine Installationslattung (Gebrauchsklasse 0) und Bekleidung auf der Raumseite sind optional möglich. Auf der Innenbekleidung darf Wärmedämmung angeordnet werden. Diese sollte maximal 20 % der Gesamtwärmedämmwirkung des Daches ausmachen (in diesem Fall ist kein Tauwasserschutznachweis nach DIN 4108-3 [2014] erforderlich). Diese innere Dämmschicht muss außerdem immer so dimensioniert werden, dass der Tauwasserschutznachweis nach DIN 68800-2, Abschnitt 5.2.4, geführt werden kann. Die Konstruktion muss luftdicht ausgeführt werden, unabhängig davon, ob gemäß Tauwasserschutznachweis eine Dampfbremse erforderlich ist.

Steildach, GK 0, in Anlehnung an die DIN 68800-2, Bild A.15

Konstruktionen nach dieser Variante (Abb. 6.39) sind nachweisfrei in Gebrauchsklasse 0 einzuordnen. Auf der Innenseite kann eine Installationsebene ausgeführt werden. Die Verweise auf Bild A.2 in der DIN 68800-2 lassen sich so interpretieren, dass die Installationsebene auch gedämmt sein darf (in der Schemazeichnung rot). Zugleich ist in der Norm keine maximale Dicke für diese Zusatzdämmung angegeben. Hier könnte – entgegen der anzunehmenden Intention der Norm – ein hygrothermisches Problem entstehen, wenn die Installationsebene zu dick ausgedämmt wird. Deshalb ist zum Feuchteschutz bei einer Dämmung der Installationsebene mit > 20 % der Gesamtdämmwirkung des Daches ein Tauwasserschutznachweis zu führen. Die Innenseite muss einen s_d-Wert ≥ 2,0 m aufweisen. Um diesen Wert zu erreichen, kann die gegebenenfalls eingesetzte Dampfbremse mit der Bekleidung zusammen herangezogen werden. Außen darf eine diffusionsoffene Unterdeckbahn allein oder mit einer Brettschalung aus Brettern mit einer Breite ≤ 16 cm verwendet werden. Alternativ darf eine Holzfaserdämmplatte, die als Unterdeckplatte Typ IL gemäß DIN EN 14964 „Unterdeckplatten für Dachdeckungen – Definitionen und Eigenschaften“ (2007) und als geeignet für den Anwendungsbereich DADdm nach DIN 4108-10 „Wärmeschutz und Energie-Einsparung in Gebäuden – Teil 10: Anwendungsbezogene Anforderungen an Wärmedämmstoffe – Werkmäßig hergestellte Wärmedämmstoffe“ (2008) ausgelobt ist, verwendet werden. Diese Unterdeckplatte kann als Aufdachdämmung in beliebiger Dicke eingesetzt werden (Unterdeckplatte Typ IL: Platte für Nut-Feder-Verlegung; Anwendungsbereich DADdm: Außendämmung von Dach und Decke, vor Bewitterung geschützt, Dämmung unter Deckungen, mittlere Druckbelastbarkeit).

Steildach, GK 0, in Anlehnung an die DIN 68800-2, Bild A.16

Konstruktionen nach dieser Variante (Abb. 6.40) sind nachweisfrei in Gebrauchsklasse 0 einzuordnen. Auf der Innenseite kann eine Installationsebene ausgeführt werden (zur Ausdämmung der Installationsebene gemäß DIN 68800-2, Bild A.2, siehe Abb. 6.39). Der Belüftungshohlraum („Sparrenlänge“) unter der Deckung darf maximal 15 m lang sein. Die Be- und Entlüftungsöffnungen müssen mindestens 40 % des Lüftungsquerschnitts aufweisen. Sofern es für die Dachdeckungsmaterialien erforderlich ist, ist eine Zwischenlage auf der Dachschalung einzubauen. Unter einer Metalldeckung empfiehlt es sich, eine Wirrgelegebahn als Dränageschicht einzubauen. Einige Deckmaterialhersteller fordern diese Dränageschicht auch in ihren technischen Merkblättern.

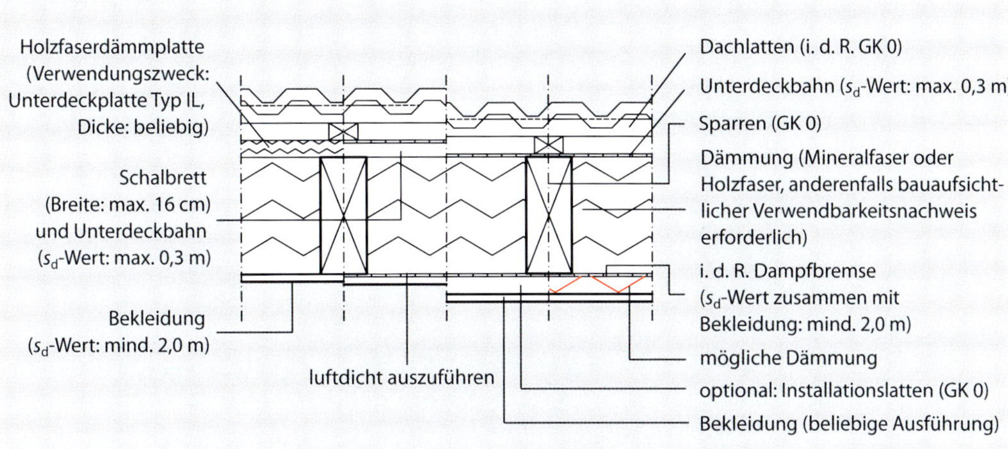

Abb. 6.39: Steildach, GK 0, in Anlehnung an die DIN 68800-2, Bild A.15

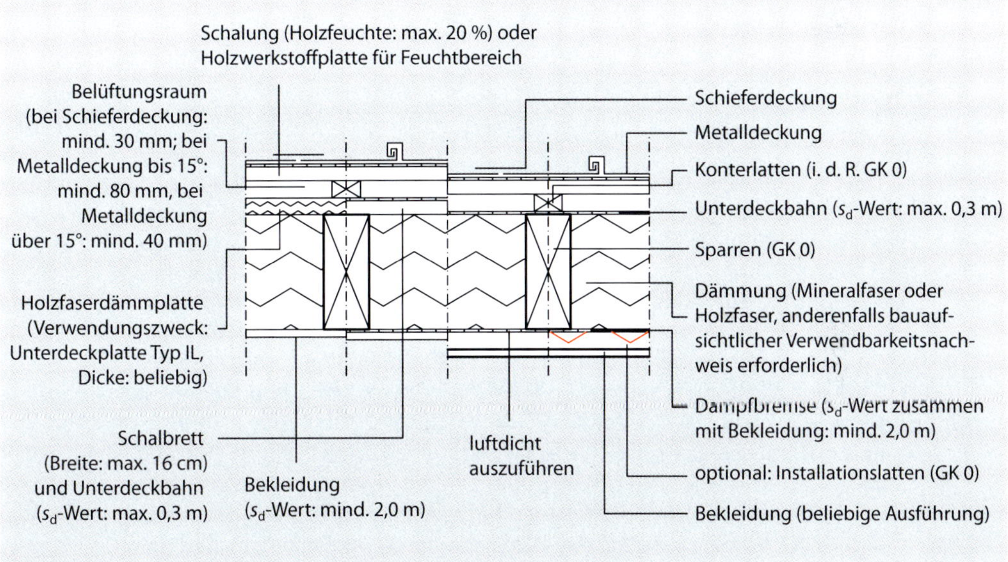

Abb. 6.40: Steildach, GK 0, in Anlehnung an die DIN 68800-2, Bild A.16

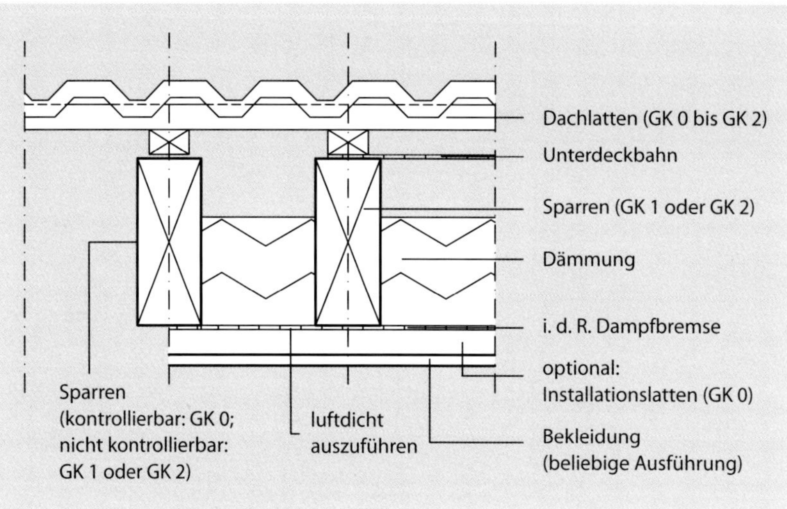

Abb. 6.41: Belüftetes Steildach

Belüftetes Steildach

Konstruktionen dieser Art (Abb. 6.41) finden sich oft im Baubestand (siehe Kapitel 6.4.1, 6.4.2). Im Neubau wird üblicherweise kein belüftetes Dach mehr konstruiert. Deshalb sind in der DIN 68800-2, Abschnitt 7 und 8 sowie Anhang A, hierzu auch keine Schemazeichnungen mehr enthalten.

Neben den Grundregeln des baulichen Holzschutzes (siehe Kapitel 3.4) und der Überprüfung der Maßnahmen zum Feuchteschutz und zum Schutz gegen Holz zerstörende Insekten (Kapitel 6.4.3, 6.4.4) lohnt es sich, die **vorangegangene Normfassung der DIN 68800-2 von 1996 in die Bewertung einfließen** zu lassen. Der dortige Abschnitt 7.1 und der damalige Kommentar zur Norm (Holzschutz – baulich, chemisch, bekämpfend, 1998) geben Hilfestellung. Wenn die Konstruktion luftdicht ist und eine Unterdeckbahn mit einem s_d-Wert ≤ 0,2 m vorhanden ist, ist für die Sparrenlage die Einstufung in Gebrauchsklasse 1 möglich. Aus sachverständiger Sicht ist eine üblichere diffusionsoffene Unterdeckbahn mit einem s_d-Wert ≤ 0,3 m ebenfalls für Gebrauchsklasse 1 tolerabel. Die früher vielfach verwendeten Gitterfolien („Delta-Folien") haben dagegen s_d-Werte von ca. 30 m. Außerdem sind diese Unterdeckungen inzwischen in vielen Fällen bereits durch UV-Strahlung versprödet. Hier beginnt die Feuchtelast, kritisch zu werden. Die ordnungsgemäße Funktion der Belüftung gewinnt an Einfluss.

Bei funktionierender Belüftung kann im Regelfall genug Feuchte abgeführt werden, um die Gebrauchsklasse 1 zu erreichen. Die Luftdichtheit auf der Warmseite muss jedoch gegeben sein, da sonst unzuträglich viel Feuchte in die Konstruktion gelangt. Hier muss jeweils eingeschätzt werden, ob Gebrauchsklasse 1 oder 2 für die Sparrenlage angenommen werden kann. Die Dachlatten wären in dieser Situation im Regelfall gemäß aktueller Fassung der DIN 68800-2 von 2012 der Gebrauchsklasse 0 zuzuordnen.

Abb. 6.42: Nach gut 40 Jahren geöffnetes belüftetes Steildach. Auf der Außenseite war eine „Delta-Folie" als Unterspannbahn über einer Belüftungsschicht und einer Dämmung von wenigen Zentimetern Dicke montiert. Innen waren nicht luftdichte Bekleidungen aus Gipskarton und Profilbrettern vorhanden. Die Feuchteränder belegen, dass Tauwasser in der Konstruktion ausgefallen ist. Pilzschäden waren nicht vorhanden. Dies kann einerseits auf die Belüftung in Verbindung mit der geringen Dämmdicke, andererseits aber auch auf den chemisch vorbeugenden Holzschutz der Sparren zurückgeführt werden. Ob die Bauweise oder der chemische Holzschutz ausschlaggebend waren, ist nicht eindeutig zu bestimmen.

Abb. 6.43: Am Splintholz dieses Sparrens finden sich einige alte Fraßgänge von Nagekäferlarven. Die bereits Jahrzehnte zuvor erneuerten Dachlatten sind befallsfrei. Dies deutet auf einen inaktiven Altschaden hin.

Der Belüftungsraum in der Sparrenebene ist ähnlichen Feuchtebedingungen ausgesetzt. Auch deshalb lässt es sich meist vertreten, Gebrauchsklasse 1 anzunehmen. Bei der Risikobewertung (siehe Kapitel 2.4) ist jedoch zu berücksichtigen, dass die Dachsparren tragende Bauteile sind und eine Reparatur aufwendiger ist als bei Dachlatten. Oft finden sich im Bestand solche Konstruktionen ohne Pilzbefall. Zu bedenken ist bei diesem Befund allerdings, dass die Hölzer oft mit chemisch vorbeugenden Holzschutzmitteln behandelt wurden (Abb. 6.42).

Zu dem links in der Schemazeichnung in Abb. 6.41 dargestellten Kaltdachboden ist anzumerken, dass an solchen Bestandskonstruktionen gewöhnlich Insektenschäden im Splintholz feuchterer Bauteilzonen gefunden werden (Abb. 6.43). Das Schadensausmaß ist oft aber nur gering, in vielen Fällen ist der Befall bereits abgeklungen.

Dachdeckungen ohne zweite Entwässerungsebene lassen einen Teil der Niederschläge eindringen. Pilzrisiken sind vor allem dort zu erwarten, wo die Dachdeckung schadhaft ist, da dort mehr Wasser eindringt. Bei kontrollierbaren Dächern ohne Dachdeckungsschäden und ohne Dämmung der obersten Geschossdecke ist Gebrauchsklasse 1 meist zutreffend. Ist vor Ort ein Hinweis zur regelmäßigen Kontrolle auf Insektenbefall angebracht, kann auch in Gebrauchsklasse 0 eingestuft werden. Wenn die oberste Geschossdecke gedämmt ist, ist entscheidend, ob die Luftdichtheit der Decke ausreichend ist. Es ist riskant, ausgehend von den Bestandskonstruktionen der Schemazeichnungen zur Verbesserung des Wärmeschutzes lediglich die Dämmstoffdicke zu vergrößern, ohne andere Bauteilschichten anzupassen. In diesen Fällen ist regelmäßig mit Folgeschäden zu rechnen. Bei Modernisierungen sollten die Dächer zu Konstruktionen gemäß Abb. 6.37 bis 6.40 umgebaut werden.

6.5 Flachdächer und flach geneigte Dächer

6.5.1 Übliche Konstruktionsweisen

Definitionen nach DIN 68800-2

Die DIN 68800-2 unterscheidet Dächer nach der Dachneigung wie folgt:

- Mit weniger als 3° (5 %) Dachneigung gelten Dächer als **Flachdächer**. Sie müssen mindestens 2 % Gefälle aufweisen, damit Niederschläge abfließen können.
- Ab 3° bis unter 5° Dachneigung gelten Dächer als **flach geneigte Dächer**.
- Ab 5° Dachneigung gelten Dächer als **geneigte Dächer**.

In diesem Kapitel wird nicht zwischen Flachdächern und flach geneigten Dächern unterschieden, weil sie holzschutztechnisch prinzipiell gleich zu bewerten sind.

Flachdachtypen

Es werden 4 Typen von Holzflachdächern unterschieden:

- belüftete Dächer
- unbelüftete Dächer
- Dächer mit Aufdachdämmung
- Gründächer

Die Typen lassen sich jeweils vielfältig variieren. Einige Varianten sind in Abb. 6.44 dargestellt.

In der Vergangenheit wurden am häufigsten **belüftete Flachdächer** gebaut. Bei dieser Konstruktion soll ein Luftstrom die entstehende Feuchte durch die Belüftungsschicht abführen.

Es ist auch eine **Kombination aus belüftetem und voll gedämmtem Dach** möglich. Hierbei wird die Dachabdichtung mit Schalung z. B. auf Latten oder Gefällekeilen verlegt. In der Ebene dieser Abstandhalter liegt die Belüftungsschicht. Unter der Belüftungsschicht wird ein diffusionsoffenes Unterdach auf den Sparren montiert. Die Sparrenlage selbst ist voll ausgedämmt und an der Raumseite geschlossen.

Bei **unbelüfteten Flachdächern** ist keine Lüftung in der Sparrenlage vorgesehen. Es besteht die Möglichkeit, zwischen den Sparren voll auszudämmen

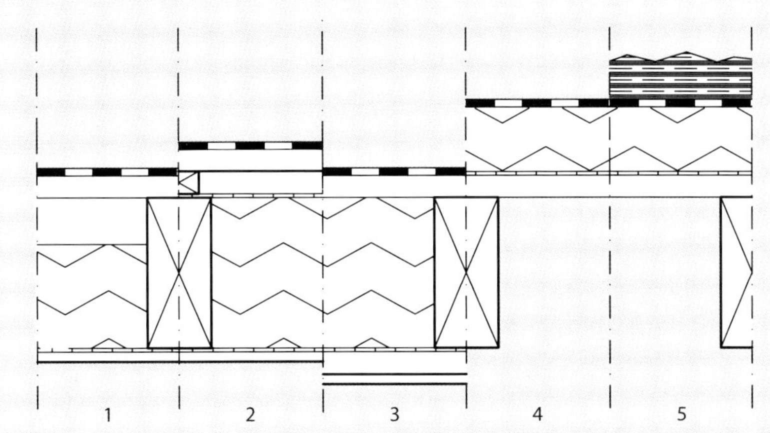

Abb. 6.44: Flachdachtypen: belüftetes Flachdach (1), Flachdach mit belüfteter Schalung (2), unbelüftetes Flachdach (3), Flachdach mit Aufdachdämmung (4) und begrüntes Flachdach mit Aufdachdämmung (5)

oder nur auf einem Teil der Sparrenhöhe Dämmstoff einzubauen und im restlichen Sparrenfeld eine stehende Luftschicht zwischen Dachschalung und Dämmungsoberkante anzuordnen.

Bei **Aufdachdämmungen** befinden sich die Dachsparren und die Dachschalung im Klima des darunter liegenden Raumes. Die Funktionsschichten des Flachdachaufbaus sind außen auf der Dachschalung angeordnet.

Es gibt ferner Dachaufbauten, die **in mehreren Ebenen Wärmedämmschichten** enthalten, z. B. Zusatzdämmungen auf der Außenseite bei nicht belüfteten, voll gedämmten Dächern. Die Abdichtung liegt in der Regel frei. Zum Schutz vor Feuer, UV-Strahlung und Windsog kann auf der Abdichtung eine Kieslage oder ein Gründach angeordnet sein.

Genutzte Flachdächer sind mit einer begehbaren Nutzschicht versehen.

Es ist unter bestimmten Randbedingungen auch möglich, **begrünte Flachdächer** in Holzbauweise zu errichten. Meist werden extensive Begrünungen bevorzugt, weil diese weniger Auflast erzeugen als Intensivbegrünungen. Alle Materialschichten oberhalb der Abdichtung beeinflussen die hygrothermischen Eigenschaften und müssen bei holzschutztechnischen Bewertungen berücksichtigt werden.

6.5.2 Feuchteeinwirkungen

In den folgenden Beschreibungen wird vorausgesetzt, dass die Abdichtung funktionstüchtig ist. Neben sorgfältiger Planung und Ausführung zur Gewährleistung einer fehlstellenfreien Herstellung des Daches ist auch eine Wartung im Gebrauch erforderlich, damit die Abdichtung fehlstellenfrei bleibt (siehe Kapitel 5.5).

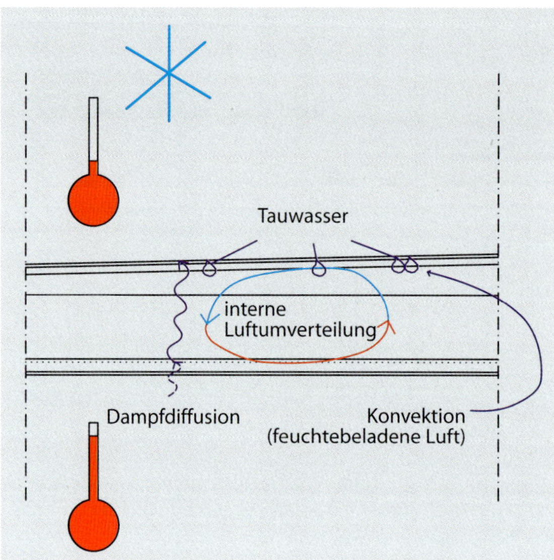

Abb. 6.45: Feuchtequellen und Feuchteumverteilung in einem nicht hohlraumfrei ausgedämmten, unbelüfteten Flachdach: Wasserdampf gelangt durch Diffusion und durch Konvektion an Fehlstellen der Luftdichtheitsebene in die Konstruktion. Im Bauteil kann eine Luftströmungswalze durch interne Luftumverteilung die Anreicherung an kalten Stellen verstärken.

Belüftetes Flachdach

Aus der Raumluft kann Feuchte durch Diffusion oder Konvektion eindringen. Außerdem gelangt durch den planmäßigen Kontakt zur Außenluft Luftfeuchte von außen in die Konstruktion. Die belüftete Dachschalung kühlt in kalten Nächten aus. Dadurch steigt die Porenluftfeuchte in der Schalung an und es kann zu Tauwasserausfall kommen. In der Gesamtbilanz erzielt die Belüftung durch Außenluft jedoch einen trocknenden Effekt.

Unbelüftetes Flachdach

Auch in diese Konstruktionen kann Feuchte durch Diffusion oder Konvektion eindringen. Hier sorgt jedoch kein Luftstrom für eine Abfuhr der Feuchte. In Dächern mit stehender Luftschicht zwischen Wärmedämmung und Dachschalung können sich Luftströmungswalzen bilden. Diese führen dazu, dass sich an kälteren Oberflächen die Porenluftfeuchte erhöht oder sogar Tauwasser ausfällt (Abb. 6.45). Eine hohlraumfrei ausgedämmte Konstruktion ist deshalb zu bevorzugen. In Mineralwollen sind zwar geringfügige Luftströmungen möglich, die ebenfalls Feuchteumverteilungen bewirken können. Diese Strömungen im Dämmstoff sind jedoch geringer als in einer Luftschicht. In Versuchen der Holzforschung Austria wurden teilgedämmte Konstruktionen sogar als vorteilhaft beobachtet (vgl. Bachinger, 2015). Dies entspricht jedoch nicht der Erfahrung des Verfassers. Auch andere Fachleute sehen teilgedämmte Flachdächer mit stehenden Luftschichten aufgrund der in Abb. 6.45 dargestellten Zusammenhänge kritisch (vgl. z. B. Informationsdienst Holz, 2008b). Entscheidender als das Vorhandensein oder die Abwesenheit einer stehenden Luftschicht ist, dass nicht zu viel Wasserdampf durch Diffusion oder Konvektion in die Konstruktion gelangt.

In der kälteren Jahreszeit entsteht bei Flachdächern eine Feuchteanreicherung in der Dachschalung. Diese muss nicht nur zum Schutz gegen Pilzbefall begrenzt werden, denn starkes Quellen von Holz und Holzwerkstoffen führt auch zu Formänderungen und inneren Spannungen. In Holzwerkstoffen kann durch eine Wechselbeanspruchung das Gefüge geschädigt werden (siehe Kapitel 7.1). Eine Ausnahme stellen lediglich die Dächer mit Aufdachdämmung dar.

Flachdach mit Aufdachdämmung

In dieser Konstruktion liegen alle Holzbauteile auf der Warmseite der Luftdichtheits-/Dampfbremsebene. Im Holz stellt sich eine dem Raumklima folgende Ausgleichsfeuchte ein. Deshalb ist das Holz bei wohnraumartigen Nutzungen zu trocken für einen Pilzbefall. Für die Raumgestaltung oder die Verbesserung der Raumakustik ist es möglich, eine abgehängte Decke unter der Holzkonstruktion anzuordnen. Auf dieser Decke darf zusätzlicher Wärmedämmstoff bis zu 20 % des Gesamtwärmedämmvermögens der Konstruktion aufgelegt werden. Größere Wärmedämmleistungen auf der Warmseite der Dampfbremse erfordern gemäß DIN 4108-3 „Wärmeschutz und Energie-Einsparung in Gebäuden – Teil 3: Klimabedingter Feuchteschutz – Anforderungen, Berechnungsverfahren und Hinweise für Planung und Ausführung“ (2014) und DIN 68800-2, Bild 7, hygrothermische Nachweise zum Feuchte- und Holzschutz.

Begrüntes Flachdach

Grundsätzlich ist zu unterscheiden,

- ob eine Aufdachdämmung vorliegt,
- ob eine funktionsfähige Belüftungsschicht zwischen den Gründachkomponenten und dem tragenden Holz liegt oder
- ob es sich um ein unbelüftetes, voll gedämmtes Dach handelt.

Die beiden ersten Varianten sind prinzipiell den gleichen Feuchtebelastungen ausgesetzt wie entsprechende Bauteile ohne Begrünungsschicht. Wichtig ist, dass der Gründachaufbau den anerkannten Regeln der Technik entspricht. Insbesondere die Abdichtungsbahn ist permanenter Feuchte zusammen mit einem Durchwurzelungsangriff und chemischen Einwirkungen aus dem Pflanzsubstrat ausgesetzt. Ein voll gedämmtes Flachdach mit Begrünung unterliegt zudem noch einer besonderen Feuchtebelastung, weil auch im Sommer geringe Temperaturen unter der Grünschicht herrschen. Dies bedingt weniger Umkehrdiffusion (zur Umkehrdiffusion siehe Kapitel 6.5.3).

6.5.3 Schutz vor Feuchteeinwirkungen

Luftdichte Bauweise

Bei allen Flachdachtypen ist es erforderlich, luftdicht zu bauen, um Konvektionsströmung auszuschließen. Fehlstellen in der Luftdichtheitsebene wirken sich auf unbelüftete Flachdächer besonders schädlich aus. Bei Aufdachdämmungen dagegen wird das tragende Holz nicht durch Konvektionsfeuchte gefährdet, weil auf der Kaltseite keine Sparren eingebaut sind. Gegebenenfalls vorhandene hölzerne Randbohlen und andere Holzbauteile sind jedoch gefährdet.

Abb. 6.46: Wirrgelegebahn, die unter Blechdeckungen einen Dränageraum für Tauwasser erzeugt

Abb. 6.47: Von einem Dachdecker nachträglich eingesetzter Flachdachlüfter, um erhöhte Feuchte aus dem belüfteten Dach abzuführen

Tauwasser unter Blechdeckungen

Unter Blechdeckungen sollte eine Dränageschicht für Tauwasser angeordnet werden. Hierfür werden Wirrgelegebahnen angeboten (Abb. 6.46).

Funktionsfähige Belüftungsschicht

Die Zu- und Abluftöffnungen belüfteter Flachdächer müssen ausreichend dimensioniert sein. DIN 4108-3 (2014) nennt Randbedingungen, bei denen die Konstruktion nachweisfrei im Sinne der Norm ist. Unabhängig davon ist die Verdunstungsreserve nach DIN 68800-2 nachzuweisen.

Das Regelwerk des Deutschen Dachdeckerhandwerks (vgl. Merkblatt Wärmeschutz bei Dach und Wand, 2015) empfiehlt fast identische Werte. Die Lüftungsöffnungen von Flachdächern sollen einander gegenüberliegen. Die Klempnerfachregeln, 2009, sehen dagegen differenziertere Maße vor (siehe Tabelle 6.2).

Bei belüfteten Flachdächern sollten nach diesen Vorgaben Luftschichthöhen von mindestens 5 bis 8 cm, besser aber 10 bis 15 cm angestrebt werden. Es ist unbedingt auf eine ausreichende Durchlüftung aller Dachbereiche zu achten. So können z. B. Lichtkuppeln, Kamine oder Wechsel die direkte Strömung in den einzelnen Sparrenfeldern behindern. In der Folge entstehen oft lokal begrenzte Feuchteschäden. Mittels Flachdachlüftern (Abb. 6.47) kann die Situation an nicht gut durchströmten Bereichen verbessert werden. Es ist jedoch nicht sicher vorhersagbar, wie solche Maßnahmen wirken. Wenn die Luft-

Tabelle 6.2: Vorgaben zur Belüftung oberhalb der Wärmedämmschicht in Abhängigkeit von der Dachneigung nach DIN 4108-3 (2014), Regelwerk des Deutschen Dachdeckerhandwerks (Merkblatt Wärmeschutz bei Dach und Wand, 2015) und Klempnerfachregeln, 2009

Dachneigung	Luftschichthöhe in der Fläche	Höhe der freien Lüftungsschlitze	Regel/Norm
< 3°	≥ 15 cm	≥ 6 cm[1)]	Klempnerfachregeln, 2009
< 5°[2)]	≥ 2 ‰ der zugehörigen Dachfläche, mind. jedoch 5 cm	≥ 2 ‰ der zugehörigen Dachfläche[3)], mind. jedoch 200 cm^2/m	DIN 4108-3 (2014)
< 5°[2)]	≥ 5 cm	≥ 2 ‰ der gesamten Dachgrundrissfläche, mind. jedoch 200 cm^2/m	Merkblatt Wärmeschutz bei Dach und Wand, 2015
≥ 5°[4)]	≥ 2 cm[5)]	• Traufe und Pultdachfirst: ≥ 2 ‰ der zugehörigen Dachfläche[3)], mind. jedoch 200 cm^2/m • Grate und Satteldachfirst: ≥ 0,5 ‰ der zugehörigen Dachfläche[3)], mind. jedoch 50 cm^2/m	DIN 4108-3 (2014)
≥ 5°[4)]	≥ 2 cm, punktuelle Unterschreitung bis ≥ 5 mm zulässig	• Traufe und Pultdachfirst: ≥ 2 ‰ der zugehörigen Dachfläche[3)], mind. jedoch 200 cm^2/m • Grate und Satteldachfirst: ≥ 0,5 ‰ der zugehörigen Dachfläche[3)], mind. jedoch 50 cm^2/m	Merkblatt Wärmeschutz bei Dach und Wand, 2015
≥ 3° bis ≤ 15°	≥ 8 cm	≥ 4 cm	Klempnerfachregeln, 2009
≥ 3° bis ≤ 5°	≥ 10 cm[6)]	≥ 6 cm[6)]	Klempnerfachregeln, 2009

1) Die Klempnerfachregeln, 2009, gehen von ≥ 45 % Lochanteil aus, d. h., die freie Lüftungshöhe muss entsprechend den eingesetzten Lüftungsgittern vergrößert werden.
2) s_d-Wert innen ≥ 100 m, Sparrenlänge ≤ 10 m (für Sparrenlängen > 10 m macht das Merkblatt Wärmeschutz bei Dach und Wand, 2015, differenzierte Angaben)
3) lichte Breite des zu belüftenden Sparrenfelds × Sparrenlänge
4) s_d-Wert innen ≥ 2,0 m
5) DIN 4108-3 (2014) vermerkt hierzu, dass die Luftschichthöhe „lokal eingeschränkt sein kann"; ein Mindestmaß wird jedoch nicht angegeben.
6) Die Klempnerfachregeln, 2009, gehen bei diesen Vorgaben von der strömungstechnisch ungünstigen Situation aus, dass keine gegenüberliegenden Öffnungen an Traufe und First vorhanden sind.

DIN 4108-3 (2014) DIN 4108-3 „Wärmeschutz und Energie-Einsparung in Gebäuden – Teil 3: Klimabedingter Feuchteschutz – Anforderungen, Berechnungsverfahren und Hinweise für Planung und Ausführung" (2014)

dichtheitsschicht auf der Warmseite mangelhaft ist, besteht das Risiko, dass der Lüfter verstärkt feuchtebeladene Raumluft in die Konstruktion saugt. Von den Lüfterrohren kann außerdem Tauwasser in die Wärmedämmung tropfen.

Vermeidung einer innen diffusionsdichten Bauweise

Früher war es üblich, auf der Raumseite eine Dampfbremse mit einem s_d-Wert ≥ 100 m anzuordnen. Wenn wie im Glaser-Verfahren nur die Diffusion betrachtet wird, erscheint diese Bauweise bei nicht belüfteten Dächern unproblematisch. Doch kann eingeschlossene Baufeuchte oder durch Fehlstellen in der Luftdichtheitsschicht eingetretene Feuchte im Sommer nicht wieder ausreichend abtrocknen. Deshalb war in der DIN 4108-3 „Wärmeschutz und Energie-Einsparung in Gebäuden – Teil 3: Klimabedingter Feuchteschutz; Anforderungen, Berechnungsverfahren und Hinweise für Planung und Ausführung" (2001) ein Warnhinweis bezüglich solcher innen dichten Dächer mit Dachdeckung enthalten. Für Dächer mit Dachabdichtung muss dieser Warnhinweis sinngemäß umso mehr gelten. Nicht belüftete Flachdächer mit einer stark dampfbremsenden Innenschicht können nicht als anerkannte Regel der Technik angesehen werden (vgl. z. B. Oswald, 2009). Auch der Informationsdienst Holz rät seit Langem von solchen Konstruktionen ab (Informationsdienst Holz, 2001, 2008b). Die DIN 4108-3 (2014) warnt inzwischen unabhängig von der Dachneigung, dass bei nicht belüfteten Dächern mit äußeren diffusionshemmenden Wärmedämmschichten mit einem s_d-Wert ≥ 2,0 m erhöhte Baufeuchte oder eingedrungene Feuchte nur schlecht oder gar nicht abtrocknet.

Bei nicht belüfteten Flachdächern ist eine stark dampfbremsende innere Bauteilschicht deshalb unbedingt zu vermeiden.

Umkehrdiffusion

Wenn sich ein Bauteil im Herbst und Winter mit Feuchte, die aus einem Innenraum nach außen diffundiert, aufgeladen hat, kann diese Feuchte im Sommer unter bestimmten Voraussetzungen als Wasserdampf wieder in die Raumluft gelangen. Von dort wird sie bei ordnungsgemäßer Lüftung der Innenräume abgeführt. Dieser Effekt wird Umkehrdiffusion genannt, weil die überwiegende Diffusionsstromrichtung in der warmen Jahreszeit nach innen „umgekehrt" wird. Damit dieser Effekt eintritt, müssen mehrere **Randbedingungen** erfüllt sein:

- Die raumseitige Dampfbremse sollte nur einen geringen Diffusionswiderstand aufweisen. Um den Effekt der Umkehrdiffusion auszunutzen, bieten sich feuchtevariable Dampfbremsbahnen an (zu den Grenzen der Leistung solcher Bahnen siehe Kapitel 5.2).
- Auf der Außenseite muss die Sonneneinstrahlung stark genug sein, um die Umkehrdiffusion in Gang zu setzen. Hierzu ist es erforderlich, dass die Fläche nicht verschattet oder mit Kies, Begrünungen oder Terrassenbelägen abgedeckt ist. Die Dachabdichtung sollte möglichst dunkel sein, damit ausreichend Wärmeenergie aufgenommen wird.
- Die Mindestdachneigung muss eingehalten sein, damit sich keine Pfützen bilden. Die unvermeidbare Durchbiegung des Tragwerks und Fertigungstoleranzen sind zu berücksichtigen, damit das Mindestgefälle gewährleistet ist. Im Regelwerk des Deutschen Dachdeckerhandwerks (vgl. Fachregel für Abdichtungen – Flachdachrichtlinie, 2011) wird darauf hingewiesen, dass Pfützenbildung bei Dachneigungen bis 5 % auftreten kann. Pfützen auf der Abdichtung beanspruchen nicht nur das Abdichtungsmaterial, sie behindern auch den Wärmeeintrag, der für die Umkehrdiffusion notwendig ist. Das Wasser in der Pfütze hat eine sehr hohe spezifische Wärmekapazität. Deshalb muss sehr viel Sonnenergie einwirken, um es zu verdunsten. Bei der Verdunstung kühlt sich die Dachoberfläche jedoch ab. Damit ist die Erwärmung als Antriebsmechanismus der Umkehrdiffusion gestört.
- Es sollten keine Hohlräume in der Konstruktion vorhanden sein, weil diese zu unerwünschten Umverteilungen der Feuchte führen können.
- Das System darf nicht durch Konvektionsfehlstellen überbeansprucht werden. Es ist also eine nachgewiesene gute Luftdichtheit erforderlich.

Abb. 6.48: Kantholz, das als Randbohle in einen Flachdachausbau eingebaut werden sollte. Eine schlüpfende Holzwespe ist teilweise freigelegt. Wäre das Holz eingebaut worden, hätten die Frischholzinsekten beim Schlupf die Abdichtung beschädigt.

- Um die Anfangsbeladung mit Wasser zu begrenzen, müssen die Baustoffe beim Schließen der Konstruktion trocken sein.

Bei Gründächern kommt keine nennenswerte Umkehrdiffusion zustande. In einem Forschungsvorhaben wurden im Sommer an der Unterseite der Begrünung im Mittel Temperaturen von nur 5 bis 7 K über der Außenlufttemperatur gemessen. Zum Vergleich: In der gleichen Messung lagen die Oberflächentemperaturen einer schwarzen Abdichtung tagsüber bis um 40 K über der Außenlufttemperatur (vgl. Winter/Fülle/Werther, 2009). In einem anderen Forschungsvorhaben wurden im Sommer zwischen 4 und 6 K über der Außenlufttemperatur gemessen (vgl. Nusser/Teibinger/Bednar, 2010). Umkehrdiffusion kann für Gründächer also nicht wirksam für den Feuchteschutz genutzt werden.

6.5.4 Schutz gegen Insektenbefall

Insektenunzugängliche Bekleidung

Voll gedämmte Flachdächer müssen sowohl außen als auch innen zum Feuchteschutz so dicht geschlossen sein, dass ohnehin eine insektenunzugängliche Bekleidung entsteht (Siehe Kapitel 3.6.2, Abb. 3.4 und 3.5).

Technisch getrocknetes Holz

Meist werden technisch getrocknetes Holz und Holzwerkstoffplatten eingesetzt. Bei Systemen, die die Umkehrdiffusion nutzen, ist dies zwingend erforderlich, da Lufttrocknung ein Erreichen der erforderlichen geringen Holzfeuchte nicht zuverlässig und schnell genug ermöglicht. Durch Einsatz der genannten Materialien ist die Befallsattraktivität vermindert. Außerdem ist durch die Erhitzung bei der technischen Trocknung gewährleistet, dass keine Frischholzinsekten wie Holzwespen versehentlich eingeschleppt werden. Die Holzwespen wären zwar nicht fähig, Folgegenerationen zu bilden. Mit luftgetrockneter Ware eingeschleppte Larven entwickeln sich jedoch zum Vollinsekt und können beim Schlupf die Dachabdichtung perforieren (Abb. 6.48).

Kontrollierbarkeit

Flachdächer mit Aufdachdämmung sind kontrollierbar. Sollte ein Befall eintreten, wird er frühzeitig erkannt und es können Maßnahmen ergriffen werden. Außerdem bedingt diese Konstruktion, dass das Holz in für Insekten ungünstigem Wohnraumklima liegt. Nach außen durchbindende Sparrenköpfe können hier eventuell eine Ausnahme darstellen. Es bietet sich daher an, zu überprüfen, ob ohne Durchdringungen konstruiert werden kann.

Holzartenwahl

Alle vorgenannten Bedingungen lassen sich bei belüfteten Flachdächern nicht umsetzen. Hier bleibt die Option, Farbkernholz zu verwenden. Weil die betreffenden Bereiche nicht kontrollierbar sind, bietet sich an, absolut splintfreie Ware zu verwenden. Wenn Splintholz befallen wird, ist zwar genug Restquerschnitt vorhanden, um ein Bauteilversagen zu verhindern. Ausschlüpfende Insekten durchdringen aber möglicherweise die Dachabdichtung, sodass Wasser eindringen kann.

6.5.5 Gebrauchsklassenzuordnung

Belüftetes Flachdach

Holz in der Belüftungsschicht ist **in der Regel in Gebrauchsklasse 1 bis 2 einzuordnen**. Es kann immer wieder Tauwasser entstehen und Insekten können an das Holz gelangen.

Hinweis

> Die vielfach als „Insektenschutzgitter“ bezeichneten Abdeckungen der Belüftungsöffnungen sind ein Schutz gegen Kleintiere und Verschmutzungen. Insekten hingegen können die Lochung problemlos passieren.

Wenn eine Belüftungsschicht der Abdichtung über einem mit Unterdach getrennten voll gedämmten Flachdach vorgesehen ist, ist nur die abgetrennte Belüftungsschicht in Gebrauchsklasse 0 bis 2 einzuordnen. Die Einstufung hängt davon ab, wie die Belüftungsschicht und die Dampfdiffusionswiderstände der Schichten dimensioniert sind (Abb. 6.49). Analog zur Normvorgabe ist bei Belüftungshöhen ≥ 150 mm (Dachneigung 3° bis 5°) oder ≥ 80 mm (Dachneigung > 5°) von Gebrauchsklasse 0 für Konterlatten und Schalung auszugehen. Die Lüftungsschicht darf maximal 15 m lang sein. Liegt eine schlechtere Belüftungssituation vor, ist in Gebrauchsklasse 2 einzustufen. Für die Schichten **unter** der Unterdeckung gilt die Einstufung entsprechend unbelüfteten Dächern.

Unbelüftetes Flachdach

Konstruktionen, die der DIN 68800-2, Bild A.20, entsprechen (Abb. 6.50), sind **formal nachweisfrei in Gebrauchsklasse 0** einzuordnen. Dies ist damit begründbar, dass an Testflächen und mit Bauteilsimulationen (vgl. Informationsdienst Holz, 2008b) belegt worden ist, dass der Feuchtehaushalt unkritisch ist. Gegen Insekten wirkt sowohl die insektenunzugänglich geschlossene Situation als auch die vorgeschriebene Verwendung technisch getrockneten Holzes. Die gesamte Fläche muss dauerhaft verschattungsfrei sein. Die Dachneigung muss mindestens 2° bzw. 3 % betragen. Das Dach muss aus werkseitig vorgefertigten Elementen bestehen, die ein nach Holztafelbaurichtlinie, 1992, zugelassener Betrieb hergestellt hat. Schalungen aus Holzwerkstoffplatten müssen ausreichende Fugen bzw. geringe Plattenmaße

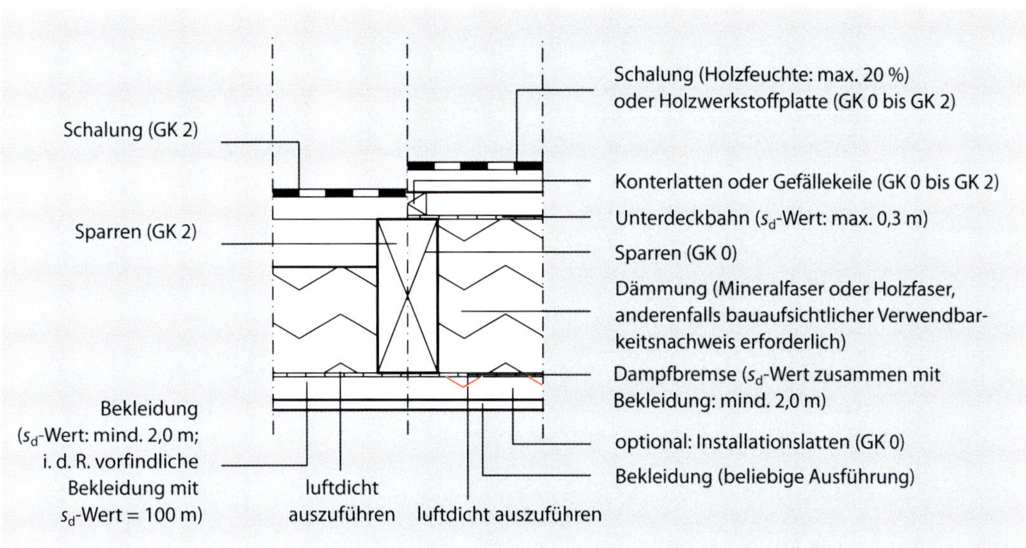

Abb. 6.49: Belüftetes Flachdach: Die links dargestellte Variante entspricht üblichem Altbaubestand. Hier ist von Gebrauchsklasse 2 für Sparren und Schalung auszugehen. Die rechts dargestellte Variante ist angelehnt an DIN 68800-2, Bild A.17.

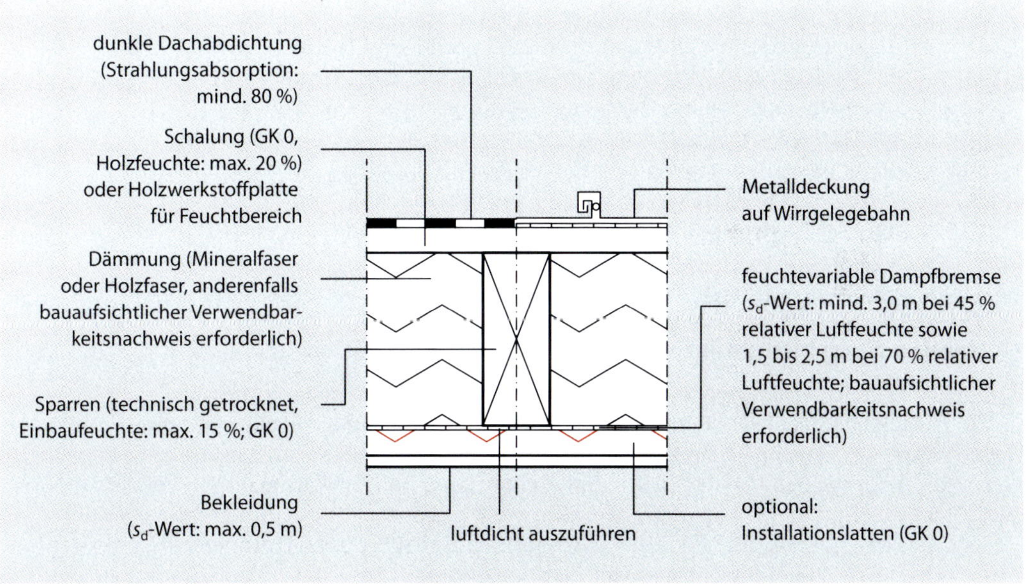

Abb. 6.50: Unbelüftetes Flachdach: Diese voll gedämmte, unverschattete Konstruktion in Anlehnung an DIN 68800-2, Bild A.20, kann formal nachweisfrei in Gebrauchsklasse 0 eingeordnet werden, ist jedoch nicht fehlertolerant.

aufweisen, damit feuchteinduzierte Formänderungen aufgenommen werden können. Eine raumseitige Dämmung der Installationsebene ist möglich.

Solche Konstruktionen sind jedoch nicht empfehlenswert, da die Fehlertoleranz dieser Bauweise gering ist. Wenn eine der vielen bereits in Kapitel 6.5.3 zur Umkehrdiffusion genannten Randbedingungen nicht (dauerhaft) gewährleistet ist, entsteht sehr wahrscheinlich ein Feuchteschaden mit anschließendem Pilzbefall. Die einzuhaltende Mindestdachneigung von 3 % verhindert außerdem nicht zuverlässig eine Pfützenbildung auf der Abdichtung.

Wegen der geringen Fehlertoleranz ist die Konstruktionsweise in Fachkreisen so stark umstritten, dass sie nicht als anerkannte Regel der Technik angesehen werden kann (vgl. z. B. Spilker/Sous, 2014). Außerdem ist fraglich, wie die Verschattungsfreiheit „baurechtlich auf Dauer" (DIN 68800-2, Abschnitt 7.5, S. 16) gesichert werden kann. Selbst über Baulasten wird es nicht gelingen, zu verhindern, dass auf Nachbargrundstücken bauliche Anlagen oder Bäume hinzukommen. Außerdem können selbst niedrige Attiken Randzonen von Dächern beschatten. Nutzer ohne Kenntnis der Funktionsweise des Daches könnten Sonnenschutzanlagen, Fotovoltaikmodule oder Gehbeläge montieren. Bei Reparaturen besteht zusätzlich das Risiko, dass helle Dachbahnen oder Kiesauflagen verwendet werden.

Ähnlich wie die nachweisfreie Konstruktion nach DIN 68800-2, Bild A.20, kann ein Flachdach gemäß DIN 68800-2, Abschnitt 7.5, nach Anforderungen der Gebrauchsklasse 0 konstruiert werden (Abb. 6.51). Hier ist der Tauwasserschutz mit einer Bauteilsimulation nach DIN EN 15026 „Wärme- und feuchtetechnisches Verhalten von Bauteilen und Bauelementen – Bewertung der Feuchteübertragung durch numerische Simulation" (2007) nachzuweisen. Daran gekoppelt ist auch eine weitergehende holzschutztechnische Bewertung der Simulation (siehe Kapitel 3.6.3.2). Über eine hygrothermische Bauteilsimulation nach DIN EN 15026 lassen sich alle in Abb. 6.50 enthaltenen Varianten in Gebrauchsklasse 0 einordnen. Hierfür muss der Nachweis jedoch unter realistischen Bedingungen feuchtetechnisch unbedenklich sein. Anderenfalls ist Gebrauchsklasse 2 anzusetzen. Eine Baustellenfertigung des Daches erfordert Wetterschutzmaßnahmen (siehe Kapitel 5.2, Abb. 5.7). Diese Konstruktionsvarianten sind jedoch nicht fehlertolerant.

Letztlich gelten zwar die gleichen Vorbehalte wie voranstehend dargestellt, doch besteht hier die Möglichkeit, die Bauteilsimulation so realistisch bzw. so weit auf der „sicheren Seite" durchzuführen, dass wieder eine gewisse Fehlertoleranz erreicht wird. Zu beachten ist, dass für die Montage ein Wetterschutz vorgehalten werden muss. Wenn feuchtevariable Dampfbremsen verwendet werden, bedürfen diese nach DIN 68800-2 eines bauaufsichtlichen Verwendbarkeitsnachweises. Bisher (Mitte 2015) hat das Deutsche Institut für Bautechnik für entsprechende Bahnen allerdings noch keinen Nachweis erteilt. Wegen der hygrischen Dehnung (siehe Kapitel 6.5.2 und 7) sind Höchstmaße von 2,50 m × 1,25 m für Dachschalungen aus Holzwerkstoffplatten festgesetzt. Alternativ sind „ausreichende" Fugenbreiten zwischen den Platten einzuhalten (DIN 68800-2, Abschnitt 7.5, S. 17). Holzwerkstoffschalungen sind jedoch meist Nut-Feder-Platten, sodass es bei Montage der Platten auf der Baustelle handwerklich nahezu unmöglich ist, mehrere Millimeter Fugenmaß zwischen den Platten einzuhalten.

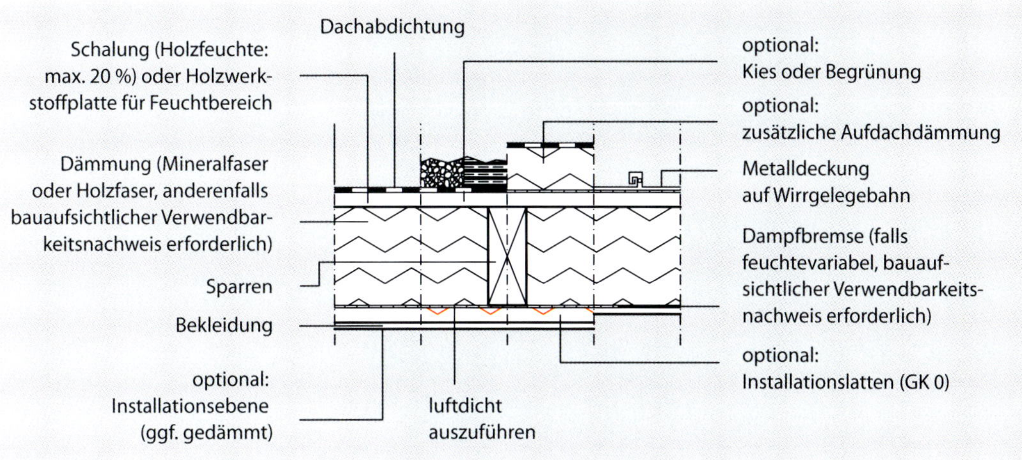

Abb. 6.51: Voll gedämmtes Flachdach in Anlehnung an DIN 68800-2, Abschnitt 7.5

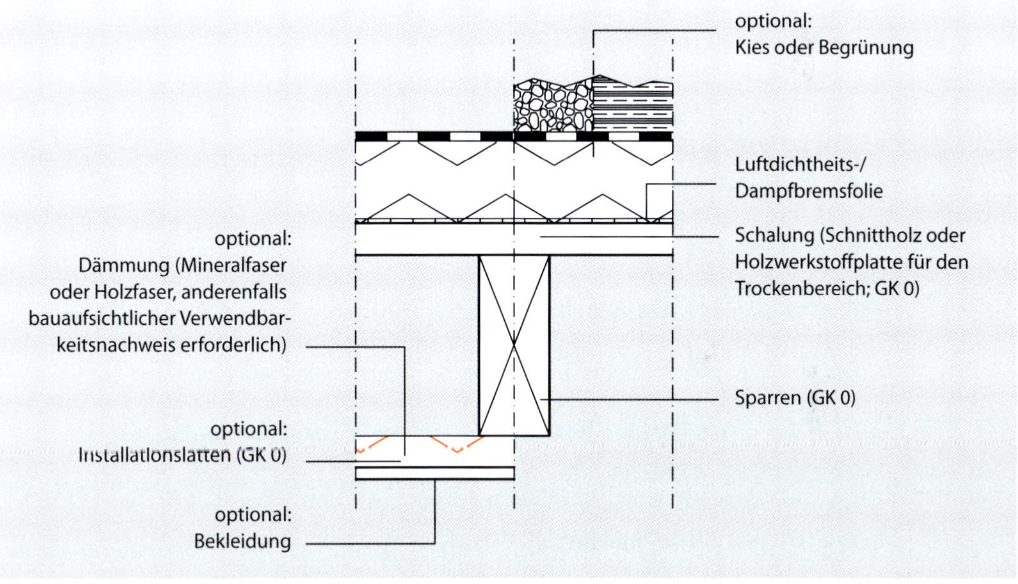

Abb. 6.52: Flachdach mit Aufdachdämmung in Anlehnung an DIN 68800-2, Abschnitt 7.7, Bild 7a und Bild 7b, sowie Anhang A, Bild A.18 und Bild A.19

Von DIN 68800-2, Bild A.20 oder Abschnitt 7.5, abweichende nicht belüftete Flachdächer sind in Gebrauchsklasse 2 einzuordnen, wenn kein individueller Nachweis einer niedrigeren Gebrauchsklasse (siehe Kapitel 3.6.3.4, Abb. 3.13) erfolgt.

Flachdach mit Aufdachdämmung

Für diese Konstruktionen **ist problemlos Gebrauchsklasse 0** zu erreichen, weil Sparren und Schalung in Raumklima liegen (Abb. 6.52). Wenn der optionale Dämmstoff auf der Raumseite maximal 20 % des Wärmedurchlass-

Abb. 6.53: Umbau mit neuem Ringanker und neuem aufgedämmtem Dach: Die Fugen der durchbindenden Sparren werden mit vorkomprimiertem Dichtband abgedichtet (Pfeile). Auf der Mauerkrone ist die Dachschalung unterbrochen. Hier wird im Baufortschritt die Luftdichtheits-/Dampfbremsbahn von der Oberseite der Schalung mit einer Bewegungsschlaufe auf die Mauerkrone geführt. Zusätzlich kann unter dem Schalbrett, das von innen auf die Mauerkrone deckt, ein vorkomprimiertes Dichtband eingeklemmt werden.

widerstands der gesamten Dämmung ausmacht, ist kein bauphysikalischer Nachweis für den Feuchteschutz erforderlich.

Doch auch diese Dächer mit Aufdachdämmung erfordern eine Planung der lückenlosen Luftdichtheitsebene und möglicher Durchdringungen wie auskragender Dachsparren (Abb. 6.53).

Hölzerne Randbohlen und andere Holzbauteile in der Aufdachdämmschicht sind **in der Regel in Gebrauchsklasse 2** einzuordnen, da im Dachaufbau befindlicher Wasserdampf hier kaum austrocknen kann. Entsprechend können die Randbohlen unzuträglich befeuchtet werden. In der DIN 4108-3 (2014), Abschnitt 5.3.3.2, Tabelle 3, wird deshalb bei Werte-Kombinationen von s_d-Wert außen > 2,0 m und s_d-Wert innen ≥ 6 × s_d-Wert außen ein Tauwasserschutznachweis gefordert, wenn sich Holzbauteile in der Konstruktion befinden. Im konkreten Einzelfall kann mittels Bauteilsimulationen nach DIN EN 15026 geprüft werden, ob eine Zuordnung zu Gebrauchsklasse 0 gerechtfertigt ist.

Insekten können allseits geschlossene Bauteile nicht erreichen. Deshalb ist nur **in seltenen Fällen, in denen Randbohlen an der Dachkante offen liegen, Gebrauchsklasse 1** anzusetzen; eine Gefährdung durch Holz zerstörende Pilze muss allerdings über Bauteilsimulationen ausgeschlossen worden sein.

Begrüntes Flachdach

Bei einer Kombination mit Aufdachdämmung (Abb. 6.52) oder belüfteter Abdichtungslage (Abb. 6.54) ist bei dieser Konstruktion **Gebrauchsklasse 0** zu erreichen. In Anlehnung an die Normvorgabe ist bei Belüftungshöhen ≥ 150 mm (Dachneigung zwischen 3° und 5°) oder ≥ 80 mm (Dachneigung > 5°) von Gebrauchsklasse 0 für Konterlatten und Schalung auszugehen. Die Lüftungsschicht darf maximal 15 m lang sein. Liegt eine schlechtere Belüftungssituation vor, ist in Gebrauchsklasse 2 einzustufen.

Voll gedämmte begrünte Dächer sind Sonderkonstruktionen, die eines besonderen **Nachweises bedürfen, um von Gebrauchsklasse 2 eventuell in**

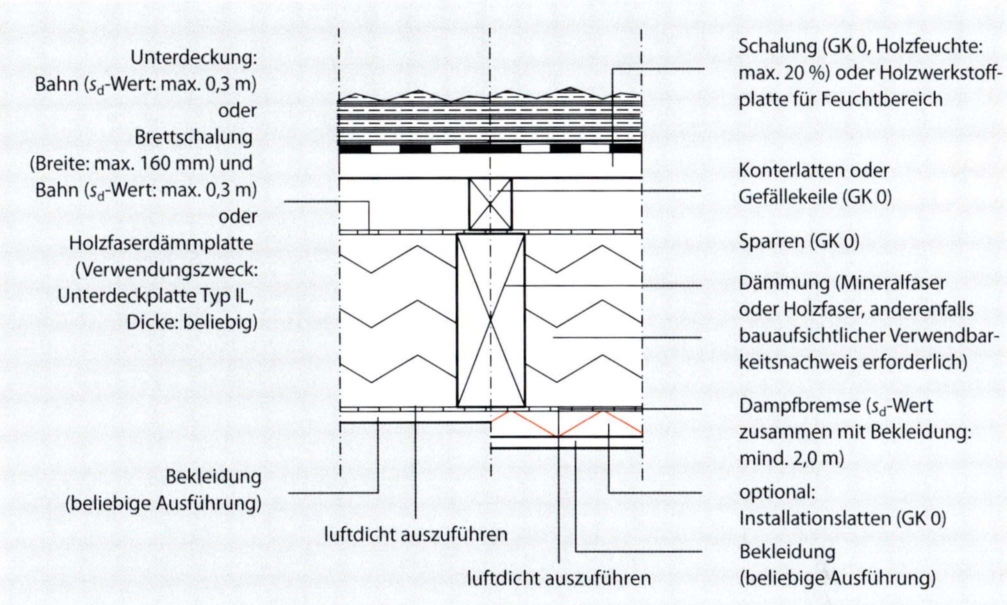

Abb. 6.54: Flachdach in Anlehnung an DIN 68800-2, Bild A.17. Diese Konstruktion kann nachweisfrei der Gebrauchsklasse 0 zugeordnet werden.

Gebrauchsklasse 0 überführt werden zu können. Wenn dieser Nachweis erbracht ist, ist Gebrauchsklasse 1 erreicht. Die Gebrauchsklasse 1 kann hier zudem problemlos über Holzwahl und insektendichte Bekleidung weiter in Gebrauchsklasse 0 verbessert werden. Es ist jedoch eine Herausforderung, den Feuchteeintrag so zu begrenzen, dass nach hygrothermischer Simulation und deren holzschutztechnischer Bewertung sowie im tatsächlichen Praxiseinsatz eine Gefährdung von nicht belüfteten Gründächern durch Holz zerstörende Pilze ausgeschlossen werden kann.

Vergleichende Bewertung der Flachdachkonstruktionen

Belüftete Flachdächer sind nur begrenzt fehlertolerant. In vielen Fällen stellt sich der gewünschte Luftstrom in der Praxis nicht ein.

Unbelüftete Flachdächer können nur über Umkehrdiffusion im Sommer austrocknen. Dies ist jedoch von vielen Randbedingungen abhängig. Deshalb ist auch dieses System nicht fehlertolerant.

Die fehlertoleranteste Konstruktion ist das **Flachdach** mit Aufdachdämmung. Hier ist das Holz dem trockenen Wohnraumklima ausgesetzt.

Begrünte, voll gedämmte Flachdächer sind Sonderkonstruktionen. Hier verhindert der Gründachaufbau eine mögliche Umkehrdiffusion. Deshalb sollten im Sparrenraum voll gedämmte, nicht belüftete Gründächer im Sinne der Fehlertoleranz nur mit einer zusätzlichen Aufdachdämmung in Holzbauweise hergestellt werden. Wenn Feuchte in die Wärmedämmung eindringt, ist dies nicht nur ein unmittelbares Holzschutzproblem. Durch die Feuchte vermindert sich bei jeder Konstruktionsweise zugleich auch die Wärmedämmwirkung.

6.6 Wetterschutz von Fassaden

6.6.1 Übliche Konstruktionsweisen

Holzschutztechnisch von Belang sind an Fassaden die der Witterung ausgesetzten Wandelemente. Auf die dahinter liegende tragende Wandkonstruktion (siehe Kapitel 6.7) wird hier nur so weit eingegangen, wie es holzschutztechnisch erforderlich ist.

Hinweis

DIN 4108-3 „Wärmeschutz und Energie-Einsparung in Gebäuden – Teil 3: Klimabedingter Feuchteschutz – Anforderungen, Berechnungsverfahren und Hinweise für Planung und Ausführung“ (2014) sieht für „belüftete“ Dächer eine Ausführung mit Zu- und Abluftöffnungen vor. In der DIN 68800-2 werden Wetterschutzbekleidungen mit Zu- und Abluftöffnungen als **„hinterlüftet“** bezeichnet. **„Belüftete“** Bekleidungen sind nach DIN 68800-2 lediglich mit einer unteren Belüftungsöffnung versehen.

Großformatige und kleinformatige Bekleidung

Um eine ausreichende Lüftung der Unterkonstruktion sicherzustellen, wird bei Fassaden zwischen großformatigen und kleinformatigen Bekleidungen unterschieden. Je nach Bauweise werden unterschiedliche Anforderungen an die Lüftungsöffnungen gestellt.

Hinterlüftete Außenwandbekleidung

Diese Wetterschutzmaßnahme nach DIN 68800-2, Abschnitt 5.2.1.2, orientiert sich an der Norm für hinterlüftete Außenwandbekleidungen DIN 18516-1 „Außenwandbekleidungen, hinterlüftet – Teil 1: Anforderungen, Prüfgrundsätze“ (2010). Wesentlich sind die folgenden einzuhaltenden Randbedingungen:

- Dicke der Hinterlüftungsschicht ≥ 20 mm („örtlich“ ≥ 5 mm zulässig)
- Belüftungsöffnung am unteren Rand der Bekleidung ≥ 50 cm^2 je m Wandlänge, entsprechend mindestens 5 mm Breite; bei Breiten der Belüftungsöffnung > 2 cm fordert DIN 18516-1 Lüftungsgitter, die verhindern sollen, dass Kleintiere in den Hohlraum gelangen
- Entlüftungsöffnung am oberen Rand der Bekleidung ≥ 50 cm^2 je m Wandlänge
- zur hindernisfreien Durchströmung Befestigung der Bekleidung auf senkrechter Lattung oder auf waagerechter Lattung mit senkrechter Konterlattung

In Abb. 6.55 ist die Konstruktion schematisch dargestellt.

Für die Lattung (Abb. 6.56) ist nach Fachregeln des Zimmererhandwerks 01, 2006, 2011, die Sortierklasse S10 zu wählen. Die Einbauholzfeuchte wird in diesen Fachregeln auf ≤ 20 % beschränkt. Mit Einführung der CE-Kennzeichnung für Latten 2015 wurde 20 % Holzfeuchte die Bezugsholzfeuchte. Die ältere Ausnahmeregel in der DIN 4074-1 „Sortierung von Holz nach der Tragfähigkeit – Teil 1: Nadelschnittholz“ (2012), nach der Latten mit Holzfeuchte > 20 % sortiert werden dürfen, ist damit zumindest bezogen auf die Maßhaltigkeit hinfällig.

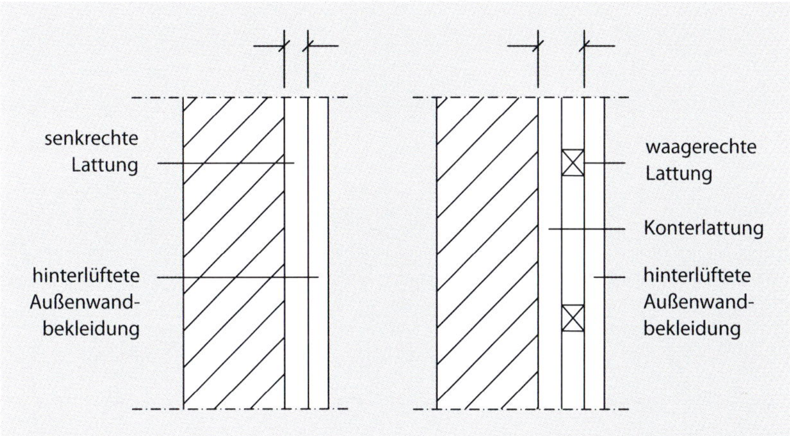

Abb. 6.55: Hinterlüftete Außenwandbekleidung ohne waagerechte Lattung (links) und mit waagerechter Lattung (rechts)

Abb. 6.56: Fassadenbekleidung (Modell): Oberhalb der spritzwasserbelasteten Sockelzone fängt die hölzerne Bekleidung an. Zu erkennen sind eine senkrechte Konterlatte und eine waagerechte Traglatte für die senkrechte Boden-Deckel-Schalung.

Abb. 6.57: Holzbauwand mit einer großformatigen Bekleidung aus mineralisch gebundenen Fassadenplatten

Die Bekleidung selbst kann aus Holzbrettern, Holzschindeln oder anderen Werkstoffen (Abb. 6.57) bestehen.

Holzwerkstoffplatten sind in der Regel als sicherheitsrelevante Bekleidungen einzustufen. Deshalb dürfen sie für Außenwandbekleidungen nur dann eingesetzt werden, wenn die Anwendung durch einen bauaufsichtlichen Verwendbarkeitsnachweis gestattet ist (DIN 68800-1, Tabelle C.1; DIN 68800-2, Abschnitt 5.2.1.1).

Belüftete Außenwandbekleidung

Diese Konstruktion ist nahezu identisch mit der hinterlüfteten Außenwandbekleidung. Für diese Bekleidungen wird nach DIN 68800-2, Abschnitt 5.2.1.2, ebenfalls mindestens 20 mm Belüftungsdicke zu Außenwänden bzw. zu de-

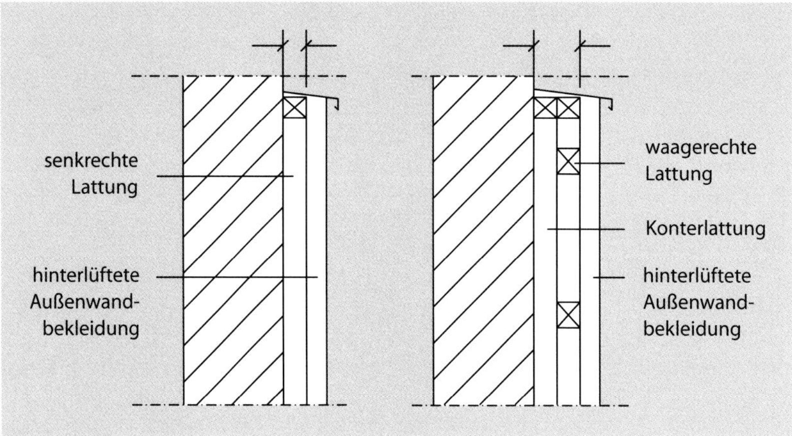

Abb. 6.58: Belüftete Außenwandbekleidung ohne waagerechte Lattung (links) und mit waagerechter Lattung (rechts)

ren äußeren Dämmschichten gefordert. Eine örtliche Verringerung des Abstands wird in der Norm nicht ausdrücklich erlaubt. Es gibt jedoch keine Abluftöffnung am oberen Fassadenrand, sondern nur eine Belüftungsöffnung am unteren Rand. Diese muss doppelt so groß wie bei der hinterlüfteten Konstruktion gewählt werden, es sind also ≥ 100 cm² je m Wandlänge einzuhalten. In Abb. 6.58 ist die Konstruktion schematisch dargestellt. Diese Konstruktion hat brandschutztechnische Vorteile gegenüber der hinterlüfteten Bekleidung.

Nicht belüftete Außenwandbekleidung

Gemäß DIN 68800-2, Abschnitt 5.2.1.2, dürfen für nicht belüftete Außenwandbekleidungen nur kleinformatige Bekleidungen verwendet werden. Dies sind z. B. Bretter, Schindeln, Schiefer oder Dachziegel (Abb. 6.59). Für kleinformatige Bekleidungen (Fläche ≤ 0,4 m², Gewicht ≤ 5 kg oder Bretter bis 30 cm Breite) gelten die Regeln nach DIN 18516-1 nicht mehr. Sie sind vielmehr handwerklich nach anerkannten Regeln der Technik wie z. B. VOB/C ATV DIN 18334 „Zimmer- und Holzbauarbeiten“ (2012) herzustellen.

Es sind weder am unteren noch am oberen Rand Lüftungsöffnungen erforderlich. Zur darunter liegenden Wandkonstruktion ist auch hier ein Hohlraum von ≥ 20 mm einzuhalten. In Abb. 6.60 ist die Konstruktion schematisch dargestellt.

Blockbohlenbekleidung

In die DIN 68800-2, Abschnitt 5.2.1.2, sind Wetterschutzbekleidungen aus Blockbohlen aufgenommen worden. Die Bohlen sind entweder unmittelbar auf der zu schützenden Wand oder mit einem nicht belüfteten Hohlraum auf Traglatten verdeckt zu befestigen. Sie müssen ≥ 50 mm dick sein. In Abb. 6.61 ist die Konstruktion schematisch dargestellt.

Abb. 6.59: Kleinformatige Außenwandbekleidungen: Bretter unter 30 cm Breite (links), Holzschindeln (Mitte) und Dachziegel (rechts)

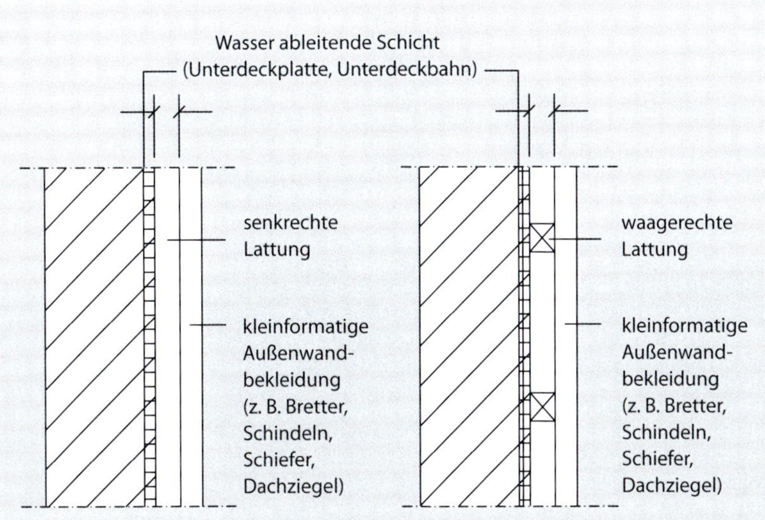

Abb. 6.60: Nicht belüftete Außenwandbekleidung ohne waagerechte Lattung (links) und mit waagerechter Lattung (rechts)

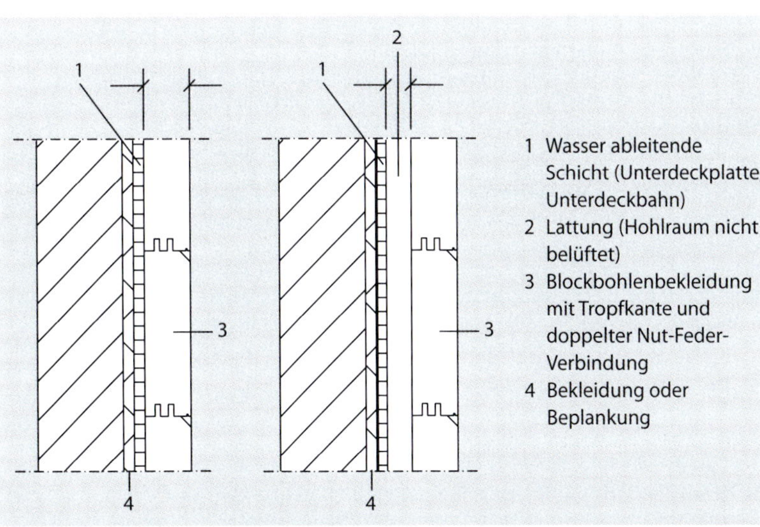

Abb. 6.61: Blockbohlenbekleidung ohne senkrechte Lattung (links) und mit senkrechter Lattung (rechts)

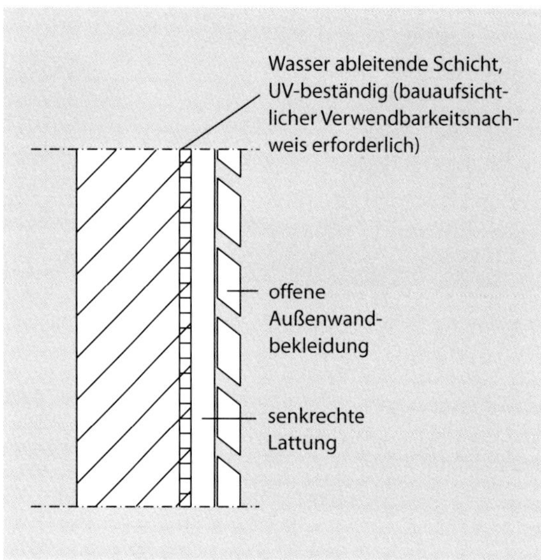

Abb. 6.62: Offene Außenwandbekleidung

Offene Außenwandbekleidung

In den letzten Jahren sind mit offenen Schattenfugen versehene, waagerechte Brettbekleidungen eine beliebte Bauweise geworden. Sie sind in der DIN 68800-2, Abschnitt 5.2.1.2, ebenfalls geregelt. In der Norm wird dabei offenbar vorausgesetzt, dass zur Bekleidung Holz verwendet wird. Hierzu dienen oft rhombenförmig gehobelte Leisten, die auf senkrechten Latten befestigt sind. Die von der Bekleidung geschützte Wand muss mit einer Wasser ableitenden, UV-beständigen Abdeckung (Unterdeckbahn) versehen sein, die wesentlich die Wetterschutzfunktion erfüllt. Die DIN 68800-2 fordert hierfür einen bauaufsichtlichen Verwendbarkeitsnachweis. In Abb. 6.62 ist die Konstruktion schematisch dargestellt.

Wärmedämm-Verbundsystem und Putzträgerplatten

Die Wetterschutzschicht kann auch mit bauaufsichtlich zugelassenen Wärmedämm-Verbundsystemen (Abb. 6.63) oder Putzträgerplatten sowie mit Holzwollebauplatten nach DIN EN 13168 „Wärmedämmstoffe für Gebäude – Werkmäßig hergestellte Produkte aus Holzwolle (WW) – Spezifikation“ (2015) hergestellt werden [WW: wood wool]. In Abb. 6.64 ist die Konstruktion schematisch dargestellt.

Die Zulassung der Systeme und Putzträgerplatten muss sich dabei auf verschiedene Untergründe erstrecken. Auf Holzbauwänden dürfen nur Systeme eingesetzt werden, die hierfür zugelassen sind; eine Zulassung, die sich auf Mauerwerksbau beschränkt, ist nicht ausreichend.

Wärmedämm-Verbundsysteme aus Polystyrol sind aufgrund von Fassadenbränden in letzter Zeit kritisiert worden. Die Bauministerkonferenz hat daher Empfehlungen zur Sicherstellung der Schutzwirkung von Wärmedämm-Verbundsystemen aus Polystyrol verabschiedet (vgl. Merkblatt. Empfehlungen zur Sicherstellung der Schutzwirkung von Wärmedämmverbundsystemen

Abb. 6.63: Mit einem Wärmedämm-Verbundsystem bekleideter Holzbau. Von außen ist nicht zu erkennen, dass die tragende Konstruktion aus Holz besteht. Der Wetterschutz am Flugsparren ist nicht optimal gelöst, da die Blechabdeckung zu wenig Überstand hat.

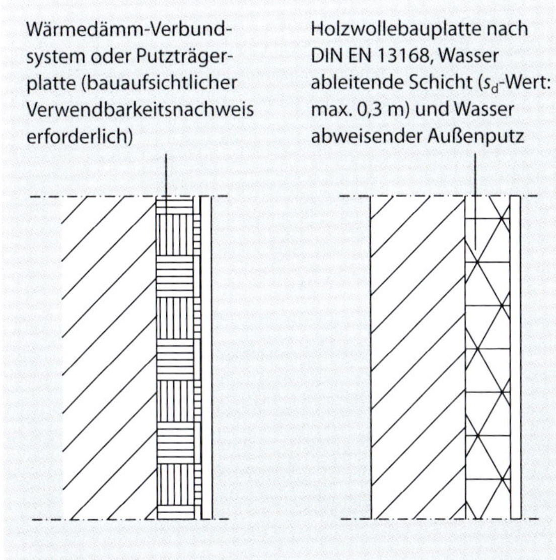

Abb. 6.64: Außenwandbekleidung mit einem Wärmedämm-Verbundsystem oder einer Putzträgerplatte (links) und mit einer verputzten Holzwollebauplatte (rechts)

[WDVS] aus Polystyrol, 2015). Außerdem hat das Deutsche Institut für Bautechnik einen Hinweis zur konstruktiven Ausbildung dieser Wärmedämm-Verbundsysteme veröffentlicht (vgl. Hinweis. WDVS mit EPS-Dämmstoff, 2015; FAQs zu EPS-WDVS, 2015). Diese Angaben sind zu berücksichtigen; dabei können von den Schemazeichnungen in der DIN 68800-2 und in den Kapiteln 6.6 bis 6.8 abweichende Konstruktionen entstehen.

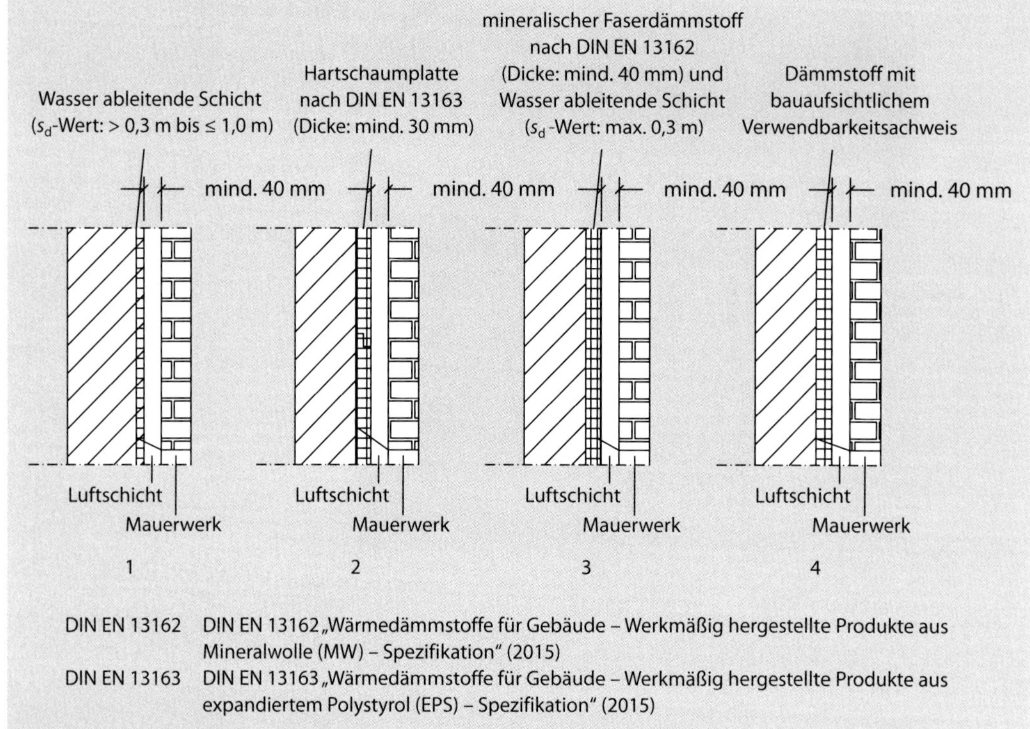

Abb. 6.65: Bekleidungen mit einer Mauerwerksvorsatzschale nach DIN 1053-1 „Mauerwerk – Teil 1: Berechnung und Ausführung" (1996) mit Wasser ableitender Schicht (1), Hartschaumplatte (2), mineralischem Faserdämmstoff (3) und Dämmstoff mit bauaufsichtlichem Verwendbarkeitsnachweis (4)

Entwässerte Vorsatzschale aus Mauerwerk

Holzbauwände können nach DIN 68800-2, Abschnitt 5.2.1.2, auch mit einer Vorsatzschale aus Mauerwerk vor Bewitterung geschützt werden. Die Mauerschale muss nach der – für die statische Bemessung nicht mehr relevanten – DIN 1053-1 „Mauerwerk – Teil 1: Berechnung und Ausführung" (1996) ausgeführt sein. Die Entwässerung muss über offene Stoßfugen (Entwässerungsöffnung nach DIN 1053-1) gewährleistet sein. In Abb. 6.65 sind die Konstruktionsvarianten schematisch dargestellt.

Sandwichelemente und ähnliche Bekleidungen

Nach DIN 68800-2 sind auch Außenwandbekleidungen auf Holzskelettkonstruktionen als Wetterschutzbekleidung zugelassen. Hier werden jedoch keine konkreten Vorgaben gemacht, sondern lediglich als Beispiele für die Bekleidungen Wellfaserzementplatten, Trapezbleche und Sandwichelemente genannt. Entsprechende Konstruktionen sind vor allem im Gewerbebau verbreitet.

Glasfassaden

Auch Glasfassaden sind geeignet, Holzbauwände vor Bewitterung zu schützen. Hier kommen Systeme mit Pfosten und Riegeln aus Holz ebenso infrage wie Systeme mit tragenden Elementen aus anderen Werkstoffen.

Abb. 6.66: An der unteren Schnittkante nicht beschichtete Fassadenbretter: Am Algenbewuchs ist erkennbar, dass das saugende Hirnholz verstärkt Feuchte aufgenommen hat.

6.6.2 Feuchteeinwirkungen

Niederschläge

Alle Typen von Außenwandbekleidungen sind der direkten Beregnung ausgesetzt. Wie stark Niederschläge einwirken, hängt von der jeweiligen Schlagregenbelastung und Spritzwasserbelastung (siehe Kapitel 6.8.2) einzelner Fassadenabschnitte ab. Dies bedeutet, dass die Wetterseite eines Gebäudes, in Deutschland meist die Südwestseite, besonders gefährdet ist. Die Belastung mit Schlagregen hängt außerdem von den Windverhältnissen ab. Hohe Gebäude und frei stehende Gebäude werden zudem stärker belastet. Bewitterte Fugen nehmen diese Niederschlagsfeuchte über kapillare Saugwirkung und durch Winddruck auf und transportieren sie in das Innere.

Diffusion und Konvektion

Im kritischen Winterfall wirkt ein Diffusionsstrom von der warmen Raumseite nach außen. Über Fehlstellen in der Luftdichtheitsebene gelangt zusätzlich konvektiv Feuchte hinter die Bekleidungen. Die Oberflächen können so stark auskühlen, dass ihre Porenluftfeuchte bis zum Tauwasserausfall ansteigt.

6.6.3 Schutz vor Feuchteeinwirkungen

Alle Fassadenbekleidungen dienen bereits dazu, die tragende Konstruktion unter der Bekleidung zu schützen. Sie selbst sind der Witterung ausgesetzt.

Maßnahmen

Farbbeschichtung

Eine allseitige Farbbeschichtung kann die Feuchteaufnahme von Bekleidungen aus Holz und Holzwerkstoffen vermindern. Fehlstellen in der Farbbeschichtung können jedoch zu verstärkter Befeuchtung führen (Abb. 6.66). Insbesondere müssen alle Schnittkanten des Holzes beschichtet sein. Bei saugendem Hirnholz kann es sinnvoll sein, ein spezielles Hirnholzschutzprodukt in der Grundbeschichtung anzuwenden.

Abb. 6.67: Beschichtung an einer scharfen Kante: Der Beschichtungsfilm hat an der Ecke nahezu keine Schichtdicke mehr.

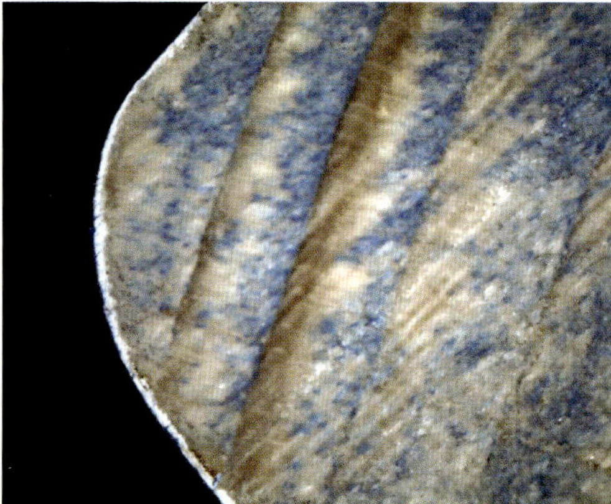

Abb. 6.68: Beschichtung an einer gerundeten Kante: Der Beschichtungsfilm hat an der Ecke nahezu dieselbe Schichtdicke wie an der Fläche.

Untersuchungen legen nahe, dass eine fehlstellenfreie Farbbeschichtung an den Schnittkanten beschichteter Fassadenbekleidungen wichtiger für den Feuchteschutz ist als das schräge Anschneiden mit einer Tropfkante (vgl. Gustafsson, 1990; Lukowsky/Herlyn, 2004). Auch die Rückseiten von Fassadenbrettern müssen zumindest 1 Grundbeschichtung aufweisen, damit das Holz die Luftfeuchte nicht ungleichmäßig aufnimmt und sich deshalb verformt.

Beim Auftragen der flüssigen Farbbeschichtung kommt es zu Kohäsionseffekten, in deren Folge sich der flüssige Film zusammenzieht. Dabei vermindert sich die Schichtdicke an scharfen Kanten. Diese sogenannte Kantenflucht bleibt dann im getrockneten Film erhalten (Abb. 6.67). Um die Kantenflucht zu minimieren, müssen Kanten daher abgerundet werden (Abb. 6.68).

Farbbeschichtungen müssen in regelmäßigen Abständen gewartet werden. Es ist allerdings auch möglich, Fassadenbretter ohne Beschichtung auszuführen. Übliche Brettbekleidungen trocknen bei guter Wasserführung der Fassade so schnell wieder aus, dass sich keine Holz zerstörenden Pilze an ihnen entwickeln können. Bläue- und Schimmelpilze können dagegen wachsen. Die Besiedlung mit diesen Pilzen ist abhängig von den Feuchtebedingungen an der

Abb. 6.69: Unbeschichtete Boden-Deckel-Schalung, die durch die ungleichmäßige Bewitterung unterschiedlich stark vergraut ist

Abb. 6.70: Das Deckbrett ist hier durch das Bodenbrett geschraubt, sodass ein Riss entstanden ist.

Wuchsstelle. Da die Feuchte jedoch nicht gleichmäßig über eine Fassade verteilt ist, wirkt eine solche Brettfassade daher durch Bläue- und Schimmelpilzbesiedlung nach einiger Zeit ungleichmäßig „schmutzig" (Abb. 6.69). Laien sollten daher auf die ungleichmäßige Vergrauung hingewiesen werden, damit keine falschen Erwartungen entstehen (siehe Kapitel 4).

Fugenüberlappung

Brettbekleidungen an Boden-Deckel-Schalungen, Stülpschalungen, gefälzten Haspelschirmen, gespundeten Schalungen und Schindeln verhindern, dass Regen in großen Mengen durch die Bekleidung gelangt. Außerdem dienen sie dazu, das Quellen und Schwinden des Holzes zu kompensieren, sodass die Fugen sich nicht öffnen. Je größer die sich überdeckenden Flächen sind, desto stärker wirkt allerdings in die Fuge eingedrungene Feuchte. Die Überdeckungen müssen daher zwar einerseits ein Mindestmaß (für Bretter z. B. 20 mm nach VOB/C ATV DIN 18334) aufweisen, doch sollten sie andererseits nicht unnötig groß gewählt werden.

Es ist anerkannte Regel der Technik, dass Bretter nicht durch die Überdeckung hindurch befestigt werden dürfen, da es sonst zwangsläufig zu Rissen kommt. Das Verbindungsmittel würde beide Brettlagen durchdringen und einen Fixpunkt bilden. Schwindverformungen könnten hier nicht mehr stattfinden, sodass die Schalung einreißen würde (Abb. 6.70).

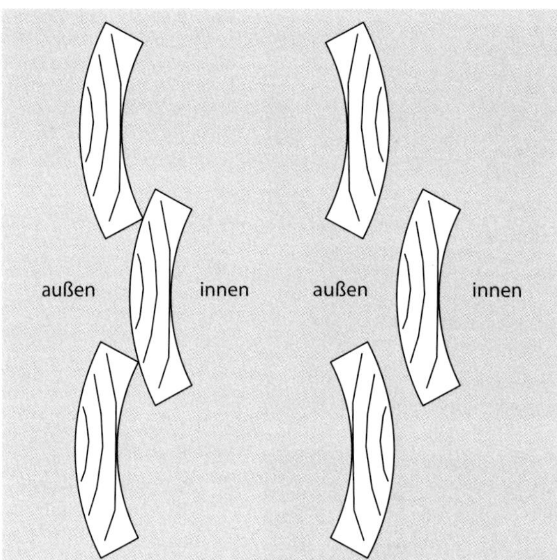

Abb. 6.71: Boden-Deckel-Schalung: Bei vorteilhafter Anordnung der Deckbretter mit der rechten Seite nach außen (links) schließen sich die Fugen zwischen den Brettern. Bei ungünstiger Anordnung der Deckbretter mit der rechten Seite nach innen (rechts) öffnen sich die Fugen zwischen den Brettern.

Bretter dürfen ebenfalls nicht zu breit gewählt werden, da die Feuchtewechsel zwischen Werten unter 12 % bis über die Fasersättigung anderenfalls zu starken Verformungen und Rissen führen. Die Fachregeln des Zimmererhandwerks 01, 2006, 2011, empfehlen für Brettbekleidungen eine Breite von ≤ 11 × Brettdicke und für Profilbretter eine Breite von ≤ 7 × Brettdicke.

Einschnitt

Theoretisch ist es sinnvoll, bei Brettschalungen wie Boden-Deckel-Schalungen die rechte Brettseite nach außen anzuordnen. Es ist eine Schwindverformung zu erwarten, die die rechte Seite wie auf Abb. 6.71 konvex wölbt. Dadurch bleiben die Fugen dicht geschlossen. Da die Brettware heute industriell gefertigt und dabei keine Rücksicht auf den Jahrringverlauf genommen wird, ist eine Holzwahl anhand des Jahrringverlaufs bei der Ausführung allerdings nur begrenzt umsetzbar.

Besonnung

Je mehr Sonnenstrahlung auf Fassaden trifft, desto schneller trocknet die Oberfläche. Der Energieeintrag verstärkt auch den Luftwechsel im Hohlraum hinter Bekleidungen. Außerdem sinkt bei steigender Temperatur die relative Luftfeuchte im Hohlraum. So werden die Bekleidungsrückseite und die äußere Schicht der zu schützenden Wand trockener. Umgekehrt hat Schatten von anderen Gebäuden oder Bäumen eine negative Wirkung.

Wasserführung

Die auftreffende Regenmenge sollte möglichst gering sein. Große Dachüberstände können die Belastung vermindern (siehe Kapitel 6.2). Das ablaufende Wasser folgt zwar der Schwerkraft, Wind kann es jedoch auch zur Seite und sogar nach oben treiben. Alle Kapillarfugen nehmen Wasser auf. Hierbei kommt es ebenfalls zu einer Verteilung entgegen der Schwerkraft.

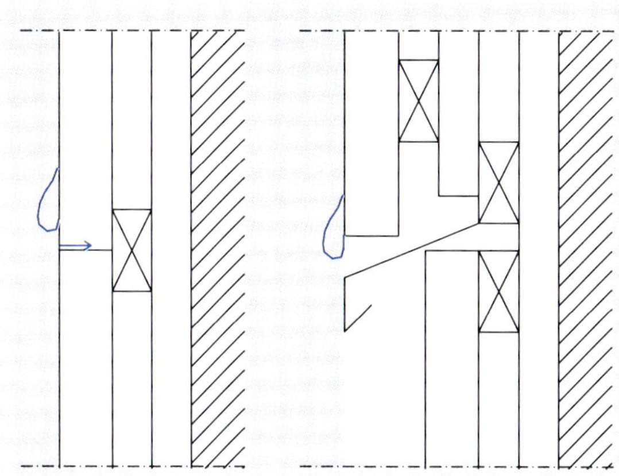

Abb. 6.72: An stumpfen Stößen von senkrechten Bekleidungen (links) wird Wasser von der Oberfläche in den Stoß gesogen. An horizontal gegliederten Bekleidungen mit Abtropfblech (rechts) entstehen keine saugenden Pressfugen.

Abb. 6.73: Senkrechtes Deckbrett mit leicht geöffneter Stoßfuge: Durch die Ausbildung eines kleinen Spaltes wurde eine saugende Pressfuge vermieden.

Der Weg ablaufenden Regenwassers an Fassaden muss nachvollzogen werden. So lassen sich Stellen erkennen, an denen Wasser auf waagerechte Flächen trifft oder in Fugen gelangt. Diese Stellen müssen optimiert werden. An senkrechten Brettschalungen läuft das Wasser begünstigt durch die Faserrichtung des Holzes besser ab als an waagerechten Schalungen, an denen zudem ungünstige Fugen an jedem Brettstoß entstehen. Es sollten immer Tropfkanten ausgebildet werden. Wenn es möglich ist, sollten keine Pressfugen an Hirnholzstößen von senkrechten Verbretterungen konstruiert werden. Horizontale Gliederungen mit offenen Tropffugen sind vorteilhafter (Abb. 6.72).

Die Fachregeln des Zimmererhandwerks 01 sehen vor, dass bei senkrechten Verbretterungen nur unbeschichtete Lärchen- oder Douglasienbretter mit mindestens 90 % Kernholzanteil stumpf gestoßen werden dürfen. Ebenso erlauben die Regeln stumpfe Brettstöße an beschichteten Brettern in Nutzungsklasse 2 (siehe Kapitel 7.1, Tabelle 7.1), also unter Dach. Der Verfasser hält es allerdings für sinnvoller, auch bei diesen beiden Stoßausbildungen Pressfugen zu vermeiden (Abb. 6.73).

Holzwerkstoffplatten sollten an waagerechten Oberkanten eine Ablaufschräge aufweisen oder mit Ableitblechen geschützt werden.

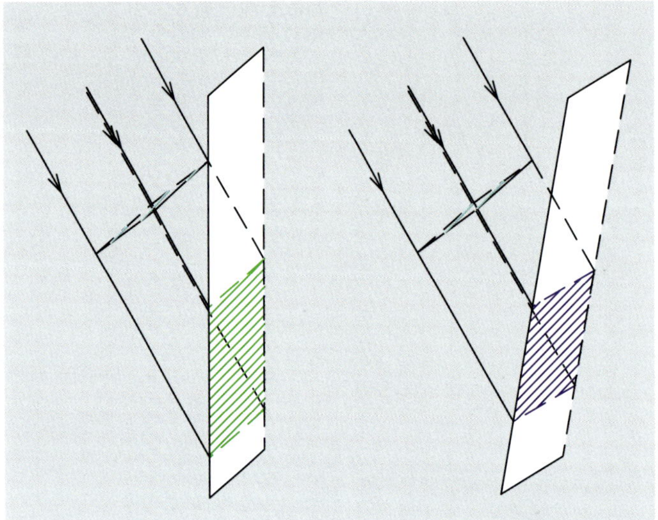

Abb. 6.74: Regendichte auf unterschiedlich geneigten Fassaden: Auf einer senkrecht ausgeführten Fassade (links) trifft eine in einem bestimmten Winkel auftreffende Regenmenge auf eine größere Fläche (grün), auf einer dachartig zum Gebäude hin geneigten Fassade (rechts) auf eine kleinere Fläche (blau). Im Effekt trifft so auf der geneigten Fassade je cm^2 mehr Wasser auf als auf der senkrechten Fassade.

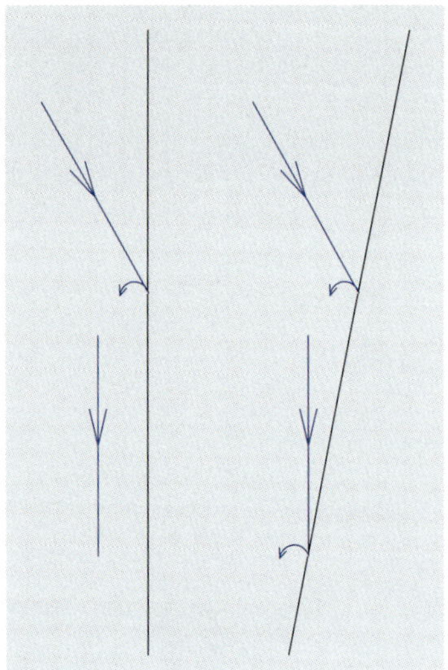

Abb. 6.75: An senkrechten Fassaden (links) kann nur bei Wind Regen auftreffen. An dachartig zum Gebäude hin geneigten Fassaden (rechts) trifft dagegen auch bei Windstille senkrecht fallender Regen auf. Zurückprallender Regen fällt zudem erneut auf die geneigte Fassade.

Fassadenneigung

Fassaden sollten zumindest senkrecht, besser sogar mit einem Überhang vom Gebäude weg ausgeführt werden. Wenn eine Fassade dachartig zum Gebäude hin geneigt ist, nimmt die Dichte auftreffenden Schlagregens zu (Abb. 6.74, rechts) und selbst senkrecht fallender Regen trifft die Fassade. Außerdem fällt zurückprallender Regen erneut auf die Fassade (Abb. 6.75, links).

Konstruktionen

Hinterlüftete Außenwandbekleidung

Zweck der Hinterlüftung ist es, anfallende Feuchte abzuführen (siehe auch die Ausführungen in Kapitel 6.3 zu Dachdeckungen und in Kapitel 6.4 zu belüfteten Dachkonstruktionen). Voraussetzung hierfür ist eine ausreichende Dicke der Hinterlüftungsschicht. Die Dicke der Schicht nach DIN 68800-2 von ≥ 20 mm deckt sich mit den Anforderungen z. B. in der DIN 18516-1 sowie mit den Vorgaben in der DIN 4108-3 (2014) zu belüfteten Dächern. Die DIN 4108-3 (2014) stellt gemäß DIN 18516-1 hinterlüftete Wandkonstruktionen außerdem für den Tauwasserausfall nachweisfrei. Wie in Kapitel 3.6.3.2 dargestellt, ist trotzdem zu prüfen, ob der Tauwasserschutz nach DIN 68800-2 ausreicht. Auch die Fachregeln des Zimmererhandwerks 01 fordern wie die DIN 68800-2 für alle Typen von Außenwandbekleidungen (auch für nicht belüftete) einen Hohlraum von 20 mm. Voraussetzung ist, dass die Luftdichtheit der Konstruktion ordnungsgemäß hergestellt ist. Der Hohlraum dient lediglich dazu, den die Bekleidung durchdringenden Schlagregenanteil sowie Diffusionsfeuchte, nicht jedoch Konvektionsfeuchte abzuführen.

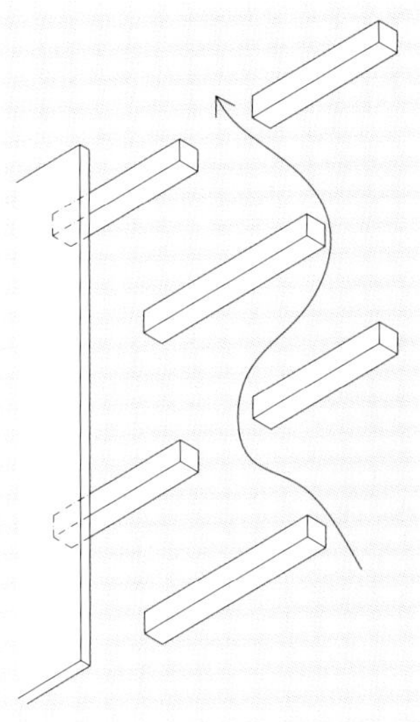

Abb. 6.76: Waagerechte Lattung mit versetzten Luftspalten für eine hinterlüftete Außenwandbekleidung

Es hat sich auch eine hinterlüftete Bauweise bewährt, die nicht exakt den Vorgaben der DIN 68800-2 entspricht. Hier werden waagerechte, kurze Lattenstücke in Längsachse mit Abstand und mit von Lage zu Lage versetzten Lüftungsabständen montiert (siehe Abb. 6.76; vgl. auch Reimann, 1981). So wird die Aufbauhöhe für eine senkrechte Konterlattung eingespart. Wenn besondere Zwänge bezüglich der Konstruktionsdicke herrschen, sind solche Bauweisen vertretbar. Mit kleinformatiger Bekleidung entsprechen sie sogar den Vorgaben der DIN 68800-2 für nicht belüftete Bekleidungen.

Belüftete Außenwandbekleidung

Die belüftete Außenwandbekleidung ist aus Brandschutzanforderungen entwickelt worden. Durch die fehlende obere Öffnung soll eine Brandausbreitung verhindert werden. Zugleich ist aber immer noch eine Luftschicht vorhanden, die als Dränage verhindert, dass Tauwasser und über Fugen durch die Bekleidung geflossenes Wasser an die zu schützende Wand gelangt. Im Luftspalt findet ein im Vergleich mit der Hinterlüftung etwas geringerer Feuchteaustausch mit der Umgebungsluftfeuchte statt. In der Jahresbilanz wirkt der belüftete Spalt trocknend.

Nicht belüftete Außenwandbekleidung

Die vielen Fugen der kleinformatigen Bekleidung sorgen hier dafür, dass auch ohne Öffnungen an den Rändern ein Austausch der Luft hinter der Bekleidung mit der Außenluft stattfindet. Dieser Luftwechsel reicht aus, entstehende Feuchte abzuführen. Auf der Außenseite der durch die Bekleidung zu schützenden Wand ist es erforderlich, als zweite Barriere gegen eindringendes Wasser eine Wasser ableitende Schicht aufzubringen. Diese Schicht darf nicht zu einem Feuchtestau des von innen nach außen diffundierenden Wasserdampfs führen. Sie muss daher möglichst diffusionsoffen sein (siehe Tauwasserschutznachweis in Kapitel 3.6.3.2).

Abb. 6.77: Offene Außenwandbekleidung in der Bauphase: Zu erkennen sind die Wasser ableitende Fassadenbahn und die schwarzen Fugenbänder auf den senkrechten Traglatten.

Blockbohlenbekleidung

Damit die Bekleidung nicht von Wasser durchdrungen wird, muss sie eine doppelte Nut-Feder-Verbindung oder eine „gleichwertige" Verbindung aufweisen (DIN 68800-2, Abschnitt 5.1.2.2, Punkt d, S. 9). Die Norm gibt allerdings keine Kriterien an, was als „gleichwertig" gelten kann. Die doppelte Nut-Feder-Verbindung sorgt für eine zweifache Barriere gegen in die Längsfugen der Bretter eindringenden Regen. Gleichwertig wäre folglich eine anders gestaltete zweifache Barriere an den Bohlenfugen. Außerdem muss eine Tropfkante an den Bohlenunterseiten ausgeformt sein. Die Längs- und Eckstöße der Bohlen dürfen keine nach innen durchgehenden Fugen haben. Es sind entweder Federn einzulegen oder Nut-Feder-Verbindungen vorzusehen. Auf der äußeren Holzbauwandschicht ist außerdem eine diffusionsoffene, Wasser ableitende Schicht gegen durchdringende Niederschläge oder Tauwasser vorzusehen. DIN 4108-3 (2014) definiert „diffusionsoffen" mit einem s_d-Wert $\leq$ 0,5 m. Für die Gesamtkonstruktion ist ein Tauwasserschutznachweis (Kapitel 3.6.3.2) zu führen. Bei direkt aufliegenden Blockbohlen sollte die Bohlenschicht im Nachweis berücksichtigt werden.

Offene Außenwandbekleidung

Diese Form der Bekleidung schützt die Holzbauwand nur minimal gegen Witterungseinflüsse, da die Schattenfugen bei Wind von Regenwasser überwunden werden können. Als Hauptbarriere gegen Niederschläge dient die Wasser ableitende Schicht auf der Außenseite der Holzbauwand. In der DIN 68800-2 wird für deren UV-Beständigkeit ein bauaufsichtlicher Verwendbarkeitsnachweis gefordert (siehe Kapitel 1.4). Bis Mitte 2015 lagen solche Nachweise noch von keinem Hersteller vor. Auch hier muss ein Tauwasserschutznachweis geführt werden. In den Fachregeln des Zimmererhandwerks 01 wird für die Fassadenbahn ein s_d-Wert $\leq$ 0,3 m und ein Fugenmaß zwischen den horizontalen Brettern von $\geq$ 15 mm gefordert. Aus gestalterischen Gründen werden die Latten hinter der offenen Bekleidung in der Regel schwarz beschichtet oder mit Fugenbändern abgedeckt (Abb. 6.77).

An den Befestigungspunkten der Bekleidung entstehen bewitterte Pressfugen. Es ist sinnvoll, diese Befestigungspunkte mit Abstandhaltern auszuführen, um die Pressfugen zu minimieren. Solche Konstruktionen sind jedoch sehr aufwendig und müssen auf die zu erwartenden Verformungen der Bekleidung abgestimmt sein, damit das Fassadenbild bei Feuchtewechseln nicht ungleichmäßig wird.

Wärmedämm-Verbundsysteme und Putzträgerplatten

Der Wetterschutz wird hier vom Außenputz übernommen. Hierfür sind alle Anschlüsse und Durchdringungen regensicher herzustellen. In den bauaufsichtlichen Verwendbarkeitsnachweisen der Systeme finden sich detaillierte Angaben zu den erforderlichen Untergründen für die Dämm- und Putzträgerplatten. Oft sind ganze Wandaufbauten mit Vorgaben für die Schichten unter dem Wetterschutz des Wärmedämm-Verbundsystems Teil des Verwendbarkeitsnachweises und entsprechend umzusetzen.

Holzwolleplatten (WW [wood wool]) nach DIN EN 13168 (früher „Holzwolleleichtbauplatten [HWL]“) müssen einen Wasser abweisenden Außenputz nach DIN V 18550 „Putz und Putzsysteme – Ausführung“ (2005) aufweisen.

Hinweis

Die DIN V 18550 ist seit Veröffentlichung der DIN 68800-2 (2012) überarbeitet worden (vgl. DIN 18550-1 „Planung, Zubereitung und Ausführung von Innen- und Außenputzen – Teil 1: Ergänzende Festlegungen zu DIN EN 13914-1 für Außenputze“ [2014] und DIN 18550-2 „Planung, Zubereitung und Ausführung von Innen- und Außenputzen – Teil 2: Ergänzende Festlegungen zu DIN EN 13914-2 für Innenputze“ [2015]). Die Intention der DIN 68800-2 bezüglich eines Putzes mit besonders geringer Wasseraufnahme ist jedoch zu berücksichtigen, wenn die neue Normfassung herangezogen wird. Die DIN V 18550 enthielt bei Veröffentlichung der DIN 68800-2 (2012) folgende Vorgaben: $w \cdot s_d \leq 0{,}2$ kg/(m · h^{0,5}) bei $w \leq 0{,}5$ kg/(m^2 · h^{0,5}) und $s_d \leq 2{,}0$ m. In neueren Produktdokumentationen für Putzmörtel wird vielfach nicht mehr der Wasseraufnahmekoeffizient *w*, sondern die kapillare Wasseraufnahme *c* angegeben.

Unter der Holzwolleplatte muss ferner eine zweite Entwässerungsebene mit einem s_d-Wert $\leq 0{,}3$ m angeordnet sein. Die Holzwolleplatte sollte vom Hersteller für den geplanten Anwendungszweck empfohlen sein. Auf jeden Fall muss sie dem Anwendungsgebiet WAP (Außendämmung von Wänden unter Putz) nach DIN 4108-10 „Wärmeschutz und Energie-Einsparung in Gebäuden – Teil 10: Anwendungsbezogene Anforderungen an Wärmedämmstoffe – Werkmäßig hergestellte Wärmedämmstoffe“ (2008) entsprechen. Viele Hersteller geben Standardplatten nur „kleinflächig“ für dieses Anwendungsgebiet frei, ohne dabei jedoch näher anzugeben, was unter „kleinflächig“ zu verstehen ist. Die Platten dürfen in der Bauphase nicht durchnässen (siehe Kapitel 5.2) und nicht zu stark vorgenässt werden, wenn sie verputzt werden. Anderenfalls kommt es durch spätere Trocknung zu Schwindverformungen, die den Putz schädigen können.

Entwässerte Vorsatzschale aus Mauerwerk

Vormauerschalen sind nicht schlagregendicht. Auf der Innenseite des Mauerwerks läuft bei starkem Regen Wasser ab. Deshalb ist es unbedingt erforderlich, am Sockel Entwässerungsöffnungen gemäß DIN 1053-1 vorzusehen. Die Öffnungen sorgen auch für in der Jahresbilanz trocknenden Luftaustausch mit der Außenluft. Außerdem muss der Hohlraum zu der durch die Mauerschale geschützten Wand mindestens 40 mm breit sein. Die Verdopplung der Hohlraumweite gegenüber hölzernen Bekleidungen ist eine Vorkehrung gegen die Folgen des beim Mauern unvermeidbar nach hinten aus den Fugen quellenden Mörtels, da die Mörtelbatzen eine kapillar leitende Brücke zu der zu schützenden Wand bilden können.

Gemäß DIN 1053-1 muss die Vormauerschale an der tragenden Wand verankert werden. Hierzu dürfen nur geeignete Drahtanker verwendet werden. Neben statischen und Korrosionsschutzbelangen ist z. B. mit Abtropfscheiben dafür zu sorgen, dass Wasser nicht über den Anker an die Holzbauwand geleitet wird. An der Holzbauwand sollte der Anker nur in Rippen befestigt werden und die Wasser ableitende Schicht sollte die Verschraubung möglichst schuppenförmig überdecken. Um zu verhindern, dass Regenwasser oder Kondensat aus Umkehrdiffusion oder aus schadhaften Fensteranschlüssen die Oberfläche der zu schützenden Wand befeuchtet, ist eine Wasser ableitende Schicht auf der Holzbauwand erforderlich. Diese muss so weit diffusionsoffen sein, dass es nicht zu einem Feuchtestau kommen kann.

Um die Erfüllung dieser Anforderungen sicherzustellen, ist in der DIN 68800-2 ein s_d-Wert der Wasser ableitenden Schicht zwischen 0,3 m und 1,0 m festgelegt. Statt entsprechender Fassadenbahnen kann auch eine mindestens 30 mm dicke Polystyrolplatte nach DIN EN 13163 „Wärmedämmstoffe für Gebäude – Werkmäßig hergestellte Produkte aus expandiertem Polystyrol (EPS) – Spezifikation" (2015) die Wasserableitung sicherstellen. In der DIN EN 13163 wird zwar nicht explizit eine besondere Fugenausbildung gefordert, es sollten jedoch keine stumpfen Stöße, sondern verfälzte Platten verwendet werden (siehe Abb. 6.65 [2]). Die Fälze müssen so angeordnet werden, dass fallende Fugen entstehen.

Ebenso darf Mineralfaserdämmstoff (MW [mineral wool]) mit aufkaschierter Wasser ableitender Schicht mit einem s_d-Wert $\leq$ 0,3 m verwendet werden. Wenn andere Dämmstoffe als Wasser ableitende Schicht eingesetzt werden sollen, müssen sie einen bauaufsichtlichen Verwendbarkeitsnachweis für diesen Zweck haben. Die Entwässerung durch die Vormauerschale nach außen bedingt immer auch eine entsprechend geformte Abdichtung am Wandsockel (Z-Sperre). Die Wasser ableitende Schicht muss den Anschluss der Z-Sperre am Sockel schuppenförmig überdecken.

Sandwichelemente und ähnliche Bekleidungen

DIN 68800-2 macht keine weiteren Vorgaben zu dieser Bauweise. Wenn ein Bausystem verwendet wird, ist anzunehmen, dass witterungssichere Herstellerlösungen für Anschlüsse, Durchdringungen und Elementstöße vorliegen. Sollte es sich bei dem Bauobjekt nicht um eine offene oder nicht klimatisierte Halle handeln, ist der Tauwasserschutz und damit der Holzschutz auf der

Abb. 6.78: Geschlossenes, beheiztes Gebäude: Die Dachbinder werden von einem außen gedämmten Trapezblech abgedeckt, sodass keine Gefahr einer Tauwasserbildung an den Trapezblechunterseiten besteht. Die Rahmenstiele stehen mit ca. 20 cm Abstand zu einer Glasfassade aus Nichtholzwerkstoffen und sind damit als wettergeschützte Innenbauteile zu betrachten.

Innenseite der Bekleidung zu beachten. Systeme mit nur geringer Wärmedämmung wie einfache Trapezbleche ohne Außendämmung können Tauwasserausfall auf der Raumseite hervorrufen. In diesem Fall ist zu prüfen, ob dadurch Holzunterkonstruktionen oder gar das Holztragwerk befeuchtet werden (Abb. 6.78).

Glasfassaden

Die Verglasungselemente übernehmen den Wetterschutz. Hier sollten unbedingt Systemlösungen von Fassadenherstellern einschließlich aller Abdicht- und Klemmprofile verwendet werden. Eine äußere Abdeckung der Glasfugen mit Holzwerkstoffen ist nicht zu empfehlen, da diese einer extremen Bewitterung ausgesetzt wären. Für hölzerne Pfosten-Riegel-Profile auf der Raumseite legt DIN 68800-2, Abschnitt 7.3, eine Einbaufeuchte ≤ 15 % fest. Höhere Einbaufeuchten bedingen zu starke Schwindverformungen, bis die Gebrauchsfeuchte erreicht ist. Es kann auch so konstruiert werden, dass eine Glasfassade aus Nichtholzwerkstoffen ein Skeletttragwerk aus Holz schützt, ohne dass dieses Tragwerk ein Teil der Fassade ist (Abb. 6.78).

6.6.4 Schutz gegen Insektenbefall

Außenbekleidungen aus Holz sind grundsätzlich gefährdet, von Holz zerstörenden Insekten befallen zu werden. Durch die Wahl von Farbkernholz kann der Gefährdung begegnet werden. Technisch getrocknetes Holz ist weniger anfällig für Befall. Daher verringern sich die Risiken weiter, wenn technisch getrocknete Latten und Bretter verwendet werden. Gegebenenfalls vor der Trocknung unerkannt insektenbefallene Hölzer werden zudem durch die Trocknungshitze wieder befallsfrei. Bei Risikobewertungen sollte der Befallsdruck am Standort berücksichtigt werden (siehe Kapitel 2.4). In Wohnraumklima wie z. B. in Glasfassadenriegeln oder Skelettkonstruktionen verbautes Holz unterliegt aufgrund der klimatischen Bedingungen außer durch Splintholzkäfer keiner Gefährdung, wenn entsprechend befallbares Holz verbaut wurde (siehe Kapitel 2.2, Tabelle 2.3).

6.6.5 Gebrauchsklassenzuordnung

Beidseitig geschlossene Holzbauwände hinter Bekleidungen

In der Regel sind die besonderen baulichen Maßnahmen, um Gebrauchsklasse 0 zu erreichen, bei diesen Konstruktionsteilen gegeben, insbesondere wenn Musteraufbauten nach DIN 68800-2, Anhang A oder Abschnitt 7.9, umgesetzt sind. Näheres wird in Kapitel 6.7 erläutert.

Sonderkonstruktionen erfordern dagegen „sonstige Nachweise" (siehe Kapitel 3.6.3.3).

Hinterlüftete, belüftete und nicht belüftete Außenwandbekleidungen

Wenn die Bekleidung aus Holz oder Holzwerkstoffen besteht, ist sie **prinzipiell in Gebrauchsklasse 3.1** einzuordnen. Sie ist der Witterung ausgesetzt und Wasser kann abfließen, ohne Feuchteanreicherungen hervorzurufen. Wenn **Details jedoch** so **ungünstig** ausgebildet sind, dass sich Wasser in Fugen oder Rissen sammelt, **kann eine Einstufung in Gebrauchsklasse 3.2** erforderlich sein. **Bei direktem Erdkontakt** oder **permanenter Spritzwasserbelastung** an Sockeln (siehe Kapitel 6.8) ist **Gebrauchsklasse 4 gegeben.**

Wirkt ein Dachüberstand vollflächig als Regenschutz (siehe Kapitel 6.2), ist die Bekleidung in **Gebrauchsklasse 2 bis 0** einzustufen. Für Gebrauchsklasse 2 ist die Einstufung davon abhängig, wie viel Tauwasser entstehen kann. Die Einstufung in Gebrauchsklasse 1 oder 0 hängt davon ab, ob das Holz kontrollierbar ist oder ob es aus Farbkernholz besteht. Zumindest gegen Hausbockkäferbefall reicht für die formale Einstufung auch eine technische Trocknung aus. Holzwerkstoffplatten werden von den in Deutschland vorkommenden Insekten meist nicht als Brutsubstrat gewählt. Je größer die Furnierdicke wird, je mehr die Ware also Schnittholz ähnelt, desto höher wird allerdings das Befallsrisiko (siehe Kapitel 7).

Blockbohlenbekleidung

Die Blockbohlenbekleidung ist **formal in Gebrauchsklasse 3.1** einzustufen. Mögliche Herab- und Heraufstufungen aufgrund der Niederschlagsbelastung sind analog zu den hinterlüfteten, belüfteten und nicht belüfteten Außenwandbekleidungen möglich. In der Praxis ist es schwierig, die Bohlenstöße, insbesondere die Längsstöße, dauerhaft regensicher auszuführen. Die Tendenz zur Bildung von Feuchtenestern ist größer als bei den 3 vorangehend behandelten Bekleidungen. **Flächen ohne Schutz** durch Dachüberstände sind **deshalb oft in Gebrauchsklasse 3.2** einzustufen.

Eine Farbbeschichtung kann die Feuchteaufnahme von Hirnholzenden verringern. Beschichtete Bohlen sind jedoch anfällig für Fehlstellen in der Beschichtung, weil die Kantenrundungen oft vernachlässigt werden und Längsstöße meist nur langsam austrocknen. Fehlertoleranter erscheint außerdem die Konstruktionsvariante mit Hohlraum zwischen Bekleidung und Holzbauwand. Wenn sich Feuchte in der Grenzfläche zwischen Bohle und tragender Wand sammelt, wird es überwiegend die Rückseite der Bekleidung und weniger die Rückseite der tragenden Wand befeuchten. Es ist zu empfehlen, absolut splintfreie Farbkernhölzern, z. B. von Lärche oder Douglasie,

Abb. 6.79: Die Fuge der offenen Schalung ist so schmal gewählt, dass unter einem Einfallswinkel von 60° (blaue Linie) kein Regenwasser bis an die Fuge zur Unterkonstruktion gelangt.

zu verwenden (siehe Kapitel 2.2, 3.6.2). Die geschilderte mögliche Einstufung in Gebrauchsklasse 3.2 kann anderenfalls an Splintholzzonen zu einem Pilzbefall führen, der sich von dort weiter ausbreitet.

Offene Außenwandbekleidung

Ohne schützende Dachüberstände ist für die Bekleidung in der Regel **Gebrauchsklasse 3.2** anzunehmen. Es entstehen Feuchtenester an den Pressfugen zwischen Unterkonstruktionslatte und Bekleidungsleiste. **Gegebenenfalls** kann mit aufwendigen Abstandhalterverbindungen eine **Zuordnung zu Gebrauchsklasse 3.1** erreicht werden. Wenn die waagerechten Fugen zwischen den Leisten so schmal gewählt werden, dass die Pressfuge zwischen Unterkonstruktion und Leiste in einem Winkel von 60° durch die jeweils obere Leiste vor Regen geschützt ist, kann ebenfalls Gebrauchsklasse 3.1 angenommen werden (Abb. 6.79).

Es empfiehlt sich, absolut splintfreies Holz von Douglasie oder Lärche zu verwenden, damit Splintholzzonen nicht zum Ausgangspunkt eines Pilzbefalls werden. Die tragende Holzbauwand hinter der Bekleidung wird im Wesentlichen von der Wasser ableitenden Schicht auf der Wandaußenseite geschützt. Deshalb ist diese Konstruktion gegenüber geschlossenen Bekleidungen als weniger fehlertolerant zu bewerten.

Wärmedämm-Verbundsystem und Putzträgerplatten

Eine Gebrauchsklassenzuordnung ist nur für diejenigen Wetterschutzbauteile erforderlich, die aus Holzwerkstoffen bestehen. Sofern sie richtig verarbeitet wurden, sind Wärmedämm-Verbundsysteme aus Holzfaserdämmstoffen keinen unzuträglichen Feuchtebelastungen ausgesetzt. Die Erteilung eines bauaufsichtlichen Verwendbarkeitsnachweises umfasst Prüfungen, die speziell auf die Systeme abgestimmt sind. Insbesondere werden die bei Holzfasern vergleichsweise hohe Umkehrdiffusion und eine hohe Regenbelastung sowie Feuchte- und Formänderungen von Plattenwerkstoffen unter dem Wärmedämm-Verbundsystems berücksichtigt. Bei den entsprechenden geprüften Systemen mit bauaufsichtlichem Verwendbarkeitsnachweis ist nicht anzunehmen, dass die Holzfaserdämmung oder die Schicht darunter so stark auffeuchtet, dass die Gefahr eines Pilzbefalls besteht. Zudem können in Deutschland vorkommende Holz zerstörende Insekten Holzweichfaserplatten nicht verwerten. Damit sind **Bedingungen analog zu Gebrauchsklasse 0 anzunehmen**.

Holzwolleplatten als Putzträger sind durch die Mörtelummantelung der Holzspäne vor dem direkten Angriff von Organismen geschützt. Die Erfahrung mit den Systemen nach DIN 68800-2, Abschnitt 5.2.1.2, Punkt g, zeigt, dass kein Angriff Holz zerstörender Organismen zu erwarten ist. Damit kann **Gebrauchsklasse 0** angenommen werden.

Entwässerte Vorsatzschale aus Mauerwerk

Diese Vorsatzschale aus mineralischen Baustoffen bedarf keiner Gebrauchsklassenzuordnung.

Sandwichelemente und ähnliche Bekleidungen

Diese Bekleidungen sind in der Regel Nichtholzwerkstoffe. Wenn Holz als Bekleidungsmaterial vorhanden ist, muss nach den Grundregeln des Holzschutzes geprüft werden, welcher Gebrauchsklasse sie zuzuordnen sind. **Ohne Regenschutz** ist **zumindest Gebrauchsklasse 3.1** anzusetzen.

Glasfassaden

In der Regel sind in bewitterten Zonen Nichtholzwerkstoffe verbaut. Sollten Abdeckleisten außen aus Holz gefertigt sein, sind diese **in der Regel in Gebrauchsklasse 3.1 oder 3.2** einzuordnen. Es ist nicht zu empfehlen, äußere Deckleisten aus Holz zu wählen, selbst wenn es sich nur um Gestaltungselemente ohne Bedeutung für die Funktion der Fassade handelt.

6.7 Außenwände

6.7.1 Übliche Konstruktionsweisen

Hinter den in Kapitel 6.6 dargestellten Wetterschutzbekleidungen können unterschiedliche Holzbauwände angeordnet sein. Entspricht der Wetterschutz nicht den in Kapitel 6.6 gemäß DIN 68800-2, Abschnitt 5.2.1.2, dargestellten Konstruktionen, muss seine holzschutztechnische Funktionstauglichkeit nachgewiesen werden. Außerdem gibt es einige Wandkonstruktionen ohne Wetterschutzbekleidungen. Die Bekleidungen schützen die tragenden Hölzer vor Niederschlägen. Wenn zusätzlich die grundsätzlichen und die besonderen baulichen Maßnahmen zum Erreichen der Gebrauchsklasse 0 gemäß DIN 68800-2 eingehalten sind (siehe Kapitel 3.5), lassen sich solche wettergeschützten Wände in Gebrauchsklasse 0 einordnen. Der beste Weg, die

Abb. 6.80: Brettsperrholzwand (Modell): Den Wetterschutz übernimmt ein Wärmedämm-Verbundsystem aus Holzweichfaserplatten.

Abb. 6.81: Wohnhaus in Skelettbauweise mit bewittertem Tragwerk

Wände hinter der Bekleidung ausreichend zu schützen, besteht darin, die s_d-Werte gemäß DIN 68800-2, Tabelle 1, einzuhalten (siehe Kapitel 3.6.3.2, Tabelle 3.4).

Typische Wandbauweisen hinter Bekleidungen

Sowohl Holzrahmenbau und Holztafelbau als auch Vollholzbauweisen wie z. B. Brettsperrholzwände oder Brettstapelbauweisen sind üblicherweise von den in Kapitel 6.6 beschriebenen Bekleidungen außenseitig abgedeckt (Abb. 6.80).

Auf der Innenseite sind bei den Holzrahmenkonstruktionen ebenfalls Funktionsschichten angeordnet, die das tragende Holz zum Raum hin abdecken. Dies sind meist Folien oder Holzwerkstoffplatten. Vollholzbauweisen werden in Varianten mit und ohne raumseitige Abdeckung ausgeführt. Bei Skelettbauten sind die tragenden und aussteifenden Hölzer manchmal nur teilweise in den Wandquerschnitt eingebunden. Die geschlossenen Wandfelder stoßen dann seitlich gegen die Flanken der tragenden Hölzer.

Sichtfachwerk und bewitterte Skelettbauten

Holzbauwände mit bewitterter tragender Skelettkonstruktion haben eine lange Tradition. Historische Sichtfachwerke sind solche Bauweisen. Historische Umgebindehäuser vermischen Fachwerkbauweisen mit Blockhausbauweisen. Sowohl im Einfamilienhausbau als auch im Gewerbebau finden sich gelegentlich moderne Holzskelettbauten mit bewittertem Tragwerk (Abb. 6.81).

Abb. 6.82: Luftdicht an das Holztragwerk angeschlossene Füllungen zwischen Skelettbauteilen

Blockhäuser

Historische Blockhäuser und Blockstuben von Umgebindehäusern weisen eine einschalige, nicht bekleidete Holzblockwand auf. Im Wohnhausbau werden gelegentlich moderne Blockbauweisen eingesetzt. Diese Konstruktionen sind in der Regel mehrschalig, meist mit einer inneren und einer äußeren Blockbohlenwand und einer Kerndämmung.

6.7.2 Feuchteeinwirkungen

Es gelten hinsichtlich Besonnung, Farbbeschichtung und Fassadenneigung die gleichen Bedingungen, wie sie bei den Wetterschutzbekleidungen in Kapitel 6.6.2 dargestellt sind.

Bewitterte Fugen nehmen Niederschlagsfeuchte über kapillare Saugwirkung auf und transportieren sie in das Innere. Diese saugenden Fugen bedingen bei allen nicht bekleideten Bauweisen wie Fachwerk- und Blockhauskonstruktionen eine Befeuchtung tragender Holzbauteile. Verminderte Sonneneinstrahlung aufgrund von Beschattung durch Bäume oder Gebäude verzögert die Trocknung.

In der kalten Jahreszeit entsteht ein Diffusionsstrom von der warmen Raumseite nach außen. Über Leckagen der Luftdichtheitsschicht gelangt zusätzlich konvektiv Feuchte in die Konstruktion. Die Oberflächen können so stark auskühlen, dass ihre Porenluftfeuchte bis zum Tauwasserausfall ansteigt.

Typische Wandbauweisen hinter Bekleidungen

Bauweisen ohne vollflächige innere Funktionsschichten wie Luftdichtheits- und Dampfbremsbekleidung sind hohen Konvektionsrisiken ausgesetzt. Wenn die innere Wandschale seitlich an Rahmenbinder und Skelettrahmen anschließt (Abb. 6.82), entstehen beidseitig Fugen, die luftdicht geschlossen werden müssen.

Abb. 6.83: Wandbauweise aus verdübelten Brettern (Modell): Die eingelegte Luftdichtheitsbahn muss an allen Bauteilgrenzen angeschlossen werden.

Abb. 6.84: Übergang der Decke zum unbeheizten Spitzboden und zur Giebelwand aus Fachwerk: Feuchte, die sich im Winter aus der Raumluft niedergeschlagen hat, ist gefroren.

Diese Fugen entsprechen der doppelten abgewickelten Länge der Holzbauteile. Selbst bei kleinen Gebäuden ergibt dies üblicherweise mehrere Hundert Meter Fugenlänge. Diese Fugen sind anfällig für Fehlstellen, an denen Luft die Wände durchströmt und so konvektiv befeuchtet. Außerdem sind die Anschlüsse in der Herstellung aufwendig. Stöße z. B. zwischen Bindern und Streben lassen sich kaum luftdicht ausführen. Deshalb ist die voranstehend beschriebene Bauweise nicht empfehlenswert. Ähnliche Probleme können bei Brettstapelwänden und besonderen Bausystemen wie aus wabenförmigen Einzelstäben zusammengesetzten Wänden entstehen, wenn diese keine vollflächigen Funktionsschichten auf der Innenseite aufweisen. Wenn Luftdichtheitsbahnen in Vollholzelemente eingelegt sind (Abb. 6.83), müssen die Anschlüsse an angrenzende Elemente, z. B. mittels verklebter Anschlussfahnen der Bahn, abgedichtet werden. Dies erfordert Detailplanung bereits in der Vorfertigungsphase der Wandelemente.

Sichtfachwerk und bewitterte Skelettbauten

Ohne innere Luftdichtheits-/Dampfbremsebene entstehen die gleichen Luftdichtheitsrisiken wie voranstehend bei den typischen Wandbauweisen hinter Bekleidungen beschrieben. Sichtfachwerk ohne Innenputz ist so durchlässig für Schlagregen, dass an der Raumseite Wasser an der Oberfläche herablaufen kann. Ferner sind diese Sichtfachwerke nur 12 bis 15 cm dick. Dies kann dazu führen, dass an den raumseitigen Oberflächen der Wärme leitenden Ausfachung im Winter Tauwasser oder Eis entsteht (Abb. 6.84).

Abb. 6.85: Offen in trockenem Wohnraumklima angeordnete, durch die Verglasung vor Witterungseinflüssen geschützte Skelettkonstruktion und Pfosten einer Glasfassade

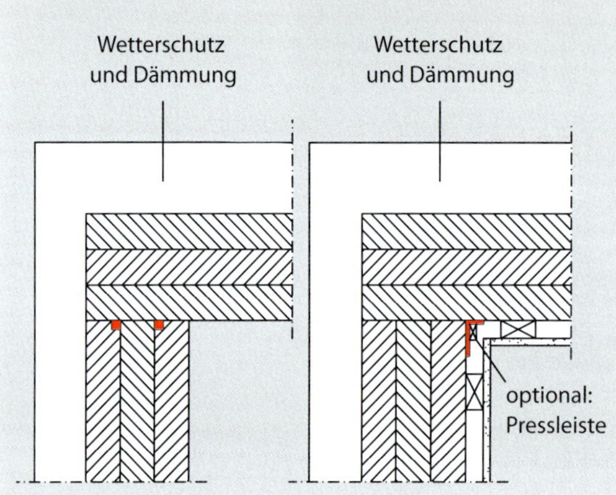

Abb. 6.86: Anschlussfuge in Brettsperrholzbauweise: Ohne Innenbekleidung (links) wird die Luftdichtheit mit 2 in Nuten platzierten vorkomprimierten Dichtbändern hergestellt. Mit Innenbekleidung (rechts) kann die Fuge mit einem Spezialklebeband verdeckt abgeklebt werden; eine Pressleiste hält das Klebeband in Position, falls die Dauerhaftigkeit des Klebstoffs als nicht hoch genug eingeschätzt wird.

6.7.3 Schutz vor Feuchteeinwirkungen

Typische Wandbauweisen hinter Bekleidungen

Von außen schützt die Bekleidung vor Bewitterung (siehe Abb. 6.85 mit dem Beispiel einer Skelettbauweise hinter einer Glasfassade).

Zusätzlich müssen Maßnahmen gegen Befeuchtung aus Wasserdampf getroffen werden. Die Regeln zum Tauwasserschutz (siehe Kapitel 3.6.3.2) sind einzuhalten.

Die Luftdichtheits-/Dampfbremsschicht auf der Raumseite weist potenzielle Schwachstellen auf, da Steckdosen, Kabeldurchführungen, Heizungsleitungen u. a. m. die Funktionsschicht durchdringen. Deshalb sollten diese Außenwände mit einer Installationsebene auf der Warmseite der Funktionsschicht versehen werden. Bei Brettsperrholzwänden ist die Klebstoffschicht zwischen den einzelnen Lagen in der Regel ausreichend luftdicht. Wenn eine Innenbekleidung vorhanden ist, können Klebebänder für einen unsichtbaren luftdichten Anschluss der Ecken von Brettsperrholztafeln genutzt werden. Sichtbare Anschlussfugen von Wandelementen müssen z. B. mit eingelegten Dichtprofilen gegen Konvektionsleckagen geschützt werden (Abb. 6.86). Diese Dicht-

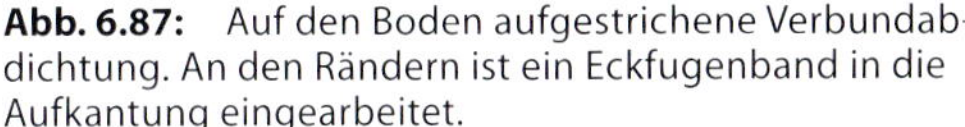

Abb. 6.87: Auf den Boden aufgestrichene Verbundabdichtung. An den Rändern ist ein Eckfugenband in die Aufkantung eingearbeitet.

Abb. 6.88: Eckfugenband und Rohrdurchführungsmanschette zur Abdichtung unter Fliesenbelägen

bänder müssen so robust sein, dass sie den Baustellenbedingungen beim Aufrichten der Konstruktion standhalten. Es ist vorteilhaft, die Bänder in ausgefrästen Nuten zu verlegen.

Hinweis

> Gelegentlich werden **Brettsperrholzwände ohne eine Fassadenbekleidung** ausgeführt. Die äußere Brettlage soll bei diesen Sonderkonstruktionen die Funktion einer Wetterschutzbekleidung übernehmen. Deshalb werden in dieser Brettlage Farbkernhölzer, wie z. B. von Lärche, eingesetzt. Die Bauweise ist allerdings problematisch, da an der Oberfläche und an Haarrissen Niederschläge einwirken. Außerdem wird oft nicht sichergestellt, dass die äußere Brettlage absolut splintfrei und damit hinreichend dauerhaft ist. Verglichen mit einer Wand hinter einer Fassadenbekleidung ist diese Bauweise deutlich weniger fehlertolerant und daher nicht zu empfehlen. Zudem ist zu erwarten, dass verschiedene Sachverständige diese Sonderkonstruktion unterschiedlich bewerten.

Häusliche Bäder

Gegen Schwallwasser aus Duschen und Badewannen müssen besondere Vorkehrungen getroffen werden. Fliesenbeläge sind nicht wasserdicht. Über die Fugen dringt Schwallwasser ein, das wegen der glasierten Fliesen nahezu nicht zurücktrocknen kann. Unter den Fliesenbelägen müssen im Schwallwasserbereich daher Abdichtungen eingebaut werden. Dies können Verbundabdichtungen gemäß dem Merkblatt des Fachverbands Fliesen und Naturstein (vgl. Merkblatt. Verbundabdichtungen, 2012,) oder Abdichtungen gemäß DIN 18195-5 „Bauwerksabdichtungen – Teil 5: Abdichtungen gegen nichtdrückendes Wasser auf Deckenflächen und in Nassräumen, Bemessung und Ausführung“ (2011) sein. Diese Norm wird in absehbarer Zeit durch die geplante DIN 18534 ersetzt werden, die in einer Entwurfsfassung vorliegt (vgl. E DIN 18534-1 „Abdichtung von Innenräumen – Teil 1: Anforderungen, Planungs- und Ausführungsgrundsätze“ [2015]). Wichtig ist, dass die Anschlüsse und Durchdringungen für Rohre mit abgedichtet werden (Abb. 6.87, 6.88). Die abgedichtete Fläche muss nur den schwallwasserbean-

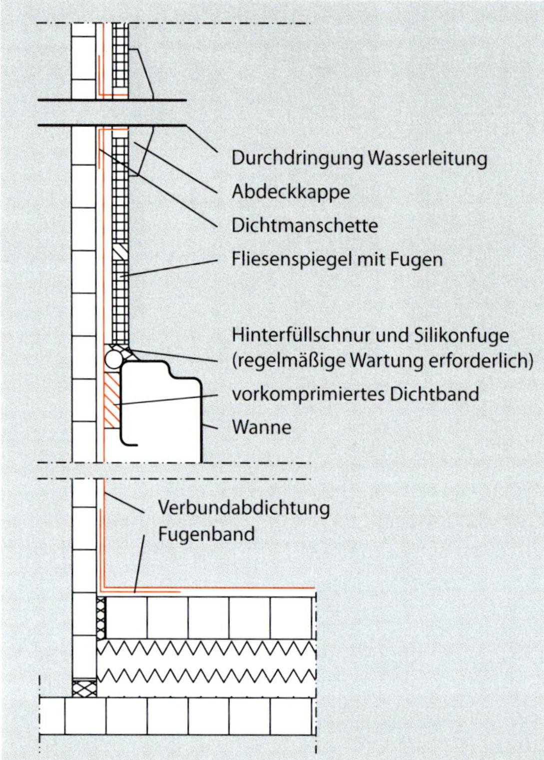

Abb. 6.89: Dichtungsebene (rot) aus Verbundabdichtung, eingebetteten Manschetten und vorkomprimiertem Dichtband an der Wannenfuge. Die Silikonfuge zwischen Wanne und Fliesen ist nur eine sekundäre Dichtungsebene, die regelmäßig gewartet werden muss. In die Abdichtung eingearbeitete Manschetten müssen die zu erwartenden Bewegungen der unterschiedlichen Elemente, die sie überbrücken, ausgleichen können. Bei großen zu erwartenden Bewegungen ist eine schlaufenförmige Verlegung erforderlich.

spruchten Bereich zuzüglich einer ausreichenden Sicherheitszone umfassen (mindestens 20 cm höher als die Wasserentnahmestelle bzw. der Brausekopf, mindestens 30 cm breiter als Dusche oder Wanne). Schematisch ist die Dichtungsebene in Abb. 6.89 dargestellt. Andere Bereiche in häuslichen Bädern und Küchen bedürfen keiner besonderen Schutzmaßnahmen. Für Innenwände gilt sinngemäß das Gleiche wie für Außenwände.

Sichtfachwerk und bewitterte Skelettbauten

Diese Konstruktionen sind holzschutztechnisch nicht empfehlenswert, da das Tragwerk direkt bewittert ist. Dachüberstände können nur begrenzt vor Bewitterung schützen und werden vielfach überschätzt (siehe zur 60°-Regel Kapitel 6.2.2). Dennoch ist jeder Zentimeter Überstand für den Feuchteschutz hilfreich (Abb. 6.90).

An den Flanken zu Ausfachungen weisen die Fachwerke meterlange saugende Fugen auf, die nicht dauerhaft abgedichtet werden können. Für den Erhalt historischer Sichtfachwerke geben die WTA-Merkblätter der Reihe 8 zu Fachwerk und Holzkonstruktionen zahlreiche Hinweise. Bei zu großer Schlagregenbelastung wird auch in diesen Regeln von Sichtfachwerk abgeraten (vgl. z. B. WTA-Merkblatt 8-1 „Fachwerkinstandsetzung nach WTA I: Bauphysikalische Anforderungen an Fachwerkgebäude“ [2015]). Als Faustregel gilt, dass ca. 25 % der normalen Niederschlagsmenge auf senkrechte Fassaden treffen. Feldstudien haben ergeben, dass gemäß WTA-Vorgaben geplantes

Abb. 6.90: Verbesserter Wetterschutz durch hervorstehende obere Geschosse und vorspringende Ortgänge

Abb. 6.91: Die Verzierungen an dieser Geschossauskragung sind nicht nur Dekoration, an ihnen soll auch ablaufendes Wasser abtropfen. Feuchteschutztechnisch ungünstig ist der im Obergeschoss etwas vorstehende Gefachputz. Hier wurde die Situation entschärft, indem die Kanten des Putzes zum Holz hin eingezogen wurden.

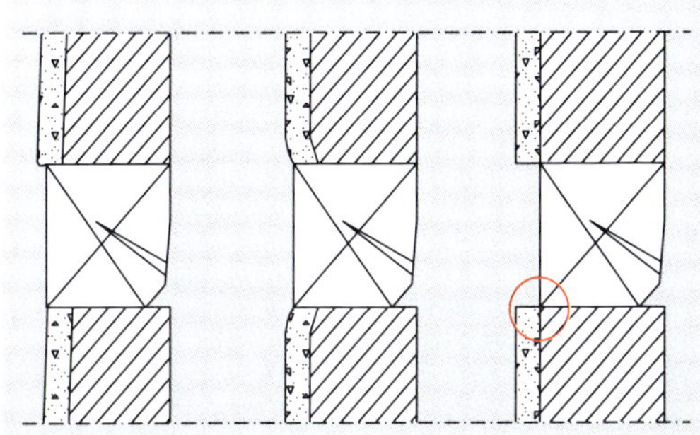

Abb. 6.92: Gefachputzausführungen: In einer günstigen Ausführung (links) ist der Gefachputz an der Oberkante bündig und an der Unterkante fast bündig mit angearbeiteter Tropfkante. In einer weniger günstigen Ausführung (Mitte) ist der Gefachputz zum Holz eingezogen. In einer ungünstigen Ausführung (rechts) wird an der vorstehenden Kante (roter Kreis) Wasser in die Fuge geführt.

Abb. 6.93: An der Unterseite des Gefachputzes angearbeitete Tropfkante

Sichtfachwerk bis zu Regenbelastungen von ca. 140 l/(m^2 · a) funktioniert. Das bedeutet, dass außerhalb der Schlagregenzone I mit ≤ 600 l/(m^2 · a) als Gesamtniederschlagsmenge und entsprechend 150 l/(m^2 · a) an der Fassade die Exposition jeder einzelnen Fassade genau zu prüfen ist (vgl. z. B. Künzel, 1996b). Für ablaufendes Wasser sollten Tropfkanten ausgebildet werden. Gefachputz darf nicht als hervorstehende Schwelle den Wasserabfluss behindern (Abb. 6.91 bis 6.93).

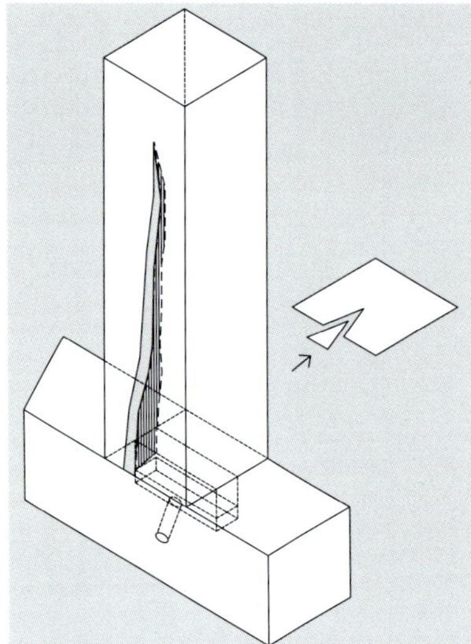

Abb. 6.94: Rissausspänung und Dränagebohrung an einem liegenden Zapfenloch

Abb. 6.95: Ausspänung an einem Trockenriss

Abb. 6.96: Blechabdeckungen überstehender Schwellenenden verhindern Regenfeuchte auf der Oberfläche und in offen liegenden Trockenrissen. Die Konstruktion ließe sich verbessern, indem die Bleche mit Abstandhaltern hinterlüftet montiert werden. Auch könnte die obere Kontaktfuge zum Pfosten mit einem vorkomprimierten Dichtband oder durch Einschlitzen des Bleches in das Holz besser gegen Hinterwanderung von Feuchte geschützt werden.

Führen Trockenrisse zu einer verstärkten Niederschlagsbeanspruchung z. B. von Stockschwellen, können diese ausgespänt werden (Abb. 6.94, 6.95). Hierzu wird ein trockenes Farbkernholzstück der im Bestand vorgefundenen Holzart der Risskontur folgend konisch zugerichtet und in den Riss eingeschlagen. Zur Lagesicherung kann eine Flanke des Spans zuvor mit wasserfestem Klebstoff versehen werden. Überstehendes Material kann mit Stoßaxt und Beitel geputzt werden. Die Risse können auch ausgefräst werden, um die Spangeometrie einfacher zu gestalten. Liegende Zapfenlöcher sollten mit einer Dränagebohrung entwässert werden.

Früher wurden oft hervorstehende Schwellenenden ausgeführt. Wenn diese historischen Konstruktion erhalten werden sollen, sind Abdeckungen wie auf Abb. 6.96 hilfreich.

Das Hirnholz von Balkenköpfen und die Sturzfugen von Fenstern können mit sogenannten Klebedächern vor an der Fassade ablaufendem Wasser ge-

Abb. 6.97: Feuchteschutz an einer Sichtfachwerkwand: Das Klebedach schützt die Balkenköpfe zwischen Erdgeschoss und Obergeschoss und die obere Fuge der Fensterfutter. Der Giebel ist durch den Dachziegelbehang geschützt. Der Sockel schützt die Schwelle vor Spritzwasser.

schützt werden (Abb. 6.97). Dabei entsteht allerdings eine obere Anschlussfuge des Klebedachs, die wiederum feuchtegefährdet ist.

Bei Modernisierungen werden Fachwerkwände in vielen Fällen mit Innendämmungen versehen. Dies vergrößert die Feuchtebelastung des tragenden Holzes. Durch die Dämmschicht sinkt im Winter die Temperatur der ursprünglichen Fachwerkwand, sodass die relative Porenluftfeuchte ansteigt. Zugleich stellt die Innendämmung eine zusätzliche Schicht dar, die die Feuchteabgabe zum Innenraum hin behindert. Theoretisch könnte dieser Feuchtebelastung durch die Anordnung einer Dampfsperre auf der Raumseite begegnet werden, praktisch ist diese Sperrschicht in einer Fachwerkkonstruktion jedoch nicht dauerhaft luftdicht herzustellen. In der Folge würde es zu verstärkten konvektiven Feuchteanreicherungen ohne Rücktrocknungsmöglichkeit zum Innenraum kommen. Deshalb sind Konstruktionen wie Vorsatzschalen aus Gipskarton, Dampfsperrbahn und Mineralwolle nicht fehlertolerant und gelten als nicht fachgerecht.

Ohne weitere Nachweise lassen sich bei geringer Schlagregenbelastung Innendämmungen gemäß WTA-Merkblatt 8-5 „Fachwerkinstandsetzung nach WTA V: Innendämmungen“ (2008) verwenden. Der Wärmedurchlasswiderstand sollte durch die Maßnahme nur um ca. 0,8 $m^2 \cdot K/W$ verbessert werden. Bei intensiveren Dämmmaßnahmen ist immer ein Nachweis im Einzelfall mittels hygrothermischer Simulation zu führen. Die innere Oberfläche sollte einen s_d-Wert $\leq$ 2,0 m aufweisen, damit eine sommerliche Rücktrocknung zum Innenraum gewährleistet ist. Die Innendämmsysteme müssen hohlraumfrei kapillar wirksam an die Bestandskonstruktion angebunden werden. Möglichst gut kapillar Feuchte leitende Baustoffe sind hier beson-

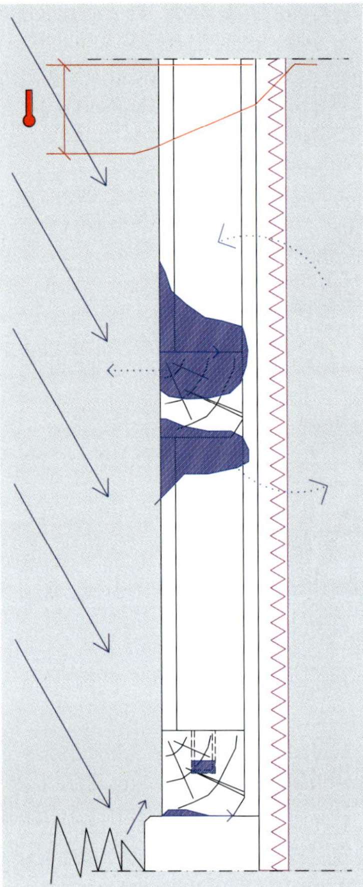

Abb. 6.98: Schnitt durch eine Sichtfachwerkwand mit Innendämmung (magenta), Regenbelastung (dunkelblau), typischen Feuchteanreicherungspunkten (dunkelblau schraffiert) und Dampfdiffusionsströmen (hellblau punktiert). Je stärker die Innendämmung wirkt, desto kälter wird die ursprüngliche Wandinnenoberfläche mit der Folge einer erhöhten Porenluftfeuchte.

ders geeignet, weil diese eine Umverteilung von Feuchtespitzen und eine Rücktrocknung zum Innenraum begünstigen. Das Verhältnis zwischen Maßnahmen zur Verhinderung des Einströmens von Wasserdampf aus der Raumluft in die Konstruktion und Maßnahmen zur Ermöglichung einer diffusiven Abtrocknung zur Raumluft muss ausgewogen sein. Die Zusammenhänge sind schematisch in Abb. 6.98 dargestellt.

Zum Erhalt eines Bestandes als historisches Zeitzeugnis ist die Sichtfachwerkbauweise berechtigt. Für alle Arten von Neubauten, gleich ob historisierendes Fachwerkhaus, modernes Wohnhaus oder Gewerbehalle, kann die Bauweise jedoch nicht empfohlen werden, da sie nicht den Grundregeln des baulichen Holzschutzes entspricht.

Bei Umbauten von historischem Bestand wird verschiedentlich die Fachwerkwand analog zu einer Vormauerschale (siehe Kapitel 6.6 ausgebildet). Dies ist aber praktisch nicht realisierbar, da eine Fachwerkwand als hinterlüftete Vorsatzschale ähnlich einer reinen Mauerwerksvorsatzschale aus holzschutztechnischer Sicht nicht wie die Mauerwerksschale zu bewerten ist. Das Herstellen der Lüftungs- und Entwässerungsöffnungen gemäß DIN 1053-1 „Mauerwerk – Teil 1: Berechnung und Ausführung“ (1996) ist zwar theoretisch möglich. Praktisch wird die Konstruktion jedoch sehr aufwendig. Deshalb sind oft Entwässerungsausführungen zu finden, die eher als planmäßige Bewässerung der Fachwerkschwelle bezeichnet werden müssen. Nicht selten werden die Zuluft-/Entwässerungsöffnungen in der unteren Ausfachung – oberhalb der Schwelle – angelegt. Die Folge ist, dass kein Luftstrom an der Schwelle vorbeistreicht und herablaufendes Wasser die Schwelle benässt. Dies sind Bedingungen der Gebrauchsklasse 4, unter denen kein Holzbauteil lange bestehen kann. Manchmal wird bei solchen Konstruktionen versucht, die Z-Sperre nach DIN 1053-1 auf der Schwellenoberkante nach außen zu führen. Dies scheitert jedoch regelmäßig an der Einbindung von Pfosten und Streben. Eine weitere Herausforderung stellen aus der Innenschale durchbindende Balkenköpfe dar. Auf der waagerechten Balkenoberfläche und in Rissen in dieser Oberfläche verteilt sich an der Fachwerkrückseite ablaufender Schlagregen und führt zu Feuchteanreicherungen. Gleiches gilt für Fenster- und Türlaibungen.

Würde der Spalt mit einer Kerndämmung gefüllt, wäre noch weniger Austrocknungspotenzial für Schlagregen und Kondensat gegeben. Sichtfachwerke als Vorsatzschale sind entsprechend sehr anspruchsvoll in der Detailplanung und wenig tolerant gegenüber Feuchteeinträgen.

Grundsätzlich bleibt die Vorsatzschale aus Sichtfachwerk ein Sichtfachwerk. Das heißt, dass bei erhöhter Schlagregenbeanspruchung auch an solchen Sichtfachwerken Schäden zu erwarten sind.

Blockhäuser

Traditionelle Blockhäuser mit einschaligen Wänden werden durch weite Dachüberstände vor Regen geschützt (Abb. 6.99). Die Wirkung der Dachüberstände darf jedoch nicht überschätzt werden, da die gegebenenfalls bewitterten Wandsockel nur begrenzt regensicher auszuführen sind.

Fugenverschlüsse mit historischen Materialien wie Moos und Lehm oder vorkomprimierten Dichtbändern können die großen Formänderungen nur begrenzt überbrücken, sodass die Befeuchtung oft nicht nur an der Außenseite der Fassade wirkt, sondern die einschalige Wand durchdringt.

Blockhausstämme werden in der Regel mit einer Entlastungsnut auf der Unterseite versehen. Dies minimiert die Neigung zu Trockenrissen (Abb. 6.100). Völlig vermeidbar sind weitere Trockenrisse dadurch jedoch nicht. Am oberen äußeren Stammquadrant sind die Risse besonders nachteilig, weil auftreffendes Wasser und Schmutz in ihnen verbleiben können (Abb. 6.101).

Zudem führen die Fugen und Durchdringungen der verkämmten Ecken zu Konvektionsfugen, die auffeuchten. Wenn der Anfangsschwund feuchter Stämme und die Quell- und Schwinderscheinungen im Gebrauch nicht beachtet und ausgeglichen werden, entstehen unvermeidbar weitere geöffnete Fugen und Verformungen. Wasser führende Leitungen müssen z. B. mit Dehnungsschlaufen verlegt werden, um die Schwindbewegungen von Blockhausstämmen auszugleichen. Starre Pfosten müssen z. B. durch verstellbare Stützenfüße an die Schwindbewegungen angepasst werden (Abb. 6.102). Dies ermöglicht es, den Unterschied zwischen dem (vernachlässigbaren) Schwindverhalten längs der Faser und dem Schwindverhalten in radialer Richtung (bei Fichtenholz z. B. ca. 0,19 % je % Holzfeuchte) an den Blockhausstämmen auszugleichen, damit die Fugen zwischen den Stämmen dicht bleiben.

Abb. 6.99: Der weite Dachüberstand dieses Blockhauses schützt die Wand weitgehend vor Beregnung. Der Wandsockel wird jedoch nicht mehr durch den Überstand geschützt.

Abb. 6.100: Sauber zugerichtete Stämme eines Blockhauses. Erkennbar ist, dass durch den Trocknungsprozess dennoch eine eingelegte Fugendichtung herauszufallen droht (Pfeil). Eine hinter der Eckverkämmung verdeckt eingeschnittene Entlastungsnut hat dazu geführt, dass sich an der Unterseite der Stämme Trockenrisse gebildet haben.

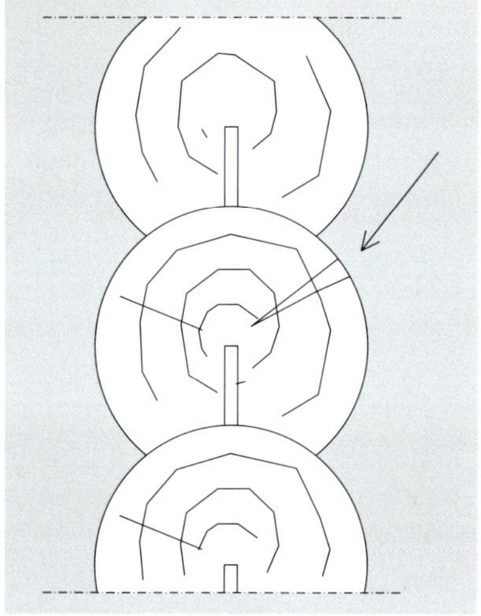

Abb. 6.101: Blockhauswand: Trotz Verminderung der Rissbildung durch eine vertikale Entlastungsnut entstehen in den Blockhausstämmen Trockenrisse (Pfeil), die zur Feuchteanreicherung und zu Schmutzansammlungen führen.

Abb. 6.102: Über ein Gewinde höhenverstellbarer Stützenfuß des Dachüberstands des Blockhauses in Abb. 6.99.

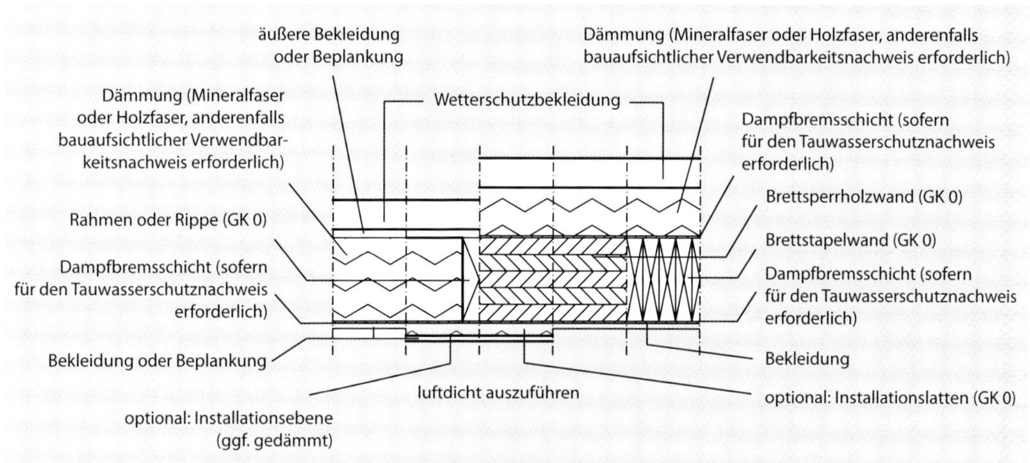

Abb. 6.103: Wand in Anlehnung an DIN 68800-2, Abschnitt 7.2: Die Holzbauteile sind in Gebrauchsklasse 0 einzuordnen. Die Konstruktion muss immer luftdicht ausgeführt sein.

Auch moderne Blockbausysteme können die Nachteile der Bauweise nicht vollständig ausgleichen. An den Blockbohlen können mehrfache Nut-Feder-Verbindungen und vorkomprimierte Dichtbänder vorgesehen werden. Es kann eine luftdichte Innenschale und Kerndämmung montiert werden. Auch hier müssen die Quell- und Schwinderscheinungen aufwendig berücksichtigt werden. Technisch getrocknete, eventuell aus mehreren Kanteln verleimte Elemente lassen geringere Verformungen erwarten als Rundholzstämme. Eine Ausführung, die heutigen Anforderungen an Wohngebäude entspricht und vor allen dargestellten Feuchteeinwirkungen geschützt ist, ist nur unter größten Anstrengungen realisierbar.

6.7.4 Schutz gegen Insektenbefall

Holzbauwände hinter Außenwandbekleidungen lassen sich durch insektenunzugänglich bekleidete tragende Holzrahmen sowie durch die Wahl von Farbkernholz gegen Insektenbefall schützen. Bei Verwendung von technisch getrocknetem Holz ist zusätzlich die Befallsattraktivität für Hausbockkäfer vermindert. Außen nicht bedeckte Holzbauteile wie z. B. Sichtfachwerk unterliegen einer Gefährdung durch Holz zerstörende Insekten, die über die Wahl hinreichend dauerhaften Farbkernholzes vermindert werden kann. Gefährdet sind dann nur noch Splintholzbereiche oder durch Pilzbefall vorgeschädigtes Holz.

6.7.5 Gebrauchsklassenzuordnung

Typische Wandbauweisen hinter Bekleidungen

Im **Regelfall wird die Gebrauchsklasse 0** erreicht (Abb. 6.103), wenn die **grundsätzlichen baulichen Maßnahmen zum Feuchteschutz** eingehalten sind. Dies sind insbesondere die Tauwasserschutzmaßnahmen (siehe Kapitel 3.6.3.2) und die Wetterschutzbekleidung gemäß DIN 68800-2, Abschnitt 5.2.1.2 (siehe Kapitel 6.6). Ob Dampfbremsschichten auf der äußeren Seite und/oder auf der inneren Seite angeordnet werden (Abb. 6.103, rechts),

Abb. 6.104: An historischen Gebäuden sind oft Natursteine wie hier Sollinger Sandstein oder Schiefer ohne Luftschicht montiert. Hervorzuheben ist am abgebildeten Gebäude die holzschutztechnisch vorteilhafte Überdachung der Fugen am Fenstersturz.

muss sich aus dem Tauwasserschutznachweis ergeben. In DIN 68800-2, Anhang A, sind nachweisfreie Konstruktionen angegeben. Dort werden Vorgaben zu inneren und äußeren s_d-Werten gemacht, die sich auch daran orientieren, ob die Elemente werkseitig vorgefertigt sind oder nicht. Übliche Konstruktionen sind insektenunzugänglich geschlossen oder kontrollierbar.

Im Baubestand gibt es oft Bekleidungen, die nicht den in Kapitel 6.6 dargestellten Wetterschutzbekleidungen entsprechen. Diese historischen Bekleidungen sind meist ohne Luftschicht zwischen zu schützender Wand und Bekleidung konstruiert (Abb. 6.104). Hier müssen besondere Überprüfungen des Feuchteschutzes erfolgen. Wenn Heizung, Lüftung, Dämmung und Nutzung der historischen Gebäude nicht verändert werden, kann von bewährten Konstruktionsweisen ausgegangen werden. Anderenfalls empfiehlt sich entweder eine hygrothermische Simulation zur holzschutztechnischen Beurteilung oder ein Neuaufbau mit Hinterlüftung der Bekleidung und s_d-Werten nach DIN 68800-2, Tabelle 1 (siehe Kapitel 3.6.3.2, Tabelle 3.4), um den Regelquerschnitt der Wand sicher in Gebrauchsklasse 0 zu überführen.

Sichtfachwerk und bewitterte Skelettbauten

Eine Sichtfachwerkfassade und andere bewitterte Tragwerksteile sind in der Regel in Gebrauchsklasse 3.2 einzuordnen, da wegen der Fugen mit Feuchteanreicherungen zu rechnen ist.

Blockhäuser

Im nicht durch Dachüberstände geschützten Bereich von Blockhäusern liegt Gebrauchsklasse 3.1 bis 3.2 vor. Im geschützten Bereich kann meist die Gebrauchsklasse 0 bis 1 angenommen werden.

6.8 Wandsockel

Die Sockelbereiche von Wänden erfordern besondere Beachtung bei der Planung des baulichen Holzschutzes. Außerdem sind in der DIN 68800-2 Konstruktionsbeispiele für die Gebrauchsklasse 0 angegeben, die einer kritischen Erläuterung bedürfen. Deshalb werden die Sockel im Folgenden gesondert behandelt.

6.8.1 Übliche Konstruktionsweisen

Holzrahmenbau auf mineralischem Sockel

Im Neubau werden üblicherweise ein Streifenfundament und eine Sohlplatte aus Beton erstellt. Oberhalb der abgedichteten Sohlplatte werden die Wandschwellen entweder als Einzelschwelle oder als doppellagige Richtschwelle mit aufgelegter Schwelle von Wandelementen ausgebildet. Es ist erforderlich, Maßtoleranzen zwischen Sohle und Holzbau auszugleichen. Nur selten gelingt es, die Betonkante ausreichend waagerecht und planeben auszuführen. Es ist von untergeordneter Bedeutung, ob eine Betonsohle gegen Erdreich oder eine Kellerdecke aus Beton vorhanden ist.

Fachwerkschwelle

Bei historischem Fachwerk liegen die Schwellen in der Regel auf einem gemauerten Sockel. Dieser Sockel ist nach außen breiter als die Fachwerkwand.

6.8.2 Feuchteeinwirkungen

Holzrahmenbau auf mineralischem Sockel

Auf der Außenseite wirkt die Bewitterung der Wand und zusätzlich eine Spritzwasserbelastung. Außerdem wirkt Feuchte aus frischem Beton und Erdfeuchte. Der Tauwasserschutz dieser Wärmebrückenzone ist besonders zu betrachten. Wenn die massive Sockelkante unzureichend gedämmt ist, kann es zu Taupunktunterschreitungen im Bereich der Schwelle kommen. In diesem Zusammenhang müssen auch groß dimensionierte Wärmedämmungen des Bodenaufbaus auf Betonsohlen untersucht werden. Durch Platzierung der Wärmedämmung auf der Sohle sind für den Wärmebrückennachweis sehr gute Wärmebrückenverlustkoeffizienten (ψ-Werte) erreichbar. Dadurch gelangt die Schwelle jedoch in kühle Umgebung. Hier ist zu prüfen, ob Tauwasser in schädlichem Ausmaß an der Wandaufstandsfläche entsteht und ob im Wandeck zum Boden Luftfeuchtebedingungen entstehen, die Schimmelpilzwachstum begünstigen. Deshalb ist gemäß DIN 4108-3 „Wärmeschutz und Energie-Einsparung in Gebäuden – Teil 3: Klimabedingter Feuchteschutz – Anforderungen, Berechnungsverfahren und Hinweise für Planung und Ausführung“ (2014) eine Dämmung mit nur maximal 20 % des

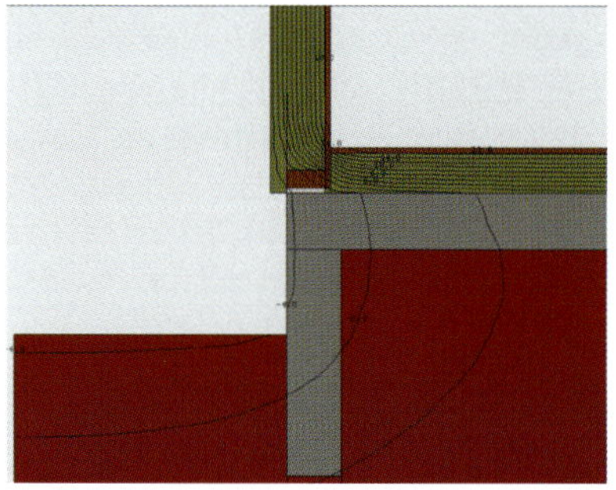

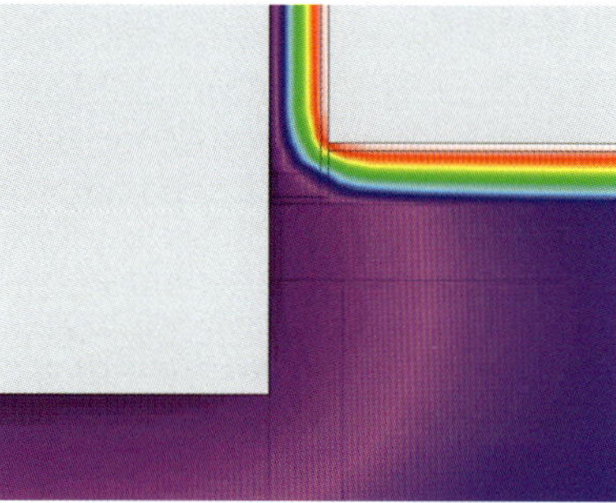

Abb. 6.105: Dämmung **auf der Oberseite** der Sohlplatte – **ohne Stirndämmung des Sockels**: Der ψ-Wert würde gut ausfallen. Die Temperaturen an der Schwelle und in der Rohbauecke des Bodens bedingen jedoch Feuchterisiken, sobald ein Konvektionsstrom von innen nach außen einsetzt.

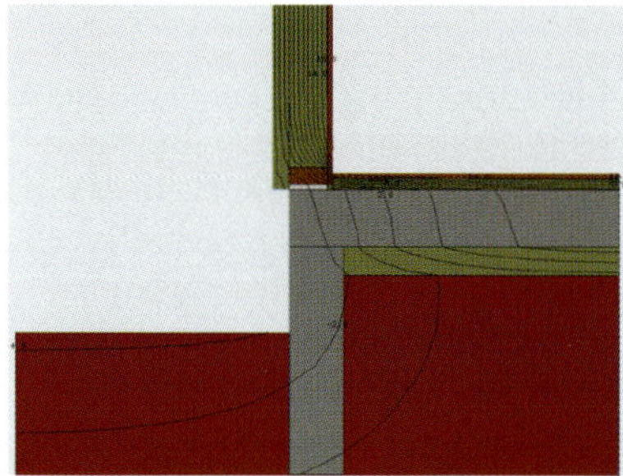

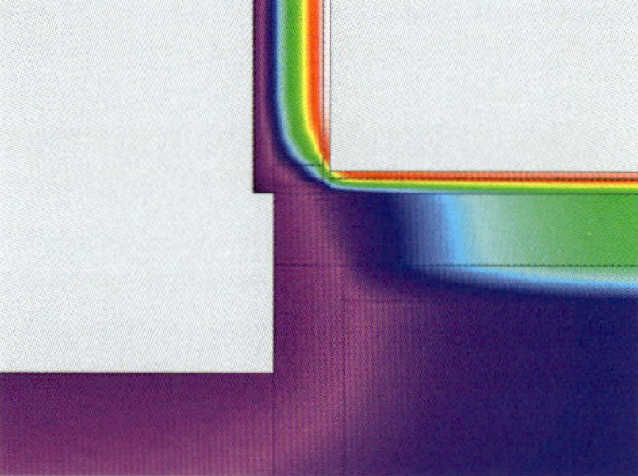

Abb. 6.106: Dämmung **überwiegend an der Unterseite** der Sohlplatte – **ohne Stirndämmung des Sockels**: Der ψ-Wert würde schlecht ausfallen. Die Temperaturen an der Schwelle und in der Rohbauecke des Bodens sind zwar höher als bei der Konstruktionsvariante in Abb. 6.105, bedingen aber immer noch Feuchterisiken, sobald ein Konvektionsstrom von innen nach außen einsetzt.

Gesamtwärmedurchlasswiderstands auf der Raumseite von Betonsohlen mit Perimeterdämmung bauphysikalisch nachweisfrei.

In den Abb. 6.105 bis 6.108 sind Wärmebrücken von 4 Sockelausführungen sowohl mit Dämmung auf der Bodenplatte als auch mit Dämmung größtenteils unter der Bodenplatte zum qualitativen Vergleich dargestellt. Gegenübergestellt sind jeweils links der Aufbau des Bauteils und rechts eine Isothermensimulation in Falschfarbendarstellung. Aus der Darstellung der farbig unterschiedenen Materialarten lässt sich der Unterschied in den Konstruktionsweisen nachvollziehen, während die Darstellung in Falschfarben die qualitative Temperaturverteilung zeigt. Die Isothermenlinien gelten dabei für eine Modellrechnung unter stationären Randbedingungen mit bestimmten zugewiesenen Materialeigenschaften. Temperaturangaben sind folglich nicht auf reale Verhältnisse und abweichende Konstruktionen übertragbar.

Aus den Abbildungen wird u. a. erkennbar, dass die Stirn der Sohlplatte gedämmt werden muss, unabhängig davon, ob die Wärmedämmung auf oder unter der Sohlplatte verlegt wird.

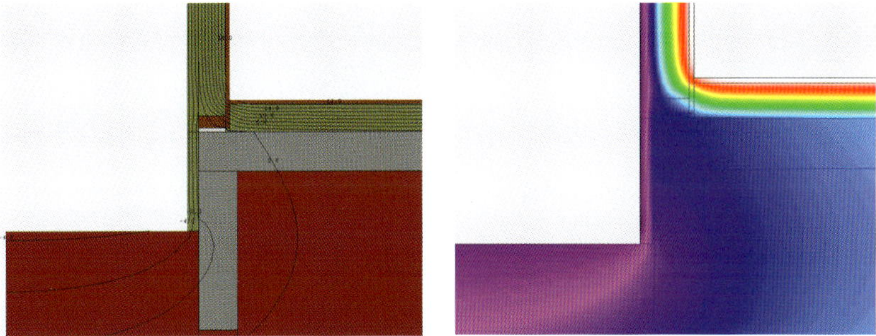

Abb. 6.107: Dämmung **auf der Oberseite** der Sohlplatte – **mit Stirndämmung des Sockels**: Der ψ-Wert würde von den in Abb. 6.105 bis 6.108 dargestellten Konstruktionsvarianten am besten ausfallen. Die Temperaturen an der Schwelle und in der Rohbauecke des Bodens sind jedoch bedenklich gering, sobald ein Konvektionsstrom von innen nach außen einsetzt.

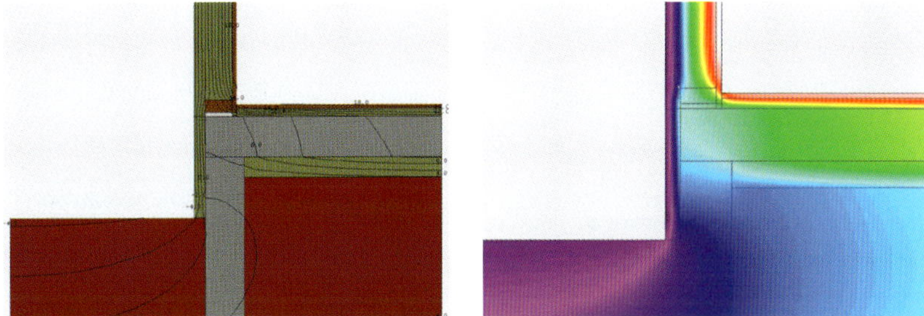

Abb. 6.108: Dämmung **überwiegend an der Unterseite** der Sohlplatte – **mit Stirndämmung des Sockels**: Der ψ-Wert würde nicht gut ausfallen. Die Temperaturen an der Schwelle und in der Rohbauecke des Bodens sind jedoch höher als bei der Konstruktionsvariante in Abb. 6.107 und minimieren Feuchterisiken, sobald ein Konvektionsstrom von innen nach außen einsetzt.

Fachwerkschwelle

Bei Sichtfachwerk ist die Außenseite der Schwelle direkt bewittert. An der hervorstehenden Sockelkante wirkt zusätzlich Spritzwasser und im Winter Schnee. Die Sockelkante ist eine konstruktive Wärmebrücke, die hinsichtlich unzuträglich hoher Tauwassermassen betrachtet werden sollte. Hygroskopische Salze und aufsteigende Feuchte können im historischen Sockelmauerwerk zu erhöhten Feuchten führen.

6.8.3 Schutz vor Feuchteeinwirkungen

Holzrahmenbau auf mineralischem Sockel

Gegen nachstoßende Feuchte aus frischem Beton und als Abdichtung gegen Erdfeuchte ist eine Abdichtung auf der Sohlplatte und eine Vertikalabdichtung des Fundaments vorhanden (siehe Kapitel 6.1.3). In der Regel ist zum hygienischen und energetischen Wärmeschutz eine Perimeterdämmung bzw. eine überputzte spezielle Sockelputzdämmplatte aus einem Wärmedämm-Verbundsystem an der äußeren Sockelkante angeordnet. In diesem Fall ist nicht mit unzuträglichen Tauwassermassen am Wandfuß zu rechnen. Wenn dagegen der Wärmeschutz über eine Dämmung des Fußbodenaufbaus er-

Abb. 6.109: Durch eine OSB-Beplankung gebildete Luftdichtheitsebene (Modell): Die Eckfuge und der Anschluss auf die abgedichtete Sohlplatte sind abgeklebt. An der waagerechten Lattung ist erkennbar, das diese Konstruktion mit einer Installationsebene ausgelegt ist. Elektroinstallationen durchbrechen die Luftdichtheitsebene folglich nicht. (Foto des Autors mit freundlicher Genehmigung des Kompetenz Zentrums Holzbau & Ausbau, Biberach)

Abb. 6.110: Unter und über der Richtschwelle eingelegte Hohlkammerprofile (Modell). Um zu verhindern, dass zwischen Holzwerkstoffbeplankung und Schwellenholz ein Konvektionsstrom entsteht, ist zusätzlich eine Luftdichtheitsbahn zwischen unterem Dichtprofil und Rohdecke verlegt, die auf die Holzwerkstoffbeplankung umgeschlagen wurde. (Foto des Autors mit freundlicher Genehmigung des Kompetenz Zentrums Holzbau & Ausbau, Biberach)

reicht wird, sollte zumindest eine Wärmebrückenberechnung unter stationären Randbedingungen vorgenommen werden. Anhand der daraus abgeschätzten Temperaturverhältnisse kann das Risiko aus Raumluftfeuchte, die über Diffusion und Konvektion in den Bodenaufbau gelangt, überschlagen werden. Alternativ ist auch eine hygrothermische Bauteilsimulation denkbar. Gegebenenfalls sollte ein auf ganzer Fläche luftdichter Bodenaufbau gewählt werden. Bedenkliche Situationen können über eine Dämmschicht an der Sockelaußenkante kompensiert werden. Gegen Spritzwasser ist eine ausreichende Sockelhöhe und die Verwendung feuchteunempfindlicher Baustoffe erforderlich. Ein Kiesstreifen vermindert die Spritzwasserbelastung, hebt sie jedoch nicht vollständig auf. Konvektion durch die Fuge unter der Schwelle kann mit Abklebungen der Luftdichtheitsebene auf die Sohlplatte verhindert werden (Abb. 6.109).

Bei geringen Maßtoleranzen zwischen Rohdecke und Schwelle können Hohlkammerprofile zwischen Schwelle und abgedichteter Sohle eingelegt werden (Abb. 6.110). Doch auch dann muss noch gewährleistet werden, dass zwischen der Schwelleninnenkante und der luftdichten Bekleidung/Beplankung keine offene Fuge verbleibt.

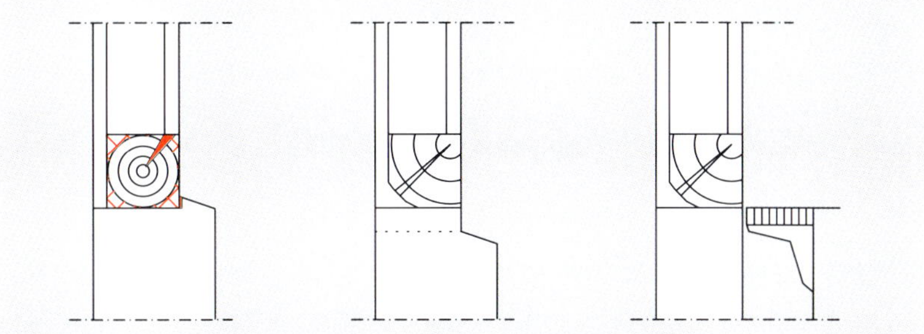

Abb. 6.111: Fachwerkschwelle: Das linke Bild zeigt eine ungünstige Bestandssituation mit Feuchteanreicherung (rot gefüllt) an der Sockelputzkante und in einem ungünstig gelegenen Trockenriss sowie schädlingsanfälligen Splintholzzonen an den Holzkanten (rot schraffiert). Im mittleren Bild ist eine durch anderen Holzeinschnitt und Beseitigung der verbliebenen Splintholzzone verbesserte Situation dargestellt. Die vorstehende Sockelkante ist durch eine höhere Untermauerung entschärft. Falls erforderlich kann eine Sperrbahn (punktierte Linie) nachgerüstet werden. Das rechte Bild zeigt die Verminderung der Spritzwasserbelastung durch eine Gitterrostrinne.

Abb. 6.112: Ertüchtigung eines historischen Fachwerks: Die pilzgeschädigte Schwelle ist durch neues Eichenkernholz ersetzt worden. Unter der Schwelle ist eine Ziegellage als Feuchtepuffer verbaut. Erst unterhalb der Ziegellage ist eine Abdichtungsbahn im Mauerquerschnitt eingelegt. Die Untermauerung der Schwelle liegt um Putzdicke zurückversetzt, sodass auch hier keine vorspringende Kante entsteht, wenn der Sockelputz wieder ergänzt wird.

Fachwerkschwelle

Grundsätzlich ist zu prüfen, ob eine Bekleidung angebracht oder ein Außenputz aufgetragen werden kann, um die Schwelle vor direkter Bewitterung zu schützen.

Die Schwellenunterkante darf keinesfalls von der Oberkante eines Sockelputzes abgedeckt werden, da sonst unweigerlich eine „Befeuchtungsfuge“ für die Schwelle entsteht (Abb. 6.111, links).

Aufsteigende Feuchte wird oft stark überschätzt und mit Tauwasserausfall verwechselt. Nur in seltenen Fällen steigt die Feuchte bis zur Schwelle auf. Gegebenenfalls besteht die Möglichkeit, unterhalb der Schwelle eine Sperrbahn nachzurüsten. Diese sollte jedoch mindestens durch eine Mörtelfuge oder eine Mauerwerkslage von der Schwelle getrennt sein. Diese mineralische Fuge kann anfallende Staunässe abpuffern. Wenn es denkmalpflegerisch vertretbar ist, kann mit einem Höherplatzieren der Schwelle um mindestens eine Ziegellage auch die Spritzwasserbelastung an der vorstehenden Sockelkante vermindert werden (Abb. 6.112).

Im Bestand lässt sich eine spritzwasserfreie Sockelhöhe in manchen Fällen nicht nachträglich verwirklichen. Hier kann die Feuchtelast gesenkt werden, indem eine Rinne im Gelände vor dem Sockel angelegt wird. Die Entwässerung der Rinne muss jedoch technisch und rechtlich gesichert sein. Möglichkeiten zur Bestandsertüchtigung zeigt Abb. 6.111, Mitte und rechts.

6.8.4 Schutz gegen Insektenbefall

Holzrahmenbau auf mineralischem Sockel

Die Möglichkeiten zum Schutz gegen Holz zerstörende Insekten entsprechen den in Kapitel 6.7.4 beschriebenen Maßnahmen.

Fachwerkschwelle

Die Schwelle von Sichtfachwerk ist insektenzugänglich und durch direkte Bewitterung zuträglich feucht für Insekten (siehe auch Kapitel 2.2, Tabelle 2.3). Daher sollte sie aus absolut splintfreiem Farbkernholz bestehen. Der Schutz gegen Pilzbefall erfordert formal ohnehin splintfreies Eichenkernholz als einzige gemäß DIN 68800-1 zugelassene heimische Holzart. Die Erfahrung zeigt, dass auch beidseitig verputztes historisches Fachwerk in der Regel Insektenschäden aufweist. Der vollflächige Verputz konnte in diesen Fällen nicht verhindern, dass das Holz befallen wurde. Meist wird der Befall allerdings bereits eingetreten sein, bevor der Verputz aufgetragen wurde. Wenn nicht bereits Pilzschäden vorlagen, sind diese Insektenschäden nur auf das Splintholz beschränkt.

6.8.5 Gebrauchsklassenzuordnung

Holzrahmenbau auf mineralischem Sockel

Mit der letzten Neufassung der DIN 68800-2 ist eine Entschärfung der Zuordnung eingetreten. Waren die Sockelschwellen zuvor in Gebrauchsklasse 2 eingeordnet, sind sie jetzt **in Gebrauchsklasse 0 eingestuft, wenn die grundsätzlichen Aufbaubedingungen**, wie in Kapitel 3.5, 6.6 und 6.7 dargestellt, eingehalten sind. Ohne weiteren Nachweis gilt diese Einstufung formal auch für Ausbildungen nach DIN 68800-2, Bild A.10 bis Bild A.14 (siehe Abb. 6.113 bis 6.117).

Die in Bild A.10 bis Bild A.14 der DIN 68800-2 (Abb. 6.113 bis 6.117) enthaltenen nachweisfreien Konstruktionen sind kritisch zu hinterfragen (siehe hierzu auch die Erläuterungen bei den Abbildungen). Insbesondere kann für Wetterschutzbekleidungen in vielen Fällen nicht die Gebrauchsklasse 0 angenommen werden. Die bewährte Sockelhöhe von ca. 30 cm wird durch bestimmte Kompensationsmaßnahmen auf 15 cm bzw. 5 cm verringert. Dies schränkt jedoch die Fehlertoleranz der Bauweisen ein. Die tragenden Hölzer sind zwar durch die Wetterschutzbekleidung vor direktem Spritzwasserkontakt geschützt, die Bekleidung selbst wird aufgrund der geringen Sockelhöhe jedoch beansprucht. Es ist zu erwarten, dass die unteren Ränder der Bekleidungen deshalb schnell mit Schmutz, Algen und Schimmelpilzen bedeckt sind (Abb. 6.118).

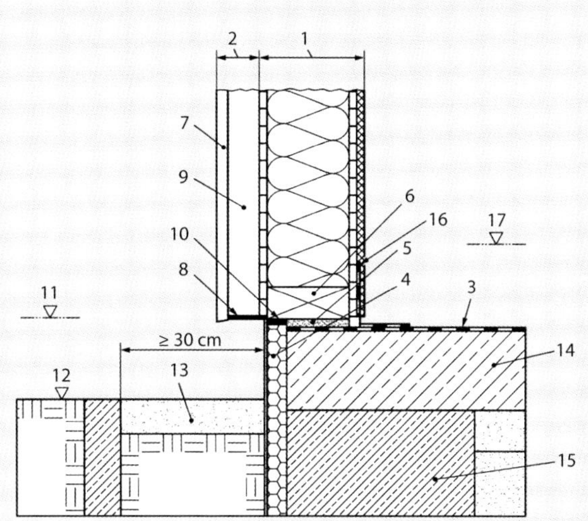

1 Wandkonstruktion variabel (z. B. Holztafelbau, Holzskelettbau, Massivholzbau)
2 vorgehängte belüftete oder hinterlüftete Fassade
3 Abdichtung nach DIN 18195-4
4 Perimeterdämmung mit Sockelputz
5 Untermörtelung
6 Holzschwelle (Gebrauchsklasse 0)
7 Fassade
8 Kleintierschutz
9 Luftraum
10 Fugenabdichtung (z. B. Fugendichtband)
11 Unterkante Schwelle im Endzustand mind. 15 cm über Geländeoberkante
12 Geländeoberkante
13 Kiesbett
14 Bodenplatte
15 Fundament
16 luftdichter Anschluss Wand–Betonbauteil (Bodenplatte/Keller)
17 Oberkante fertiger Fußboden

Abb. 6.113: Außenwandfußpunkt mit Schwelle außerhalb des Spritzwasserbereichs mit vorgehängter belüfteter oder hinterlüfteter Fassade (Quelle: DIN 68800-2, Bild A.11)

Diese Ausführung ist formal in Gebrauchsklasse 0 einzuordnen. Aus Sicht des Verfassers ist der bauliche Holzschutz verbesserungswürdig. Die Schwelle liegt lediglich 15 cm über Gelände und ist nur durch das Fugendichtband (10) vor Spritzwasser geschützt. Das Kiesbett (13) kann die Spritzwassereinwirkung auf die Unterkante der Wetterschutzbekleidung und auf die Fuge zur Schwelle nicht beseitigen, sondern nur abmindern. Der Sockel sollte daher mindestens 30 cm hoch ausgeführt werden.

Bei der Konstruktion in **Bild A.11** (Abb. 6.113) wäre an hölzernen Wetterschutzbekleidungen auch mit Bläue zu rechnen. Wenn diese Sockelzone der Bekleidung austauschbar ist und als Verschleißteil angesehen wird, ergibt sich eine „fehlende Notwendigkeit“ für Holzschutzmaßnahmen gemäß DIN 68800-1, Abschnitt 7.2. Diese Einstufung sollte Vertragsbestandteil der Leistung sein (siehe Kapitel 4). Kleinste Risse im Wärmedämm-Verbundsystem würden zu einer Auffeuchtung und Quellung des Dämmstoffs führen. Innerhalb weniger Jahre steigt damit auch die Feuchtebelastung der tragenden Hölzer im Sockel von Konstruktionen gemäß **Bild A.10**

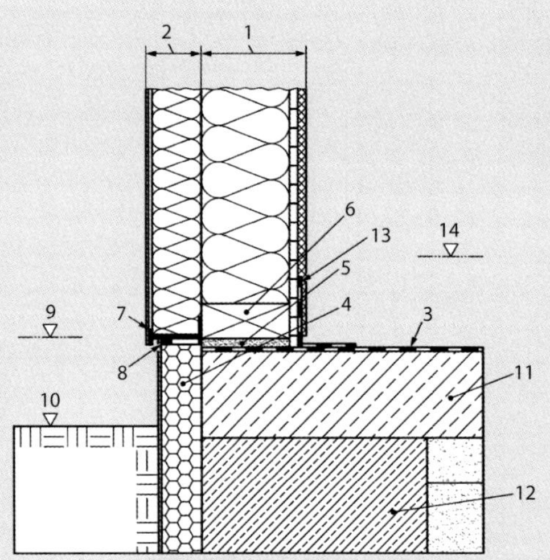

1 Wandkonstruktion variabel (z. B. Holztafelbau, Holzskelettbau, Massivholzbau), äußere Beplankung je nach verwendetem Wärmedämm-Verbundsystem optional
2 Wärmedämm-Verbundsystem mit bauaufsichtlichem Verwendbarkeitsnachweis
3 Abdichtung nach DIN 18195-4
4 Perimeterdämmung mit Sockelputz
5 Untermörtelung
6 Holzschwelle (Gebrauchsklasse 0)
7 Sockelschiene
8 Fugenabdichtung (z. B. Fugendichtband)
9 Unterkante Schwelle im Endzustand mind. 15 cm über Geländeoberkante
10 Geländeoberkante
11 Bodenplatte
12 Fundament
13 luftdichter Anschluss Wand–Betonbauteil (Bodenplatte/Keller)
14 Oberkante fertiger Fußboden

Abb. 6.114: Außenwandfußpunkt mit Schwelle außerhalb des Spritzwasserbereichs mit Wärmedämm-Verbundsystem (Quelle: DIN 68800-2, Bild A.10)

Diese Ausführung ist formal in Gebrauchsklasse 0 einzuordnen. Aus Sicht des Verfassers ist der bauliche Holzschutz jedoch deutlich verbesserungswürdig. Die Schwelle liegt lediglich 15 cm über Gelände. Damit ist die dargestellte Fuge (8) ebenso einer Spritzwasserbelastung ausgesetzt wie das Wärmedämm-Verbundsystem über dem Sockel. Selbst wenn diese Spritzwasserfeuchte nicht direkt an das Schwellenholz gelangt, ist zumindest mit Verschmutzungen sowie Algen- und Schimmelpilzbesiedlung an der Kante des Wärmedämm-Verbundsystems zu rechnen. Der Sockel sollte daher mindestens 30 cm hoch ausgeführt werden.

(Abb. 6.114) und **Bild A.14** (Abb. 6.115). Die Konstruktionen sind daher nicht besonders robust.

Bei den Konstruktionen gemäß **Bild A.12** (Abb. 6.116) und **Bild A.13** (Abb. 6.117) kann die vorangehend beschriebene Feuchte nicht an die tragenden Hölzer gelangen. Die in der DIN 68800-2 geforderte Abdichtung gemäß DIN 18195-4 „Bauwerksabdichtungen – Teil 4: Abdichtungen gegen Bodenfeuchte (Kapillarwasser, Haftwasser) und nichtstauendes Sickerwasser an Bodenplatten und Wänden, Bemessung und Ausführung“ (2011) verhindert dies. Durch diese Abdichtung ist keine Fehlertoleranz bei unplanmäßig eingedrungener Feuchte z. B. aus Rissen an Fensteranschlüssen gegeben. Abdichtungsbahnen nach DIN 18195-4 weisen in der Regel s_d-Werte von

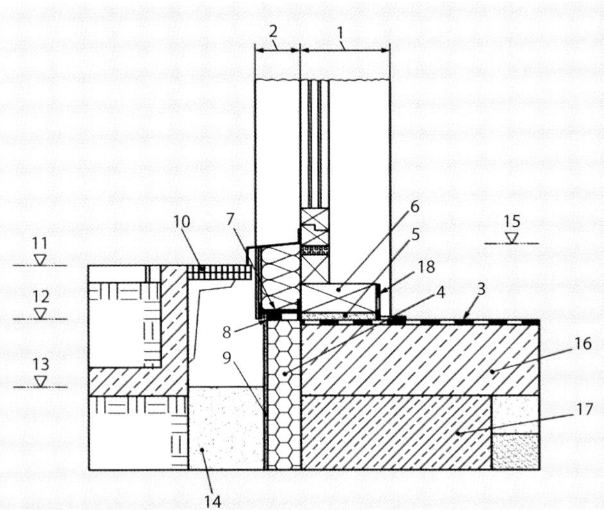

1 Wandkonstruktion (z. B. Holztafelbau, Holzskelettbau, Massivholzelement) mit Tür (nur schematisch dargestellt)
2 Wärmedämm-Verbundsystem mit bauaufsichtlichem Verwendbarkeitsnachweis
3 Abdichtung nach DIN 18195-4
4 Perimeterdämmung mit Sockelputz
5 Untermörtelung
6 Holzschwelle (Gebrauchsklasse 0)
7 Sockelschiene
8 Fugenabdichtung (z. B. Fugendichtband)
9 Dränageplatte
10 Gitterrost
11 Geländeoberkante
12 Unterkante Schwelle im Endzustand mind. 15 cm über Oberkante Kiesbett
13 Oberkante Kiesbett
14 Kiesbett
15 Oberkante fertiger Fußboden
16 Bodenplatte
17 Fundament

Abb. 6.115: Außenwandfußpunkt bei ebenerdigem Terrassenaustritt (Quelle: DIN 68800-2, Bild A.14)

Diese Ausführung ist formal in Gebrauchsklasse 0 einzuordnen. Die Rinne mit Gitterrost (10) verringert die Spritzwasserbelastung deutlich. Für Fenstertüren ist diese Konstruktionsweise gut geeignet.

200 bis 300 m auf. Einzelne Produkte haben s_d-Werte von 20 bis 30 m. Die Grundregel, außenseitig diffusionsoffen zu bauen, ist damit nicht eingehalten.

Auch nach innen ist die Rücktrocknungsmöglichkeit insbesondere bei Konstruktionen nach **Bild A.13** (Abb. 6.117). begrenzt Die Verwendung von diffusionsoffenen Fassadenbahnen statt Abdichtungen nach DIN 18195-4 verringert die Risiken zwar, entspricht formal aber nicht dem nachweisfreien Konstruktionstyp.

Kritisch ist festzustellen, dass die Unterschreitung der Sockelhöhe von üblicherweise ca. 30 cm unter Verwendung von Kiesstreifen oder Gitterrostrinnen weniger robuste und optisch innerhalb kurzer Zeit beeinträchtigte Sockel zur Folge hat. Auch wenn mit diesen Normkonstruktionen Gebrauchsklasse 0 erreicht werden kann, sollte eine Bauweise mit höheren Sockeln vorgezogen werden.

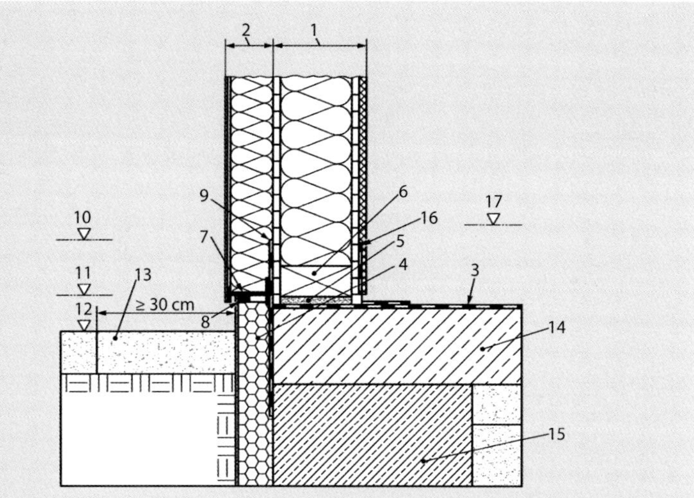

1 Wandkonstruktion variabel (z. B. Holztafelbau, Holzskelettbau, Massivholzbau)
2 Wärmedämm-Verbundsystem mit bauaufsichtlichem Verwendbarkeitsnachweis
3 Abdichtung nach DIN 18195-4
4 Perimeterdämmung mit Sockelputz
5 Untermörtelung
6 Holzschwelle (Gebrauchsklasse 0)
7 Sockelschiene
8 Fugenabdichtung (z. B. Fugendichtband)
9 Abdichtung nach DIN 18195-4
10 Oberkante Abdichtung im Endzustand mind. 15 cm über Geländeoberkante
11 Unterkante Schwelle im Endzustand mind. 5 cm über Geländeoberkante
12 Geländeoberkante
13 Kiesbett
14 Bodenplatte
15 Fundament
16 luftdichter Anschluss Wand–Betonbauteil (Bodenplatte/Keller)
17 Oberkante fertiger Fußboden

Abb. 6.116: Außenwandfußpunkt mit Schwelle im Spritzwasserbereich mit Kiesbett an der Außenwand (Quelle: DIN 68800-2, Bild A.12)

Diese Ausführung ist formal in Gebrauchsklasse 0 einzuordnen. Die Fehlertoleranz gegenüber unplanmäßig eingedrungene Feuchte ist jedoch gering. Das Wärmedämm-Verbundsystem ist dem Spritzwasser direkt ausgesetzt.

Die Holzforschung Austria hat eine Richtlinie veröffentlicht, die Abwandlungen der Sockelausführungen in Bild A.10 bis Bild A.14 der DIN 68800-2 enthält (vgl. Richtlinie Sockelanschluss im Holzhausbau als Leitfaden für die Planung und Ausführung, 2015). Zur Planung und Bewertung von Konstruktionen ist diese Richtlinie als Ergänzung der DIN 68800-2 hilfreich. Grundsätzlich bleiben jedoch die oben dargestellten Zweifel an der Robustheit mancher Konstruktionen bestehen. Bezüglich Sockelabdichtungen, die höher als der Fertigfußboden ausgeführt werden, wie sie bei den Konstruktionen in Bild A.12 (Abb. 6.116) und Bild A.13 (Abb. 6.117) der DIN 68800-2 oder z. B. bei Dachterrassenanschlüssen entstehen können, macht die Richtlinie der Holzforschung Austria spezifische Vorgaben. Die Wärmedämmung des Sockels muss hier auf der Außenseite der Abdichtung mindestens ein Drittel des Wärmedurchlasswiderstands der Wand ausmachen. Hintergrund dieser Vorgabe ist die bauphysikalisch ungünstige Lage der diffusionshemmenden Abdichtung. Mit der Überdämmung soll sie in eine wärmere Bauteilzone gebracht werden, damit im Winter das Risiko eines Feuchtestaus

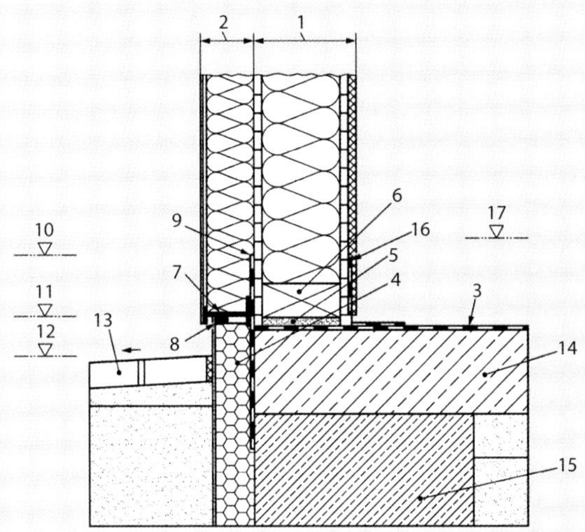

1 Wandkonstruktion variabel (z. B. Holztafelbau, Holzskelettbau, Massivholzbau)
2 Wärmedämm-Verbundsystem mit bauaufsichtlichem Verwendbarkeitsnachweis
3 Abdichtung nach DIN 18195-4
4 Perimeterdämmung mit Sockelputz
5 Untermörtelung
6 Holzschwelle (Gebrauchsklasse 0)
7 Sockelschiene
8 Fugenabdichtung (z. B. Fugendichtband)
9 Abdichtung nach DIN 18195-4
10 Oberkante Abdichtung im Endzustand mind. 15 cm über Geländeoberkante
11 Unterkante Schwelle im Endzustand mind. 5 cm über Geländeoberkante
12 Geländeoberkante
13 Gehbelag der Terrasse oder des Balkons (als Wasser führende Schicht mit mind. 2 % Gefälle)
14 Bodenplatte
15 Fundament
16 Dampfbremsschicht 10 cm höher als äußere Abdichtung nach DIN 18195-4 (s_d-Wert innen viermal höher als außen)
17 Oberkante fertiger Fußboden

Abb. 6.117: Außenwandfußpunkt mit Schwelle im Spritzwasserbereich mit festem Belag und Gefälle an der Außenwand (Quelle: DIN 68800-2, Bild A.13)

Diese Ausführung ist formal in Gebrauchsklasse 0 einzuordnen. Werden außen allerdings Abdichtungsstoffe nach DIN 18195-4 verwendet, besteht keine Trocknungsmöglichkeit für unplanmäßig entstandene Feuchte. Solche Konstruktionen sollten daher nur mit diffusionsoffenen Abdichtungsbahnen für Fassadenanschlüsse hergestellt werden. Die Sockelhöhe von 5 cm mit einem Pflasterbelag ist nicht geeignet, die Spritzwassereinwirkung auf das Wärmedämm-Verbundsystem abzumildern. Daher ist abzuraten, diese Ausführung zu wählen.

unter der Abdichtung verringert wird. Wenn eine Abdichtung mit einem s_d-Wert ≤ 2,0 m verwendet wird, kann nach Vorgaben der Holzforschung Austria auf die Überdämmung verzichtet werden. Wie oben in der Erläuterung zu Bild A.12 und Bild A.13 dargelegt, sind entsprechend diffusionsoffene Fassadenbahnen in der Regel nicht von der DIN 18195-4 erfasst. Formal wäre also keine direkte Bezugnahme auf die Konstruktionen in Bild A.12 und Bild A.13 der DIN 68800-2, sondern die Beschreibung einer Analogie zu diesen nachweisfreien Konstruktionen als „rechnerischer und sonstiger Nachweis“ (vgl. Kapitel 3.6.3.3) erforderlich, um formal die Gebrauchsklasse 0 zu erreichen.

Abb. 6.118: Verminderter Abstand von ≥ 15 cm zwischen Gelände und Fassadenbekleidung: Die Kiesschicht vermindert zwar die Spritzwasserbelastung, beseitigt sie jedoch nicht. Die Aufnahme entstand kurz nach der Fertigstellung des Gebäudes. Zu diesem Zeitpunkt war die Fassade am unteren Ende bereits verfärbt. Nutzer können die Belastung aus Unkenntnis noch steigern, indem sie – wie in diesem Fall – den Spritzwasserschutz durch Pflanzkübel gänzlich aufheben.

Die Holzforschung Austria lässt in ihrer Richtlinie für solche außen dampfdichte Sockel auch einen Nachweis der Gebrauchsklasse 0 über hygrothermische Simulationen zu. Dieses Vorgehen ist im Rahmen der DIN 68800-2, Abschnitt 5.2.4, durch die Regeln zum Tauwasserschutz abgedeckt. Es wird jedoch auf die in Kapitel 3 dargestellten Besonderheiten zur holzschutztechnischen Bewertung solcher Simulationen hingewiesen.

Fachwerkschwelle

Die Schwelle ist bei Sichtfachwerk der **Gebrauchsklasse 3.2** zuzuordnen. Wenn es zu Verschmutzungen oder permanenter Spritzwassereinwirkung kommt, ist sie der Gebrauchsklasse 4 zuzuordnen.

6.9 Fenster

6.9.1 Übliche Konstruktionsweisen

Moderne Holzfenster werden aus Kanteln mit 68 mm Breite und insbesondere für Dreischeibenverglasungen auch aus breiteren Kanteln gefertigt (Abb. 6.119). Daneben haben Verbundkonstruktionen als Holz-Metall-Fenster weite Verbreitung. Um den Wärmeschutz zu optimieren, werden auch Kanteln gefertigt, die Dämmstoffe aus Schaumkunststoff als Mittellage enthalten (Arnold/Wagner, 2012). Historische Fenster wurden meist mit deutlich dünneren Profilen und Einscheibenverglasung hergestellt. Früher waren auch Kastendoppelfenster eine weit verbreitete Bauweise.

Die Eckverbindungen werden üblicherweise als geklebte Schlitz-Zapfen-Verbindung ausgeführt (Abb. 6.120). Im deutschsprachigem Raum haben sich nach innen öffnende Blend-Flügelrahmen-Bauweisen mit Drehkippbeschlägen durchgesetzt.

Aus Österreich liegt eine für den konstruktiven Feuchteschutz und die Optimierung der Gewerkekoordination (siehe Kapitel 5) hilfreiche Richtlinie vor (Richtlinie Fensterbank für deren Einbau in WDVS- und Putzfassaden sowie in vorgehängten Fassaden, 2014). Sie ist zur Vertiefung ebenso zu empfehlen wie der Leitfaden der RAL-Gütegemeinschaft Fenster und Haustüren e. V. (vgl. Leitfaden zur Planung und Ausführung der Montage von Fenstern und Haustüren für Neubau und Renovierung, 2014).

Abb. 6.119: Aus 5 Schichten verklebte breite Kantel für einen Rahmen mit Dreischeibenverglasung

Abb. 6.120: Geklebte Schlitz-Zapfen-Verbindung der Rahmenecke

Abb. 6.121: Hohe Feuchtebelastung durch Schnee, der sich auf der Oberseite des Flügelrahmens dieses Fensters abgesetzt hat

6.9.2 Feuchteeinwirkungen

Als Hüllflächenbauteil unterliegt die Außenseite des Fensters der Wetterbeanspruchung. Insbesondere die unteren Rahmenecken sind von Niederschlägen (Abb. 6.121) und UV-Strahlung belastet.

Auf der Innenseite wirkt die Raumluftfeuchte. Beim Glasfalz kann Tauwasser entstehen. Eine untergeordnete Feuchteeinwirkung entsteht durch die nasse Reinigung der Fenster. Im historischen Kastendoppelfenster ist eine klimatische Übergangszone zwischen Raum- und Außenluft vorhanden, in der es zu Tauwasserausfall kommen kann.

Abb. 6.122: Abdeckung des Sturzbereichs durch ein Blech in der Schieferfassade: Das Fenster wird so auch bei geringer Laibungstiefe vor Wetterbeanspruchung geschützt.

In der Einbaufuge zwischen Fenster und Wand können Niederschläge und Konvektion zu Befeuchtungen führen. Deshalb müssen diese Fugen und die Sohlbänke mit baulichen Schutzmaßnahmen ausgebildet werden. Die Intensität der Feuchtebeanspruchung hängt wesentlich davon ab, ob das Fenster nach Westen bzw. Südwesten ausgerichtet ist (hohe Beanspruchung), ferner davon, ob es in einer tiefen Laibung oder unter einem schützenden Dachüberstand liegt (verminderte Beanspruchung). Auch die Einbauhöhe ist von Bedeutung; ab dem dritten Stockwerk ist von einer erhöhten Wetterbeanspruchung auszugehen.

In der Rohbauphase müssen Holzfenster vor überhöhter Luftfeuchte aus Anmachwasser von Mörteln geschützt werden (siehe Kapitel 5.2).

6.9.3 Schutz vor Feuchteeinwirkungen

Einbautiefe

Fenster sollten möglichst tief in der Laibung sitzen. Dadurch verringert sich die Witterungsexposition (siehe 60°-Regel, Kapitel 6.2.2). Auch Blendläden und Rollläden können die Wetterbeanspruchung vermindern, weil sie im geschlossenen Zustand eine direkte Bewitterung verhindern. Klebedächer (siehe Kapitel 6.7.3, Abb. 6.97) und Abdeckungen über dem Fenstersturz (Abb. 6.122) vermindern die Beanspruchung des darunter liegenden Fensters zusätzlich.

Beschichtung

Eine wichtige Funktion hat die Farbbeschichtung. Fenster sind maßhaltige Bauteile, deren Holzfeuchte sich im Gebrauch nur wenig ändern darf, wenn sie funktionsfähig bleiben sollen. Bei Beschichtung und Einbau sollte die Holzfeuchte zwischen 11 und 15 % liegen. Die Farbbeschichtung muss vollflächig aufgetragen werden und an bewitterten Kanten muss die Kantenrundung mit einem Radius ≥ 2 mm eingehalten sein (siehe Kapitel 6.6.3, Abb. 6.68). Auf die Oberflächen, die später in den Einbaufugen oder im Glasfalz verdeckt sind, müssen eine Grund- und eine Zwischenbeschichtung aufgetragen sein. Diese Anforderung ist in der DIN 68800-3 und in der VOB/C ATV DIN 18363 „Maler- und Lackierarbeiten – Beschichtungen"

Abb. 6.123: Auftragen eines V-Fugen-Siegels

Abb. 6.124: Außenschale des Holz-Metall-Fensters als umfassender Wetterschutz für das Holz der Fensterrahmen

(2012) festgeschrieben. V-Fugen und Hirnholzkanten sollten im Zuge des Beschichtungsaufbaus mit einem speziellen Versiegelungsmaterial geschützt werden (Abb. 6.123).

Die Beschichtungen sind kontinuierlich zu pflegen und zu warten. Anhaltspunkte für die Instandhaltungsintervalle finden sich z. B. in BFS-Merkblatt 18 „Beschichtungen auf Holz und Holzwerkstoffen im Außenbereich" (2006) und im informativen Anhang C der DIN 68800-3. Im VFF-Merkblatt HO.01 „Klassifizierung von Beschichtungen für Holzfenster, Holz-Metall-Fenster und -Außentüren" (2010) werden ebenfalls übliche Wartungsintervalle angegeben. Dort wird auch zwischen lasierenden und deckenden Beschichtungen unterschieden. Bei normaler oder erhöhter Wetterbeanspruchung sollten grundsätzlich nur deckende Beschichtungen gewählt werden, weil diese langlebiger sind. Zur Beschichtungsdicke werden im VFF-Merkblatt HO.03 „Anforderungen an Beschichtungssysteme für die werksseitige Beschichtung von Holz- und Holz-Metall-Fenstern, -Haustüren und -Fassaden" (2012) und im BFS-Merkblatt 18 Angaben gemacht. Bei Qualitätskontrollen sollten diese Angaben mit Sachverstand angewendet werden. Es ist nicht prinzipiell als Mangel anzusehen, wenn statt der in den Richtlinien geforderten Beschichtungsdicke von z. B. 100 µm „nur" 98 µm gemessen werden. Andererseits liegt ein Mangel vor, wenn die in den Richtlinien geforderte Schichtdicke zwar eingehalten ist, damit bei porigen Hölzern jedoch kein Verschluss der Gefäßporen erreicht wurde.

Wetterschutzschienen

Wetterschutzschienen verhindern die direkte Bewitterung der besonders exponierten Kante des unteren Blendrahmenholzes. Es ist wichtig, dass die Enden der Schienen sorgfältig abgedichtet sind. Hilfestellung bietet das VFF-Merkblatt HO.10 „Wetterschutzschienen an Holzfenstern" (2011). Die ebenfalls exponierte Kante des Flügelrahmens kann mit ähnlichen Schienen ausgestattet werden (Arnold, 2011). Holz-Metall-Fenster sind auf der gesamten Außenseite durch die Metallschale vor Bewitterung geschützt (Abb. 6.124).

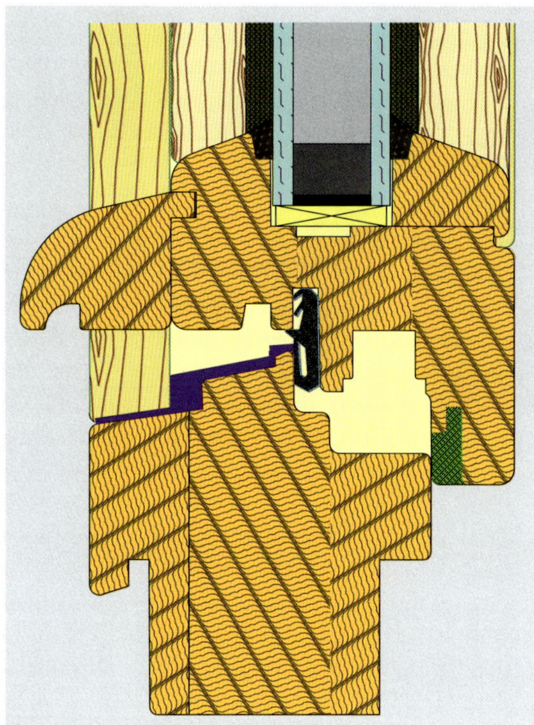

Abb. 6.125: Schnitt durch ein Profil mit Wasserabreißnuten, Kantenrundung und Versiegelung der bewitterten Eckfuge sowie der Fuge zum Wetterschenkel (dunkelblau)

Ablaufschrägen

Alle waagerechten Holzoberflächen auf der bewitterten Außenseite des Fensters müssen um mindestens 15° von der Verglasung nach außen geneigt sein. Dies soll verhindern, dass Wasser auf waagerechten Oberflächen stehen bleibt.

Wasserabreißnuten

Die Rahmenprofile werden meist nach DIN 68121-1 „Holzprofile für Fenster und Fenstertüren; Maße, Qualitätsanforderungen" (1993) und DIN 68121-2 „Holzprofile für Fenster und Fenstertüren; Allgemeine Grundsätze" (1990) geformt. Darin wird für die Wasserabreißnut am unteren Flügelholz mindestens 7 mm Breite und 5 mm Tiefe vorgeschrieben. Abreißnuten an Profilen, die nicht DIN 68121 entsprechen, müssen ähnliche Maße haben, damit sie zuverlässig funktionieren (Abb. 6.125). Zu Details siehe z. B. Arnold/Wagner 2012.

Holzwahl

Durch die Wahl geeigneten Holzes lassen sich Folgen von Feuchteeinwirkungen minimieren. Eine gute Hilfestellung bietet das VFF-Merkblatt HO.06-1 „Holzarten für den Fensterbau – Teil 1: Eigenschaften, Holzartentabelle. Holzarten zur Herstellung maßhaltiger Bauteile" (2013). Darin sind viele Holzarten beschrieben, die als bewährt im Fensterbau gelten. Kriterien zur Holzwahl im Sinne des baulichen Holzschutzes sind neben der natürlichen Dauerhaftigkeit auch die Feuchteangleichgeschwindigkeit und die Dimen-

Abb. 6.126: Luft- und dampfdichter Anschluss der Innenfuge eines Holzfensters im Massivbau. Das Dichtprofil hat eine Gittergewebekante, die in den Laibungsputz eingebettet wird.

sionsstabilität. Hölzer mit geringer Feuchteangleichgeschwindigkeit werden in der Regel nicht sehr feucht, da Niederschläge und Tauwasser nur kurzzeitig einwirken. Eine gute Dimensionsstabilität begrenzt die Auswirkungen von Fehlstellen mit Auffeuchtung.

Kombination von nachträglicher Fassadendämmung und Fenstererneuerung

Wenn historische Fenster mit verhältnismäßig großem Luftdurchgang zwischen Flügel- und Blendrahmen durch moderne dichte Fenster ersetzt werden, muss zum Feuchteschutz das Lüftungsverhalten geändert werden, da weniger Feuchte durch den Luftstrom in der Fuge abgeführt wird als zuvor. Außerdem ist die Verglasungsqualität neuer Fenster besser, sodass weniger Tauwasser an der Scheibenkante entsteht. Dies ist einerseits positiv, da das Tauwasser nicht mehr so oft abgewischt werden muss, andererseits aber negativ, da anteilmäßig mehr Feuchte an anderen Wärmebrücken ausfällt – vielfach unmittelbar neben dem Fenster in der inneren Laibung. Deshalb sollte bei Einbau neuer wärmedämmender dichterer Fenster überprüft werden, ob die Fassadendämmung noch ausreichend vor Tauwasser an Wärmebrücken schützt. gegebenenfalls sollten neue Fenster nur in Kombination mit einer Wärmedämmung der Wände eingebaut werden. Hierbei ist darauf zu achten, dass die Wärmedämmung in der äußeren Laibung bis auf den Blendrahmen geführt wird. Holzbauweisen sind dabei weniger anfällig als mineralische Bauweisen, weil die Wärmebrücke in der Laibung durch die verhältnismäßig gut dämmenden Holzbauteile nicht sehr ausgeprägt ist.

Einbaufuge

Die Fuge zwischen Fenster und Wand gliedert sich in **3 Funktionszonen**:

- eine **dampfdiffusionshemmende, luftdichte Schicht** auf der Innenseite
- eine **wärmedämmende, schalldämmende Schicht** in der Fugenmitte
- eine **regendichte, diffusionsoffene Schicht** an der Fugenaußenseite

Die innenseitige Schicht lässt sich meist mit speziellen Klebebändern herstellen, die in die Luftdichtheits-/Dampfbremsebene der Wand eingearbeitet werden (Abb. 6.126).

Abb. 6.127: Fenster vor dem Einbau auf der Baustelle: An der Unterseite erfüllt ein spezielles Quellband alle 3 Fugenfunktionen. An der Außenseite ist ein vorkomprimiertes Dichtband angebracht, das zum Maueranschlag dichtet. An der Innenseite ist ein einputzbares Klebeband zur Herstellung der Luft- und Dampfdichtheit montiert.

Ebenso können vorkomprimierte Dichtbänder in die Fugen eingesetzt werden. Auch fachgerecht dimensionierte Versiegelungen mit spritzbaren Dichtstoffen sind möglich. Hierbei ist darauf zu achten, dass ein Hinterfüllprofil eine Dreiflankenhaftung der Dichtmasse verhindert und dass die Breite der Fuge auf die zu erwartenden Fugenbewegungen und die Dehnfähigkeit der Dichtmasse abgestimmt ist. Als Faustregel kann gelten, dass die so abgesiegelte Fuge mindestens 10 mm breit sein muss. Weitere Hilfen zur Dimensionierung finden sich im IVD-Merkblatt Nr. 9 „Spritzbare Dichtstoffe in der Anschlussfuge für Fenster und Außentüren. Grundlagen für die Ausführung" (2014).

Die mittlere Schicht kann z. B. aus Mineralwolle oder Polyurethanschaum bestehen. Die äußere Schicht kann aus vorkomprimierten Dichtbändern gegebenenfalls mit UV-Schutzabdeckung, spritzbaren Dichtstoffen und – bei nur geringer Fugenbewegung – mit dafür vorgesehenen Anputzprofilen hergestellt werden. Es stehen auch quellfähige Dichtbänder Verfügung, die alle 3 Funktionen in sich vereinen. Die jeweiligen Produktunterlagen sowie der erwähnte Leitfaden der RAL-Gütegemeinschaft Fenster und Haustüren e. V. (Leitfaden zur Planung und Ausführung der Montage von Fenstern und Haustüren für Neubau und Renovierung, 2014) geben Hilfestellung bei der Dimensionierung der Fugen und bei der Materialwahl. Beispiele für die verschiedenen Fugenfüllstoffe zeigt Abb. 6.127.

Sohlbank

Besonderes Augenmerk ist auf die Sohlbank zu richten. Hier haben sich zweistufige Systeme aus oberer Blechbank und unterer Folienwanne bewährt.

Unter nicht schlagregendichten Sohlbänken, z. B. aus Holzbrettern, oder nicht wannenförmig geformten Sohlbänken, z. B. aus Naturstein, ist eine zweite, wannenförmige Abdichtung erforderlich. Nur beim Bauen im historischen Bestand können gegebenenfalls andere Lösungen mit dem Auftraggeber vereinbart werden. Auf dem Brüstungsriegel bzw. der Brüstungskante mit der äußeren Wärmedämmschicht und gegebenenfalls der Wetterschutz-

Abb. 6.128: Randaufkantung einer Blechsohlbank, die mit vorkomprimiertem Dichtband flexibel an das Holzfaser-Wärmedämm-Verbundsystem eines Holzbaus angeschlossen wird

Abb. 6.129: Blechsohlbank mit eingedichteter Endkappe: Am Blendrahmen ist sie hinter die Abreißnut des Holzprofils geführt. Das Laibungsbrett greift über die Aufkantung, damit Wasser abgeleitet wird. Der Blendrahmen ist mit einer Wetterschutzschiene vor Regen und Hagel sowie UV-Strahlung geschützt.

bekleidung wird eine wasserdichte Folie verlegt, die an den Laibungen und am Blendrahmen aufgekantet ist. Die Aufkantungsecke zwischen Blendrahmen und Laibung bildet dabei einen Schwachpunkt. Hier muss die Folienwanne sorgfältig verklebt sein. Auf tragfähigen Untergründen können auch Flüssigabdichtungen mit Aufkantungen ausgebildet werden. Hier ist darauf zu achten, dass die Übergänge zwischen Rohbausohlbank und Aufkantung der Abdichtung im Gebrauch nicht reißen. Die Blechsohlbank darüber muss abgedichtete Endkappen oder verlötete Aufkantungen aufweisen. Auch hier ist der Übergang zwischen Blendrahmen und Laibung wasserdicht herzustellen. Die thermische Längenänderung von Blechsohlbänken ist beachtlich. Diese Bewegung muss entweder mit ausgleichenden, wasserdichten Endkappen oder mit flexiblen Abdichtungen zwischen Aufkantung und Laibung aufgenommen werden (Abb. 6.128).

Verschraubungen an Blendrahmen erfordern Langlöcher, um die Bewegungen aufzunehmen. Die Aufkantung des Bleches vor dem Blendrahmen sollte hinter eine Wasserabreißnut greifen (Abb. 6.129) und mit einem vorkomprimierten Dichtband hinterlegt sein. Führungsschienen für Rollläden müssen auf die Sohlbank entwässern. Hierzu müssen die Schienen auf der Außenseite der Aufkantungen in Laibung und Blendrahmen montiert werden.

An Fenstertüren ist prinzipiell ebenso zu verfahren, hier muss die Sohlbank jedoch trittsicher sein. Die in der DIN 68800-2, Bild A.14, dargestellte Gitterostrinne (siehe Kapitel 6.8.5, Abb. 6.115) eignet sich gut, die Spritzwasserbelastung zu vermindern.

Die Sohlbank sollte mindestens 5° Neigung und 40 mm Überstand aufweisen. Die Neigung sollte auch in der Rohbausohlbank unter der Folienwanne ausgebildet werden.

Rahmenecke

Besonders gefährdet ist die untere Rahmenecke von Flügel- und Blendrahmen. Sie ist stark exponiert. Fehlstellen in der Verklebung wirken sich hier besonders schädlich als saugende Pressfugen aus. Deshalb ist es unerlässlich, dass die Rahmenecken vollflächig verklebt werden.

Kastenfenster

Bei der Überarbeitung von Kastenfenstern ist darauf zu achten, dass die Fugen des äußeren Rahmens weniger stark luftdicht ausgebildet werden als die des inneren Rahmens. Anderenfalls reichert sich Feuchte im Zwischenraum an und die relative Luftfeuchte steigt. Im Winter entsteht dann lang anhaltend Tauwasserausfall. In vielen Fällen sind historische Kastenfenster mit einem Tauwassersammelbehälter versehen. Dieser muss funktionstüchtig erhalten bleiben. Die Nutzer sollten auf die Funktionsweise hingewiesen werden. In manchen Fällen müssen die Behälter aktiv geleert werden.

Grenzen des baulichen Feuchteschutzes an Fenstern

Oft ist am Markt nur geringwertiges Rohmaterial für Rahmen verfügbar. Fensterkanteln werden inzwischen meist als dreischichtig laminierte Rohblöcke importiert. Der Splintholzanteil ist vielfach sehr hoch (Abb. 6.130; vgl. auch Huckfeldt, 2011).

Deshalb ist es manchmal erforderlich, den baulichen Holzschutz durch chemisch vorbeugenden Holzschutz zu ergänzen. Wenn chemisch vorbeugender Schutz ausgeführt wird, empfiehlt die DIN 68800-3, die üblichen Auftragsverfahren (Streichen, Kurztauchen, Fluten, Spritzen in geschlossenen Anlagen) am Einzelteil vor dem Verkleben auszuführen (Abb. 6.131). So kann erreicht werden, dass die besonders gefährdete Eckverbindung an allen zusammengefügten Oberflächen Holzschutzmittel aufweist. Diese Empfehlung findet sich im informativen Anhang C der DIN 68800-3. Der Verband Fenster + Fassade hat ein Merkblatt veröffentlicht, das den lediglich empfehlenden, nicht verbindlichen Charakter der Einzelteilimprägnierung hervorhebt (VFF-Merkblatt HO.11 „Holzschutz bei Holz- und Holz-Metall-Fenstern, -Haustüren, -Fassaden und -Wintergärten“ [2013]). Holzschutztechnisch ist es dennoch sehr sinnvoll, dieses Verfahren zu wählen, wenn chemisch vorbeugend geschützt wird. So wirkt das Schutzmittel auch bei Fehlstellen in der Eckverklebung, die anderenfalls ungeschützt dem Feuchteangriff ausgesetzt wären.

In der DIN 68800-3, Tabelle C.1, werden zum chemisch vorbeugenden Holzschutz auch Hilfestellungen gegeben, um nach Holzart, Splintholzanteil und Gebrauchsklasse zu entscheiden, ob Holzschutzmittel gegen Holz zerstörende Pilze oder Bläuepilze angewendet werden sollen. In der DIN 68800-1, Tabelle E.1, ist dagegen die entgegengesetzte Betrachtungsweise – die Vermeidung chemischen Fäulnisschutzes durch Wahl dauerhafter Hölzer – repräsentiert. Es ist darauf hinzuweisen, dass eine fehlstellenfreie Beschichtung Grundvoraussetzung für den Schutz der Fenster ist. Weiterführende Literatur zu Holzfenstern enthält ebenfalls Vorschläge, wann ein chemisch vorbeugender Holzschutz eingesetzt werden sollte (vgl. z. B. Arnold/Lukowsky, 2011). Wenn Splintholzanteile vorhanden sind, sollte immer – auch bei Laubhölzern – ein Bläueschutz im Beschichtungsaufbau vorgesehen werden. Die

Abb. 6.130: Fensterkantel mit hohem Splintholzanteil (helle Partien; das Kernholz ist mittels Farbreagenzien dunkelrot eingefärbt)

Abb. 6.131: Spritztunnel zur Holzschutzimprägnierung der einzelnen Rahmenhölzer vor dem Verkleben. Bei Imprägnierung vor dem Verkleben gelangt das Holzschutzmittel so an die besonders gefährdeten Oberflächen der Schlitz-Zapfen-Verbindung.

VOB/C ATV DIN 18363 legt fest, dass Nadelhölzer im Außenbereich immer mit einer bläueschützenden Grundbeschichtung zu versehen sind. Die Norm unterscheidet daher nicht zwischen Splint- und Kernholz. Dies ist nachvollziehbar, weil in der Regel keine absolut splintfreie Ware verarbeitet wird. Auch beim Holz-Metall-Fenster sollte in der Grundbeschichtung ein chemischer Bläueschutz verwendet werden.

6.9.4 Schutz gegen Insektenbefall

Insekten befallen Fenster und andere maßhaltige Bauteile nur sehr selten. Sollte dennoch ein Risiko aufgrund besonderen Befallsdrucks (siehe Kapitel 2.2) bestehen, kann dem durch die Wahl der Holzart (siehe Kapitel 2.1.2, Tabelle 2.1, und Kapitel 2.2, Tabelle 2.3) und Vermeidung des Einsatzes von Splintholz begegnet werden. Ein chemisch vorbeugender Schutz gegen Holz zerstörende Insekten ist gemäß informativem Anhang C.2.4 der DIN 68800-3 nicht der Regelfall und bedarf einer besonderen vertraglichen Vereinbarung.

6.9.5 Gebrauchsklassenzuordnung

Regelfall für **maßhaltige Außenbauteile wie Fenster und Türen ist die Gebrauchsklasse 3.1**. Die Bauteile sind bewittert, die Farbbeschichtung schützt vor punktuellen Feuchteanreicherungen. Damit die Schutzwirkung der Beschichtung erhalten bleibt, muss sie regelmäßig gewartet werden. Wenn ein ausreichender Schlagregenschutz gewährleistet ist, kann eine Einstufung in

Gebrauchsklasse 2 oder 0 erfolgen. Eine Einstufung in Gebrauchsklasse 1 erfolgt in der Regel nicht, da das Insektenbefallsrisiko verschwindend gering ist (siehe Kapitel 6.9.4). Für eine bessere Einstufung siehe auch Kapitel 6.9.2 und 6.9.3. Eine funktionsfähige Wetterschutzschale beim Holz-Metall-Fenster begründet ebenfalls die Einstufung in Gebrauchsklasse 2 oder 0.

6.10 Balkendecken

6.10.1 Übliche Konstruktionsweisen

Im modernen Holzbau sind Balkendecken mit aussteifender Beplankung aus Spanplatten oder OSB-Platten, Einschüben aus Mineralwolle und Deckenuntersichten aus Gipsplatten üblich. Gelegentlich kommen auch vorgefertigte, verleimte Kastenelemente, Brettsperrholzscheiben oder Brettstapeldecken zum Einsatz. Auf den genannten Konstruktionen können mineralische Estriche, Trockenestriche oder andere Bodenaufbauten verlegt sein. Selten werden auch Deckenvarianten mit von unten teilweise oder vollständig sichtbaren Balken gebaut.

Historische Balkendecken waren seit der Gründerzeit meist mit einer Nut-Feder-Dielung belegt. Auf hölzernen Einschubböden waren Schüttungen aus Lehm, Sand, Schlacke o. Ä. verlegt und die Deckenuntersicht wurde durch eine Brettschalung mit Schilfrohr und Verputz oder Verputz auf einer Spalierlattung gebildet. Ältere historische Decken waren oft mit Lehmwickelstaken zwischen den Balken gefüllt und an der Unterseite verputzt. Die historische Entsprechung der Brettstapeldecke ist die „Dippelbaum"- oder „Mann-an-Mann-Decke".

Im Mauerwerksbau binden die Balkenköpfe in der Regel in die Wände ein. Bei historischen Decken liegen die Balkenköpfe oft auf Mauerlatten. Im modernen, etagenweisen Holzbau (sogenanntes Platform-Framing) binden die Balkenköpfe in die Holzbauwand ein und liegen auf einem Rähm auf. Beim sogenannten Balloon-Framing durchstoßen die Balken die Außenwände nicht.

6.10.2 Feuchteeinwirkungen

Deckenfläche

Decken zwischen Räumen mit Wohnraumklima unterliegen in der freien Fläche keiner besonderen Feuchtebeanspruchung. In Spritz- und Schwallwasserbereichen und in Nassräumen mit Bodeneinlauf entsteht jedoch eine Feuchtebelastung aus der Nutzung (siehe auch Kapitel 6.7.3).

Decken zu nicht beheizten Dachböden und zu Kellern grenzen an unterschiedliche Klimate. Daraus ergibt sich eine ungleichmäßige Feuchteverteilung mit Feuchteanreicherung an der kalten Seite.

Streichbalken, Balkenkopf und Mauerlatte

Die Ränder der Decken zu Außenwänden liegen in Zonen mit geringerer Temperatur. Daraus entsteht eine hygrothermische Beanspruchung. Wenn der Schlagregenschutz an Balkenköpfen nicht ausreichend ist, kommt es immer wieder zu erhöhten Holzfeuchten in der Auflagertasche. Ein Teil der Feuchte wird kapillar über das Mauerauflager an den Balkenkopf transportiert.

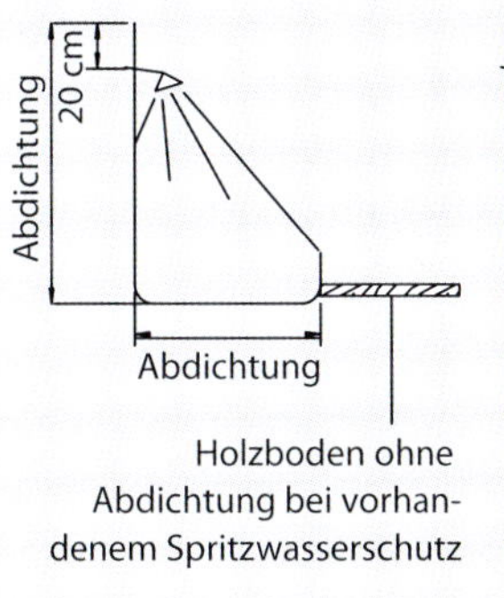

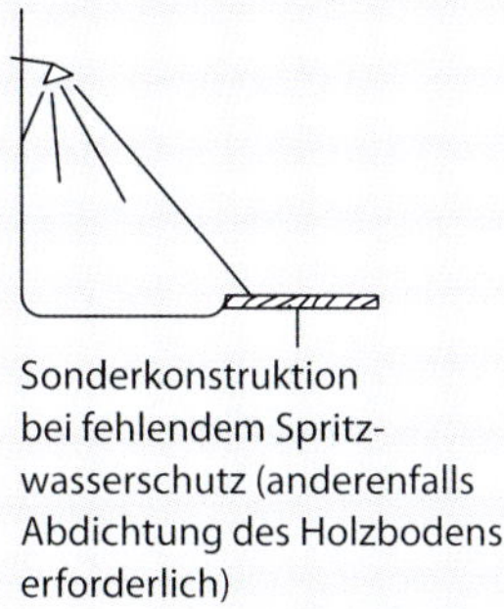

Abb. 6.132: Holzboden im Spritz- und Schwallwasserbereich bei vorhandenem Spritzwasserschutz (links) und bei fehlendem Spritzwasserschutz (rechts)

Abb. 6.133: Nicht unmittelbar auf dem Fliesenbelag aufstehendes Türfutter. Die Silikonfuge muss gewartet werden.

6.10.3 Schutz vor Feuchteeinwirkungen

Deckenfläche in Wohnetagen

In der Regel sind an Decken zwischen 2 Wohnetagen keine besonderen Feuchteschutzmaßnahmen erforderlich. Im Schwallwasserbereich von häuslichen Bädern müssen Abdichtungen einschließlich Randaufkantung unter dem Fliesenbelag vorgesehen werden. Wenn Spritz- und Schwallwasser nicht an den Boden gelangt, kann er ohne Abdichtung aus Holzwerkstoffen gebaut werden (Abb. 6.132, links). Sollte doch einmal Wasser auf den Boden spritzen, ist es unverzüglich abzuwischen. Die DIN 68800-2, Abschnitt 9.1, besagt sinngemäß Gleiches. Anderenfalls handelt es sich um eine nicht zu empfehlende Sonderkonstruktion (Abb. 6.132, rechts). Auch die in Abb. 6.132, links, dargestellte Lösung bietet sich eher bei geringer Nutzungsbeanspruchung an. Wenn Holzböden versehentlich etwas befeuchtet werden, entstehen leicht Farbveränderungen. Mehr Sicherheit bietet ein Fliesenbelag auf Verbundabdichtung.

Wenn der Schwallwasserbereich bei Türdurchgängen liegt, sollte eine Schwelle im Bodenaufbau angelegt werden. Türfutter aus Holzwerkstoffen dürfen nicht im Schwallwasserbereich angeordnet werden. Sie sollten mit einer Fuge von 6 bis 10 mm oberhalb des Fliesenbelags enden. Die Fuge ist abzusiegeln (Abb. 6.133). Die Versiegelung ist während der Nutzung zu kontrollieren und bei Bedarf zu erneuern.

Hilfestellung gibt hier die Schrift des Informationsdienstes Holz „Bäder und Feuchträume im Holzbau und Trockenbau“ (Informationsdienst Holz, 2007). In Bereichen ohne Spritzwassereinwirkung sind auch Holzbeläge ohne Abdichtungsmaßnahmen zulässig. Wenn es sich dagegen um einen Nassraum handelt, müssen die gesamte Bodenfläche sowie entsprechend beanspruchte Wände nach DIN 18195-5 „Bauwerksabdichtungen – Teil 5: Abdichtungen gegen nichtdrückendes Wasser auf Deckenflächen und in Nassräumen, Bemessung und Ausführung“ (2011) abgedichtet werden. Nassräume sind dadurch gekennzeichnet, dass sie einen Bodeneinlauf haben. Gewerbliche Nassräume müssen abgedichtet werden; hier muss im Einzelfall geplant werden.

Deckenfläche zum nicht beheizten Dachraum

Vor Niederschlägen ist die Decke zum nicht beheizten Spitzboden durch die Dachdeckung in der Regel ausreichend geschützt. Gegen unzuträglich hohe Luftfeuchte oder Tauwasserausfall in der Konstruktion ist eine lückenlose Luftdichtheitsschicht erforderlich. Außerdem ist die durch Wasserdampfdiffusion bedingte Feuchte zu begrenzen (siehe Kapitel 3.6.3.2 und 5.2).

Hierzu eignen sich neben zur kalten Oberseite hin abnehmenden s_d-Werten der Bauteilschichten auch Wärmedämmungen auf der Deckenoberseite. Dies ist bei nachträglichen Ertüchtigungen vorteilhaft. Diese Dämmschichten auf der Decke müssen lückenlos verlegt sein und die Wärmedämmung muss bei Kehlbalkenlagen auch im Bereich der Dachschräge vorhanden sein (Abb. 6.134).

Eine lückenlose Ausdämmung des gesamten Deckenhohlraums bietet sich im Neubaubereich an. Nachteilig wirkt dabei allerdings, dass die obere Abdeckung verhältnismäßig stark diffusionsoffen sein muss. Vollholzschalungen sind deshalb vorteilhafter als Holzwerkstoffplatten. Wenn die Kehlbalkenlage als Scheibe ausgebildet werden muss, ist der statische Nachweis und die Konstruktion mit Brettschalung aufwendiger, aber realisierbar. In Absprache mit dem Tragwerksplaner kann auch geklärt werden, ob eine Verlegung des Belages mit Spalten oder Bohrungen möglich ist, um einen verbesserten Dampfdruckausgleich zum Dachboden zu erzielen (Abb. 6.135).

Im Baubestand sind die Decken oft nicht vollständig mit Dämmstoff gefüllt. Es bietet sich an, diese Querschnitte zur Feuchteabfuhr gezielt zu belüften. Hierfür sind an 2 gegenüberliegenden Seiten Öffnungen in der Größe von jeweils mindestens 2 ‰ der Deckenfläche, jedoch jeweils mindestens 200 cm^2 je m Deckenlänge (Balkenlänge) zwischen den beiden Lüftungsseiten erforderlich (Abb. 6.136). Die Öffnungen können auch in der Ebene der Sparrenlage liegen. Die Einbausituation der Balkenlage ist Gebrauchsklasse 1 zuzuordnen.

In der Nutzungsphase dürfen keine dampfdichten Beläge wie Folien, PVC u. Ä. auf den Decken ausgelegt werden, da sich unter den Folien Feuchte staut. Dies kann zu Pilzbefall führen.

Praxistipp

Es empfiehlt sich, auf dem anzubringenden Schild mit dem Hinweis auf regelmäßig durchzuführende Kontrollen zu vermerken, dass keine Bodenbeläge auf der Decke zum nicht ausgebauten Dach verlegt werden sollen, weil sich darunter Feuchte stauen kann.

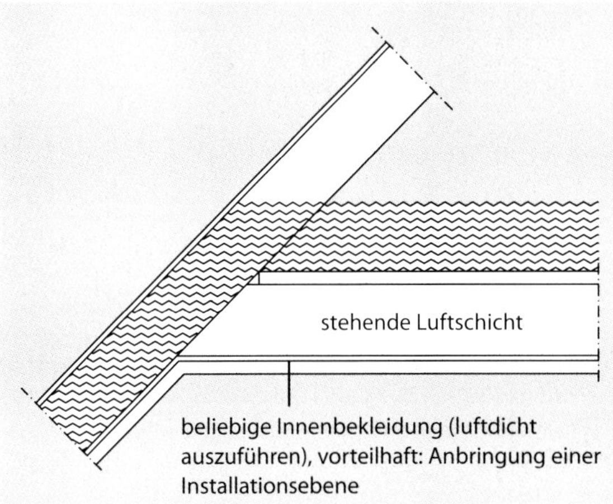

Abb. 6.134: Überdämmung des Deckenbelags mit Anschluss an die Dachschrägendämmung (Einbeziehung des Belages in die beheizte Gebäudezone)

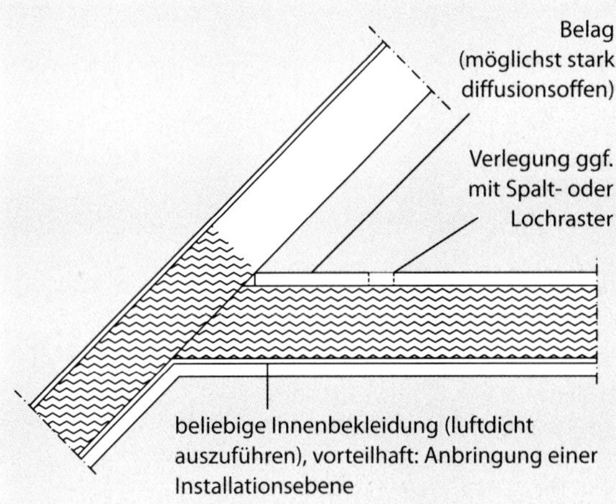

Abb. 6.135: Vollständig ausgedämmte Balkenlage (möglichst stark diffusionsoffener Belag erforderlich)

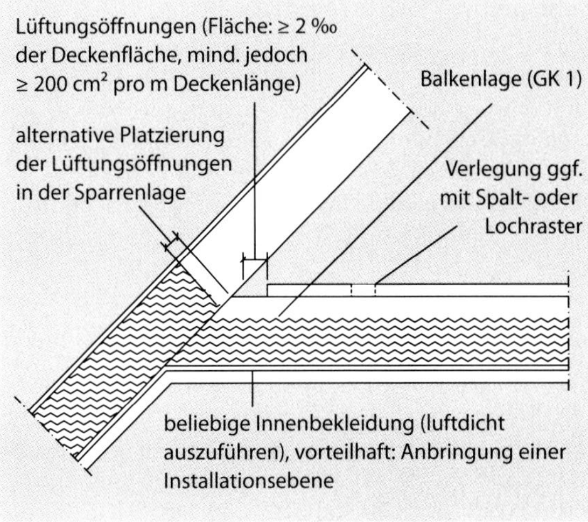

Abb. 6.136: Nicht vollständig ausgedämmte Balkenlage mit Lüftungsöffnungen an den Rändern der Decke

Abb. 6.137: Zuluftventilator (links) und Abluftventilator (rechts) einer feuchtegesteuerten Lüftungseinrichtung. Im Zuluftventilator befindet sich die Steuereinheit, die den absoluten Wassergehalt von Innenluft und Außenluft vergleicht.

Deckenfläche zum nicht beheizten Keller

Neubaukeller sind so gut abgedichtet, dass ein recht trockenes Klima herrscht und keine Erdfeuchte über die Außenwände an Balkenköpfe geleitet wird. Auch der Wärmeschutz von nicht geheizten Kellern in Neubauten ist in der Regel besser als in Altbauten. Deshalb ist damit zu rechnen, dass die Temperatur im Keller nur einige Kelvin unter der Wohnraumtemperatur liegt. Wenn Luft mit 20 °C und 50 % relativer Luftfeuchte aus dem Wohnraum in einen rund 15 °C kühlen Keller gelangt, steigt die relative Luftfeuchte auf knapp 70 % an. Dieser Wert ist für das Risiko eines Pilzbefalls an Holz noch unkritisch. In Altbauten ist jedoch regelmäßig mit feuchteren Kellern zu rechnen. In 2 m Tiefe hat das Erdreich im Jahresmittel eine Temperatur von ca. 10 °C und eine relative Porenluftfeuchte von 100 %. Dies bedeutet, dass durch den Kellerboden und die Wände Feuchte in den Keller transportiert wird. Die Temperatur der Luft im Keller ist ebenfalls eher niedrig. Daher ist mit recht hohen relativen Luftfeuchten im Keller zu rechnen.

So wurden z. B. in einem feuchten Altbaukeller von August bis März Luftfeuchtewerte um einen Mittelwert von 83,7 % und Temperaturwerte um einen Mittelwert von 11,8 °C gemessen. In einem trockenen Altbaukeller lagen in etwa dem gleichen Zeitraum die durchschnittliche relative Luftfeuchte bei 58,8 % und die durchschnittliche Temperatur bei 14,3 °C. In der Literatur werden für Altbaukeller relative Luftfeuchten zwischen 60 und 80 % angegeben (vgl. z. B. Wünsche, 1952). Da diese Werte 1952 veröffentlicht wurden, beziehen sie sich auf Keller ohne besondere Baumängel. Bei unterdurchschnittlicher Bausubstanz ist von noch höheren relativen Luftfeuchten auszugehen.

Mit feuchtegesteuerten Lüftungseinrichtungen kann ein Keller automatisch zum „richtigen“ Zeitpunkt gelüftet werden. Bei diesen Systemen wird der absolute Wassergehalt der Außenluft mit dem der Luft im Keller verglichen. Die relative Luftfeuchte ist hier als Steuergröße nicht geeignet, da sie temperaturabhängig ist und da in Kellern, besonders im Sommer, geringere Temperaturen als außen herrschen; unkontrollierte Lüftung im Sommer kann die Luftfeuchte in Kellern deshalb erhöhen. Die Lüftung wird daher nur angesteuert, wenn die Außenluft weniger Wasser enthält als die Luft im Keller (Abb. 6.137).

Ob eine Dampfbremse erforderlich wird und wie stark dampfdicht Bodenbeläge und Deckenuntersichten sein dürfen, muss im jeweiligen Fall mittels des Tauwasserschutznachweises geklärt werden. Hierbei muss ein realistisches Klima für die Luft im Keller angesetzt werden. Die Randbedingungen sollten daher immer so gewählt werden, dass sie auf der „sicheren Seite" liegen. Alle Kellerdecken müssen luftdicht ausgebildet werden. Als Werkstoffplatte für die untere Bekleidung der Decken sollten ausgesprochen feuchterobuste Baustoffe gewählt werden (siehe Kapitel 7). So sind z. B. zementgebundene Spanplatten hierfür geeignet.

Es empfiehlt sich, bei feuchten Altbaukellern die Holzdecken gegen andere Bauweisen wie Stahlbetondecken oder Ziegeleinhangdecken auszutauschen. Dies gilt insbesondere dann, wenn bereits lokale Pilzschäden am Bestand vorgefunden werden.

Deckenfläche zum Kriechkeller

Hier entsteht die wesentliche Feuchtebelastung aus der Feuchteabgabe des als wassergesättigt anzunehmenden Erdreichs. Diese Feuchte muss daran gehindert werden, in die Luft des Kriechkellers überzugehen. Zu diesem Zweck müssen dampfbremsende Beläge mit einem s_d-Wert ≥ 100 m lückenlos auf dem Erdreich verlegt werden. Der Feuchteanteil, der diese Barriere durchdringt, muss über ausreichende Belüftung abgeführt werden. Die Belüftungsöffnungen sind gleichmäßig zu verteilen, sodass keine Zonen verbleiben, in denen der Luftaustausch nicht zustande kommt. Die Öffnungen müssen Querschnittsflächen zwischen 10 und 20 cm^2 je m^2 Grundfläche aufweisen. Der Luftraum muss mindestens 20 cm hoch sein. Damit Wartungsarbeiten möglich sind, sollte allerdings eine Luftraumhöhe von mindestens 50 cm gewählt und ein Einstieg vorgesehen werden.

Je höher die Lufttemperatur im Kriechkeller, desto geringer ist bei gleichem absolutem Wassergehalt der Luft die relative Luftfeuchte. Die relative Luftfeuchte ist die für die Risikobewertung ausschlaggebende Größe. Deshalb sind Wärmedämmschichten auf dem mit einer Dampfbremse abgedeckten Erdreich vorteilhaft. Über das Gesamtjahr gesehen wirkt die Belüftung des Kriechkellers jedoch nicht nur entfeuchtend, sondern kann die relative Luftfeuchte gelegentlich auch erhöhen. Wie japanische Untersuchungen zeigen, kann Schotter aus sorptivem Gestein die relative Luftfeuchte in einem Kriechkeller jedoch um 5 bis 15 % senken (vgl. Yoshimura, 2001); es scheint daher vorteilhaft zu sein, die Lagesicherung der Dampfbremsschicht mit sorptiven Schüttungen vorzunehmen. In Finnland und Deutschland wurden Untersuchungen durchgeführt, die Kriterien zur Optimierung des Feuchtehaushalts erbrachten (vgl. Kurnitski/Matilainen, 2000; Matilainen/Kurnitski, 2003; Winter/Bauer/Werther, 2008). An diesen Empfehlungen sollte sich der Feuchteschutz orientieren. Danach ist auch Abschnitt 8.4.2 „Decken über Kriechkellern" der DIN 68800-2 mit Konstruktionsprinzipien, die die Anforderungen der Gebrauchsklasse 0 erfüllen, ausgelegt.

Unzureichende Größe oder Verteilung der Belüftungsöffnungen werden zu Schimmelpilzbesiedlung und eventuell auch zu Befall mit Holz zerstörenden Pilzen führen. Wenn das Erdreich nicht dampfbremsend abgedeckt ist, ist ein Befall mit Holz zerstörenden Pilzen sehr wahrscheinlich die Folge. Die unterseitige Bekleidung der Decke sollte mit einer sehr feuchterobusten Werkstoffplatte erfolgen. Insbesondere zementgebundene Spanplatten erscheinen geeignet (siehe Kapitel 7). Die Decke muss luftdicht konstruiert werden. Dies gilt auch für Durchdringungen und Wartungsklappen. Wartungseinstiege sollten möglichst von außen, durch den Sockel, konstruiert werden.

Die voranstehend dargestellte Bauweise zeigt eine vergleichsweise hohe Fehleranfälligkeit. Im Sinne fehlertoleranten Bauens sollte deshalb beim Neubau auf hölzerne Kriechkellerdecken verzichtet werden. Hier erscheinen andere Werkstoffe wie Stahlbeton vorteilhaft.

Streichbalken, Balkenkopf und Mauerlatte

An Sichtfachwerkwänden liegt das Hirnholz von Balkenköpfen frei. Gelegentlich stehen die Balkenköpfe sogar etwas aus der Fassade vor. Weil das Hirnholz Feuchte schneller aufnimmt, kann dies zu erhöhten Bauteilfeuchten führen. Klebedächer (siehe Kapitel 6.7.3, Abb. 6.97) oder Abdeckungen einzelner Balkenköpfe (Abb. 6.138) vermindern die Feuchtebeanspruchung. Grundsätzlich sollten Balkenköpfe nur dort offen an der Fassadenaußenseite liegen, wo die Schlagregenbedingungen für Sichtfachwerk (siehe Kapitel 6.7) eingehalten sind.

Balkenauflager in modernen Holzbauwänden sind durch die Wetterschutzbekleidung der Fassade (siehe Kapitel 6.6) vor Niederschlagsfeuchte geschützt. Hohe Luftfeuchten und Tauwasserausfall an den Balkenköpfen werden verhindert, indem außen vor dem Balkenkopf eine Wärmedämmschicht angeordnet und die äußere Abdeckung diffusionsoffen konstruiert wird (Abb. 6.139). Unterschieden werden das Platform-Framing und das Balloon-Framing (Abb. 6.140). Beim Platform-Framing sollte möglichst viel Wärmedämmung außen vor dem Balkenkopf angeordnet sein. Selbst wenn die Deckenbalken trocken mit ca. 15 % Holzfeuchte eingebaut werden, sind im Gebrauch Schwindverformungen aufgrund weiterer Austrocknung zu erwarten. Deshalb müssen verformungsempfindliche Wetterschutzbekleidungen wie Wärmedämm-Verbundsysteme diese Bewegungen aufnehmen können. Anderenfalls kommt es zu Auffaltungen von Dämmung und Verputz. Beim Balloon-Framing liegt die gesamte Deckenkonstruktion in Wohnraumklima und ist keiner Feuchtebelastung ausgesetzt.

Bei Gebäuden mit Wänden aus Mauerwerk und Beton herrschen andere Bedingungen. Hier muss der Schlagregenschutz der Fassade ausreichend sein. Außerdem muss die Auflagertasche so gut gedämmt sein, dass kein Tauwasser entstehen kann. Dies lässt sich praktisch nur mit einer Außendämmung der Fassade erreichen. Wenn nur vor dem Hirnholzende des Balkens Dämmstoff in die Auflagertasche eingelegt ist, wirkt der Wärmestrom seitlich neben dem Dämmstoff zu stark. Es müsste rund 50 cm Überstand der Dämmung zu den Seiten und nach oben und unten gegeben sein, was nur mit einer dramatischen Schwächung des Mauerwerks möglich wäre. Altbauten lassen sich mit solch großen Dämmungen im Mauerquerschnitt gar nicht ertüchtigen. Auch ein fünfseitiges Umdämmen der Auflagertasche einschließlich der Auflagerungsfläche ist baupraktisch kaum ausführbar. An 4 Seiten lässt sich der direkte Kontakt zwischen Holz und Mauerwerk vermeiden, doch die Auflagerfläche erfordert für die Lastübertragung den Kontakt. Damit feuchtebela-

Abb. 6.138: Verminderung der Feuchtelast hervorstehender Ankerbalkenköpfe durch hinterlüftete Abdeckungen

Abb. 6.139: Deckeneinbindung in die Außenwand am Beispiel einer Brettsperrholzdecke in Platform-Framing-Bauweise (Modell): Das links zu sehende Wärmedämm-Verbundsystem übernimmt den Wetterschutz und die Wärmedämmung. Das Deckenauflager ist mit einer diffusionsoffenen Luftdichtheitsbahn umfahren, die an die luftdichte Beplankung der Wände angeschlossen werden kann. (Foto des Autors mit freundlicher Genehmigung des Kompetenz Zentrums Holzbau & Ausbau, Biberach)

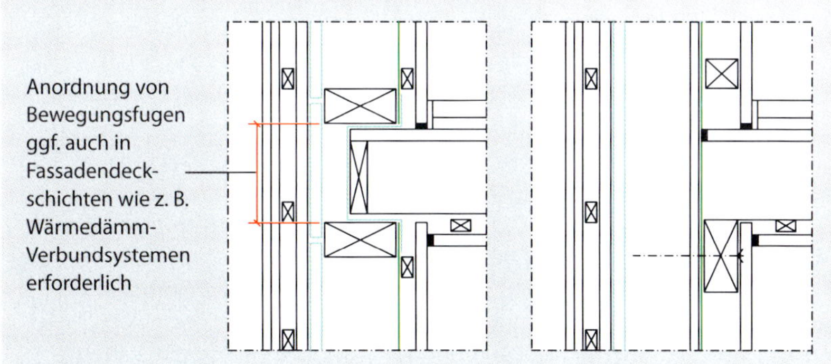

Abb. 6.140: Deckenanschlüsse an Außenwände im Holzbau: Platform-Framing (links) und Balloon-Framing (rechts). Diffusionsoffene Schichten sind hellblau, diffusionshemmende Schichten grün gekennzeichnet.

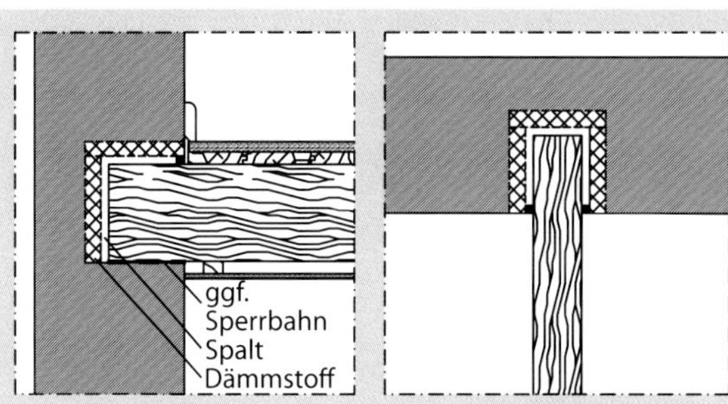

Abb. 6.141: Vertikalschnitt (links) und Horizontalschnitt (rechts) durch ein Balkenauflager ohne Außendämmung der Wand bei verbesserter Situation durch Dämmung seitlich und oberhalb des Balkenkopfs

dene Raumluft nicht in die kühlere Auflagertasche strömt und dort zu unzuträglichen Luftfeuchteerhöhungen führt, ist die Fuge zwischen Balken und Mauerwerk zu verschließen. Hier genügt ein konvektionshemmender Verschluss z. B. mit einer Mörtelfuge oder einem vorkomprimierten Dichtband (Abb. 6.141). Diese Fuge muss nicht absolut luftdicht sein (WTA-Merkblatt 8-14 „Ertüchtigung von Holzbalkendecken nach WTA II: Balkenköpfe in Außenwänden" [2014]). Breite Trockenrisse in dieser Fugenebene können mit spritzbaren Klebern für Dampfbremsbahnen ausgefüllt oder aufgebohrt und mit einem Holzdübel verklebt werden. Die Temperatur in der Auflagertasche kann durch die vierseitige Dämmung etwas angehoben werden. Wichtiger sind jedoch die Spalte an den Balkenflanken und an der Balkenoberseite. Der durch die Spalte entstehende Hohlraum sollte zum Innenraum verschlossen sein. Je nach Feuchtebeanspruchung des Mauerwerks ist eine passgenau zugeschnittene Sperrbahn unter der Auflagerfläche des Holzes sinnvoll (siehe Kapitel 6.1.3, 6.1.5).

Der früher oft propagierte „luftumspülte" Balkenkopf kann im Unterschied zum konvektionshemmend geschlossenen Balkenkopf durch feuchtebeladene Raumluft befeuchtet werden und sollte daher vermieden werden. Als in historischen Konstruktionslehrbüchern begonnen wurde, die Luftumspülung zu fordern, herrschten andere Randbedingungen als heute. Das Holz wurde bedeutend feuchter eingebaut als mit heute maximal zulässigen 20 % Holzfeuchte und musste über den Kontakt zur Raumluft abtrocknen. Es wurde mit Luftkalk gemauert, der neben überschüssigem Anmachwasser auch Wasser abgibt, das bei der Carbonatisierung entsteht. Der Baufortschritt war zudem vergleichsweise langsam. Dies führte zu Regeneintrag in die noch nicht fertiggestellte Konstruktion. Die Heizung war in der Regel eine Ofenheizung, die gegebenenfalls durch Fugen zur Außenluft in den Balkenauflagern trocknende Außenluft ansaugte. Zugleich waren im Winter die Temperaturunterschiede zwischen Raumluft und Außenluft geringer, weil weniger Wohnkomfort akzeptiert wurde. All diese Bedingungen führten dazu, dass früher zumindest in den ersten Jahren nach dem Bau eines Hauses ein Dampfdruckgefälle überwiegend von der Auflagertasche in den Wohnraum herrschte, sodass die offene Fuge zum Wohnraum eine gewisse trocknende Wirkung hatte. Heute überwiegt dagegen das Befeuchtungsrisiko.

In Bestandsgebäuden finden sich oft Mauerlatten. Prinzipiell ist der Feuchteschutz für sie analog zu Balkenköpfen umzusetzen. Dies erfordert eine ausreichende Außendämmung und vor allem einen funktionierenden

Abb. 6.142: Nicht in die Außenwand eindringende, sondern entkoppelt auf einen Unterzug aufgelegte Balkenlage

Schlagregenschutz der Wand. Für Sichtmauerwerk finden sich Hinweise zu Mindestanforderungen an den Schlagregenschutz in der DIN 4108-3 „Wärmeschutz und Energie-Einsparung in Gebäuden – Teil 3: Klimabedingter Feuchteschutz – Anforderungen, Berechnungsverfahren und Hinweise für Planung und Ausführung“ (2014) (siehe Tabelle 6.3).

Tabelle 6.3: Mindestanforderungen für den Schlagregenschutz von Sichtmauerwerk nach DIN 4108-3 (2014)

Schlagregenbeanspruchung	Mindestanforderungen
gering	Sichtmauerwerk ≥ 31 cm mit Innenputz
mittel	Sichtmauerwerk ≥ 37,5 cm mit Innenputz
hoch	zweischaliges Verblendmauerwerk mit Innenputz

Aus Tabelle 6.3 ist zu entnehmen, dass im Bereich von Balkenköpfen und Mauerlatten der Schlagregenschutz vielfach nicht den Mindestanforderungen für die ungestörte Wandfläche entspricht, weil die Vormauerung zu dünn ist und keine Putzschicht zwischen Auflager und Mauerwerk vorhanden ist. Deshalb sind ein intakter Außenputz oder Wetterschutzschichten wie Außenwandbekleidungen oder Wärmedämm-Verbundsysteme als Feuchteschutz anzustreben. Dies bedeutet nicht, dass jeder Balkenkopf in Sichtmauerwerk mit Pilzen befallen wäre, doch ist Sichtmauerwerk weniger fehlertolerant als verputztes Mauerwerk. Hier steigt außerdem das Risiko konvektiver Befeuchtung, weil ein Außenputz als luftdichter Abschluss auf der Außenseite fehlt.

Manchmal ist es sinnvoll, unter dem Balkenkopf eine Sperrbahn zu verlegen (siehe auch Kapitel 6.1.3, 6.1.5). Primär ist jedoch zu prüfen, ob der Schlagregenschutz verbessert oder das Holz vom feuchten Mauerwerk entkoppelt werden kann (Abb. 6.142).

Sollte dies nicht möglich sein, darf die Sperrbahn nur an der Balkenunterseite montiert werden, denn ein seitlicher Überstand von nur wenigen Millimetern kann als „Wanne“ für flüssiges Wasser wirken und den Effekt der

Abb. 6.143: In eine Bitumenbahn eingeschlagener Balkenkopf: Eine unplanmäßige Befeuchtung durch eindringendes Regenwasser konnte nicht wieder abgegeben werden, da die Bahn nicht vor der Befeuchtung geschützt hat, sondern lediglich die Trocknung behinderte.

Sperrbahn ins Negative verkehren. Balkenköpfe dürfen nicht vollständig in Sperrbahnen eingeschlagen werden. Solche verpackten Balkenköpfe sind nicht fehlertolerant, weil Feuchte, die in der Nutzungsdauer des Balkens an den Balkenkopf gelangt, praktisch nicht wieder abtrocknen kann (WTA-Merkblatt 8-14 [2014]; siehe auch Abb. 6.143).

Streichbalken sollten mit einem möglichst großen Abstand von Massivwänden ohne Außendämmung verlegt werden, damit sich keine Feuchteanreicherung aus der in der Fuge zwischen Balken und Wand abkühlenden Raumluft ergibt.

Innendämmung

Zur Verbesserung des Wärmeschutzes werden gelegentlich Innendämmungen eingebaut. Diese zusätzliche Bauteilschicht behindert jedoch einerseits die Trocknung zur Innenraumluft, andererseits senkt sie die Temperatur in der Auflagertasche. Deshalb ist eine Innendämmung bei Holzbalkendecken sorgfältig zu planen und hygrothermisch nachzuweisen. Wie bei Innendämmungen von Fachwerkwänden (siehe Kapitel 6.7) empfiehlt sich ein vollflächig angemörtelter, kapillar gut leitfähiger mineralischer Dämmstoff. Die Grundanforderungen – ein schlagregensicheres Mauerwerks, eine konvektionshemmende Fuge zur Innenraumluft und ein Spalt vor, seitlich und oberhalb des Balkenkopfs – gewinnen hier noch an Bedeutung.

6.10.4 Schutz gegen Insektenbefall

In der Regel sind die Balken durch Deckenuntersichten und obere Schalung insektensicher abgedeckt. Wenn die Balken offen angeordnet sind, sind sie auf Insektenbefall kontrollierbar. Bei technisch getrockneten Sortimenten wirkt zusätzlich die Verringerung der Befallsattraktivität für Hausbockkäfer. In feuchten Altbaukellern finden sich regelmäßig Insektenschäden am Splintholz von Deckenbalken. Hierbei handelt es sich meist um Schäden durch Nagekäfer und Splintholzkäfer. Die Temperaturen in den Kellern sind für die Hausbockkäferentwicklung dagegen nicht förderlich (siehe Kapitel 2.2, Tabelle 2.3). Die Insektenfraßgänge im Splintholz führen in der Regel nicht zu so starken Querschnittsminderungen, dass die Standsicherheit beeinträchtigt ist. Es kann aber zu großen Durchbiegungen und starken Schwingungen kommen. Diese Aspekte müssen in eine Risikobewertung (siehe Kapitel 2) einfließen. Wenn hölzerne Kellerdecken neu gebaut werden, sollte möglichst splintfreies Farbkernholz verwendet werden, damit Befallswahrscheinlichkeit und Befallsauswirkungen möglichst gering bleiben.

6.10.5 Gebrauchsklassenzuordnung

In der Regel wird Gebrauchsklasse 0 erreicht. Für Decken zwischen Räumen gleichen Klimas ist wie für übliche Decken zwischen Wohngeschossen einschließlich häuslichen Bädern gemäß DIN 68800-2, Abschnitt 8.3, kein weiterer Nachweis erforderlich. Balkenköpfe müssen jedoch gesondert betrachtet werden.

Deckenfläche zum nicht beheizten Dachraum

Bei Decken zum nicht beheizten Dachraum können zum Nachweis Konstruktionen gemäß DIN 68800-2, Abschnitt 8.2, ausgebildet werden. Das entspricht den in Kapitel 6.10.3, Abb. 6.134 bzw. 6.135, dargestellten Konstruktionen, wenn der Dämmstoff aus Mineralfasern oder Holzfasern besteht. Für andere Dämmstoffe muss ein bauaufsichtlicher Verwendbarkeitsnachweis bezüglich Gebrauchsklasse 0 vorliegen. Ferner ist ein Tauwasserschutznachweis mit Berücksichtigung einer Verdunstungsreserve zu führen. Um die Fehlertoleranz zu erhöhen, sollte sich die Verdunstungsreserve beim Glaser-Verfahren an den Vorgaben für Dächer orientieren (siehe Kapitel 3.6.3.2). Wenn die s_d-Werte den Vorgaben der DIN 68800-2, Tabelle 1, entsprechen (siehe Kapitel 3.6.3.2, Tabelle 3.4), ist kein weiterer Nachweis erforderlich. Formal wäre für diese Konstruktionen Gebrauchsklasse 1 erreicht. Jede der in Kapitel 6.10.4 dargestellten Maßnahmen zum Schutz gegen Holz zerstörende Insekten reicht für sich allein aus, um die Konstruktion weiter zur Einordnung in Gebrauchsklasse 0 zu verbessern.

Im Baubestand finden sich gelegentlich Decken zu nicht beheizten Dachböden mit einem Hohlraum zwischen Deckenuntersicht und Schalung. Meist ist dieser Hohlraum mit der Belüftungsschicht des Steildachs verbunden. In solchen Fällen ist mindestens Gebrauchsklasse 1 anzusetzen (siehe Kapitel 6.10.3, Abb. 6.136). Die Feuchteverhältnisse sollten jedoch überprüft werden, um zu klären, ob eventuell Gebrauchsklasse 2 maßgeblich wird. Tauwasser an der Kaltseite ist hierfür das entscheidende Kriterium. Die Erfahrungen aus Untersuchungen von Bestandsgebäuden zeigen ebenfalls, dass eine Gefährdung durch Holz zerstörende Pilze in solchen Altbauten selten ist. Dies ist plausibel, weil die Klimasituation in der Decke einem nicht ausgebauten Steildachboden ähnelt, der in der Regel in Gebrauchsklasse 1 bzw. bei Kontrollierbarkeit in Gebrauchsklasse 0 einzuordnen ist.

Deckenfläche zum nicht beheizten Keller

Wenn eine Konstruktion gemäß DIN 68800-2, Abschnitt 8.4.1, mit einem unkritisch ausgefallenen Tauwasserschutznachweis überprüft wurde, ist Gebrauchsklasse 0 anzunehmen. In dem dortigen Musteraufbau sind die Balken insektenunzugänglich bekleidet und der Feuchtehaushalt lässt kein Risiko eines Pilzbefalls erwarten. Diese Einstufung sollte allerdings nur dann erfolgen, wenn der Keller modernen Baustandards entspricht und zuverlässig gegen Feuchte aus dem Erdreich abgedichtet ist.

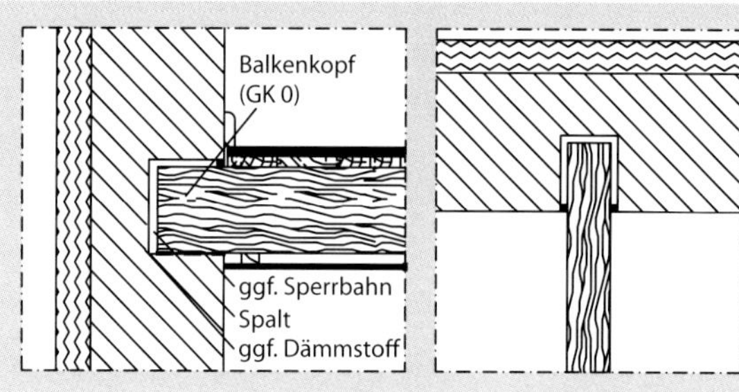

Abb. 6.144: Vertikalschnitt (links) und Horizontalschnitt (rechts) durch ein Balkenauflager mit Wärmedämmung der Wand und Schlagregenschutz auf der Außenseite des Mauerwerks

Deckenfläche zum Kriechkeller

Konstruktionen gemäß DIN 68800-2, Abschnitt 8.4.2, erfüllen die Anforderungen zur Einstufung in die Gebrauchsklasse 0. Abweichungen von diesen Konstruktionsprinzipien sind in Gebrauchsklasse 2 einzuordnen, wenn kein alternativer Nachweis zum Erreichen der Gebrauchsklasse 0 geführt werden kann.

Streichbalken, Balkenkopf und Mauerlatte

In der Regel sind Streichbalken in Gebrauchsklasse 0 einzustufen, weil sie in Wohnraumklima liegen und Maßnahmen zum Schutz gegen Holz zerstörende Insekten durch Unzugänglichkeit für Insekten bzw. Kontrollierbarkeit oder Holzwahl gewährleistet sind. Bei direktem Kontakt zum Mauerwerk muss im Einzelfall abgeschätzt werden, ob der Feuchteschutz ausreichend ist. In den meisten Fällen wird auch hier Gebrauchsklasse 0 vertretbar sein. Balkenköpfe sind nur am Außenwandauflager gesondert zu überprüfen. Innenwandauflager liegen in Raumklima und können bei Wohnraumklimaverhältnissen immer in Gebrauchsklasse 0 eingestuft werden. In Holzbauwänden, die Gebrauchsklasse 0 entsprechen (siehe Kapitel 6.7), sind auch die Balkenköpfe der Gebrauchsklasse 0 zuzuordnen. Beim Balloon-Framing ist Gebrauchsklasse 0 bereits dadurch erreicht, dass die Balkenköpfe vollständig in Wohnraumklima liegen. Balkenköpfe in Mauerwerk ohne Außendämmung (Abb. 6.141) sind nach Tabelle D.1 des informativen Anhangs D der DIN 68800-1 in Gebrauchsklasse 2 einzustufen. Dies gilt auch, wenn in der Auflagertasche an 4 Seiten Wärmedämmung eingebaut ist. Diese Einstufung ist unter Berücksichtigung der Erörterungen in Kapitel 6.10.2 und 6.10.3 zu Feuchteeinwirkungen und zum Schutz vor Feuchteeinwirkungen als Regelfall nachvollziehbar. Wenn auf der Fassade ein Wärmedämm-Verbundsystem (Abb. 6.144) oder eine Außendämmung unter einer Fassadenbekleidung angebracht ist und so für warme und trockene Verhältnisse sorgt, ist auch in Mauerwerkswänden Gebrauchsklasse 0 für Balkenköpfe und Mauerlatten anzunehmen. Die DIN 68800-2, Abschnitt 9.2, sieht hier ebenfalls Gebrauchsklasse 0 vor.

6.11 Außenbauteile

Im Folgenden werden die außen verbauten Holzkonstruktionen behandelt. Wie in Kapitel 2 und 3 dargelegt, kann außen verbautes Holz nicht unbegrenzt lange der Feuchtebeanspruchung standhalten. Daher sind bauliche Schutzmaßnahmen hier von besonderer Bedeutung.

Abb. 6.145: Balkonanlage aus nach außen durchbindenden Deckenbalken

Abb. 6.146: Mittels Streichbalken an die Hauswand angeschlossene Balkonanlage auf Stützen

Abb. 6.147: Vordach auf senkrechten Stützen. An den Stützen kann Regenwasser gut ablaufen.

Abb. 6.148: Mit Druckstreben an die Fassade angeschlossenes Vordach. An den Strebenenden kann Regenwasser zu Feuchteanreicherungen führen.

Abb. 6.149: Als Vordach verlängerter Traufüberstand des Hausdachs

Abb. 6.150: Quer zum Lagerholz verlegte Belagsbretter einer Terrasse

6.11.1 Übliche Konstruktionsweisen

Balkone, Vordächer und Terrassen

Gelegentlich werden **Balkone** von durch die Außenwand bindenden Balkenenden der Geschossdecke getragen (Abb. 6.145). Häufiger jedoch werden sie auf Stützen abgestellt (Altane) und von außen mittels Streichbalken an die Fassade angebunden (Abb. 6.146). Es gibt Beläge, die als offener Holzrost konstruiert sind, und vollflächige, abgedichtete Scheiben mit einem nicht tragenden Oberbelag.

Vordächer sind entweder auf Stützen abgestellt (Abb. 6.147) oder mit Druckstreben an die Fassade angeschlossen (Abb. 6.148). Holzschutztechnisch vorteilhaft ist es, den Traufüberstand des Hausdachs als Vordach zu verlängern, da dann keine der Bewitterung ausgesetzten Stützen erforderlich sind (Abb. 6.149). Die Regenwasserableitung des Hauptdachs wird hier jedoch aufwendiger.

Terrassen sind als ein Rost von Belagsdielen auf rechtwinklig dazu verlegten Unterkonstruktionshölzern aufgebaut (Abb. 6.150). Für nicht sicherheitsrelevante Beläge werden hier oft modifizierte Hölzer (siehe Kapitel 2.1.3) verwendet.

Abb. 6.151: Feuchteanreicherung (erkennbar an der Verfärbung) an einem Blumenkübel, der ohne Abstandhalter auf dem Belag steht

Weitere Außenbauteile

Es gibt einige andere Konstruktionen, die frei bewittert verbaut sind. Hierzu gehören z. B. Brücken, Zäune, Spielplatzgeräte und Hochbeete. Diese Konstruktionen werden im Weiteren nicht behandelt. Die dargestellten Grundregeln sind entsprechend anzuwenden. Hinweise zum Holzschutz bietet die entsprechende Literatur (zu Brücken siehe z. B. Informationsdienst Holz, 2000, zu Spielplatzgeräten z. B. Huckfeldt/Rehbein, 2012, und allgemein zu Außenbauteilen z. B. Willeitner/Schwab, 1981; Erler, 2002; Leiße, 2002; Oyen, 2011).

6.11.2 Feuchteeinwirkungen

Balkone, Vordächer und Terrassen

Balkone und Terrassen sind in der Regel direkt bewittert. An Pressfugen entstehen lang anhaltende Durchfeuchtungen. Wenn sich zusätzlich Schmutz und Laub ansammelt, herrschen dauerfeuchte Bedingungen. Auch Möblierungen wie z. B. Blumenkästen führen zu lokalen Feuchteanreicherungen (Abb. 6.151). Hier liegt die Feuchteursache allerdings nicht in der Konstruktion, sondern in einer unangepassten Nutzung.

Die Stützen von Balkonen und Vordächern sind einer Spritzwasserbelastung ausgesetzt, wenn keine Sockel aus feuchteunempfindlichem Material konstruiert werden.

Vordächer sind an der Oberseite mit Dachdeckungen oder Dachdichtungen belegt, sodass Niederschläge nicht angreifen können. Druckstreben zur Fassade hingegen sind nicht durch das Dach geschützt. Niederschläge können hier das Holz benässen. An der Oberkante der Streben läuft das Wasser bis in den Konstruktionsknoten am Strebenfuß (Abb. 6.152).

Waagerechte Bauteile ohne Ablaufschräge sowie nicht zu vermeidende Trockenrisse, die sich mit Wasser und Schmutz füllen können, verstärken die Belastung (Abb. 6.153).

Abb. 6.152: Höhere Niederschlagsbelastung von geneigten Streben und waagerechten Hölzern gegenüber senkrechten Stützen durch aufliegenden Schnee. An den Pressfugen der Knotenpunkte sammelt sich das auf den Streben ablaufende Wasser. Die Fußpunkte der Konstruktion stehen im Spritzwasser.

Abb. 6.153: Trockenriss, in dem sich bei Regen Wasser staut

Abb. 6.154: Zaunpfosten aus Eichenholz in Erdkontakt: In der Übergangszone zur Luft ist das Holz bereits von Holz zerstörenden Pilzen besiedelt (Detailaufnahme links). Auch Eichenkernholz kann unter diesen Umständen nicht unbegrenzt lange überstehen (siehe Kapitel 3.2).

Weitere Außenbauteile

Bauteile mit Erdkontakt sowie Bauteile in der Spritzwasserzone bis 30 cm über dem Erdreich sind besonders belastet. Im Erdreich ist immer mit Porenluftfeuchten um 100 % oder sogar flüssigem Wasser zu rechnen (Abb. 6.154). Zu Pressfugen, waagerechten Bauteilen und Rissen gilt das voranstehend Dargelegte.

Abb. 6.155: Eine mit Abstandhaltern montierte Glasscheibe als Wetterschutz der Brüstungsriegel des Vordachs und der mit verzierter Füllung gearbeiteten Kopfbänder

Abb. 6.156: Brückenträger (Modell): Der Brüstungspfosten ist mittels Abstandhaltern vom Hauptträger getrennt (blauer Pfeil). An der Unterkante ist der Pfosten als Tropfkante schräg geschnitten (grauer Pfeil). Der Hauptträger ist mit einem Blech abgedeckt (roter Pfeil). Die zur Mittelachse der Brücke gerichtete Seite des Hauptträgers ist mit einer hinterlüfteten Dreischichtplatte abgedeckt (grüner Pfeil).

6.11.3 Schutz vor Feuchteeinwirkungen

Tragende Bauteile von Balkonen, Vordächern und Terassen können mit Abdeckungen, wie z. B. hinterlüfteten Schalungen, vor Bewitterung geschützt werden (Abb. 6.155).

Fugen sollten so konstruiert werden, dass **keine Pressfugen** entstehen. Hierfür eignen sich Abstandhalter (Abb. 6.156). Mit diesen Bauteilen wird die Kapillarfuge auf eine technisch nicht unterschreitbare Mindestgröße beschränkt. In den Fachregeln des Zimmererhandwerks 01, 2006, 2011, wird eine Mindestbreite von 6 mm zur Entkopplung der Fugen vorgegeben. Nach Auffassung des Verfassers sollte allerdings eine Fugenbreite von ca. 15 mm angestrebt werden, da sich in Fugen von nur 6 mm Breite schnell Schmutz ansammelt. Oft sind breite Fugen technisch jedoch nicht umsetzbar.

An tragenden Konstruktionsgliedern sind Abstandsmontagen besonders schwierig umzusetzen. Ein Grundprinzip im Holzbau ist die Druckübertra-

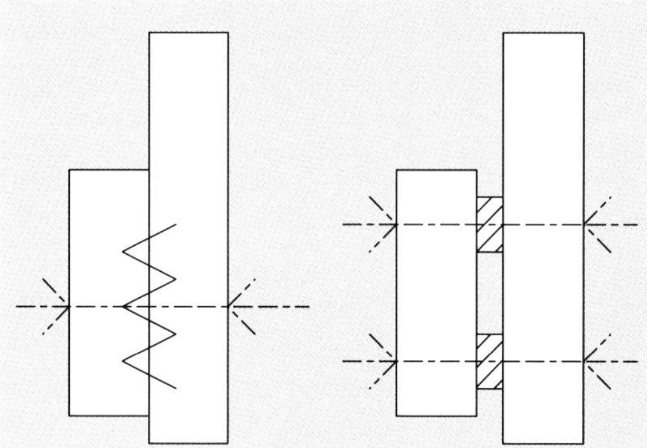

Abb. 6.157: Übliche Dübelverbindung (links), bei der die gesamte Verschneidungsfläche der Bauteile eine Pressfuge bildet, und aufgelöste Verbindung (rechts) mit 2 Verbindungsmitteln und Abstandhaltern

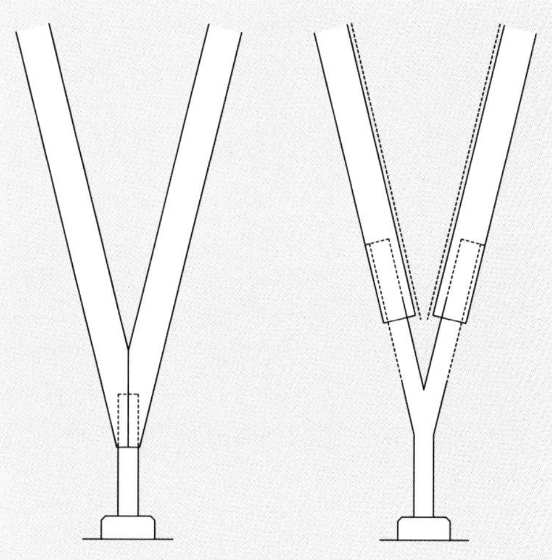

Abb. 6.158: Ungünstig konstruierter Stützenfuß einer V-Stütze (links): Die Pressfuge zwischen den beiden Stützen saugt Wasser in angeschnittenes Hirnholz. Auf der geneigten Oberseite wird verstärkt Wasser direkt in den Knotenpunkt geführt. Im Knoten können sich auch Schmutz- und Schneenester bilden, die eine lang anhaltende Befeuchtung bewirken. Verbesserte Konstruktion (rechts): Durch Einsatz des Knotenblechs entstehen keine Pressfugen. Es ist von unten eingeschlitzt, auf der Oberseite der Stützen ist der Schlitz nicht geöffnet. Eine oberseitige Abdeckung (punktierte Linie) schützt zusätzlich vor Niederschlägen.

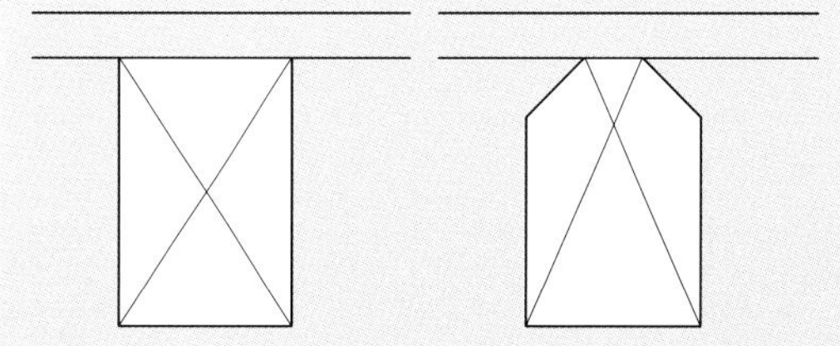

Abb. 6.159: Große Pressfuge zwischen Belag und Lagerholz (links) und durch Anschrägung deutlich verkleinerte Pressfuge (rechts)

gung mit einem Kontaktstoß. Auch Querkräfte und Biegebeanspruchungen werden in der Regel mit Dübeln übertragen, die darauf ausgelegt sind, in eine flächige Stoßverbindung eingepasst zu werden. Selbst Zugverbindungen werden in der Regel mit Laschen realisiert, die wiederum Pressfugen verursachen. Wenn in diesen Zonen Abstandhalter eingebaut werden, werden die Verbindungen allerdings „weicher". Dies kann zu statischen Problemen führen.

Seit einigen Jahren sind spezielle als Abstandhalter ausgelegte Ringdübel am Markt. Hier gibt es im bauaufsichtlichen Verwendbarkeitsnachweis statische Vorgaben, die eine Berechnung ermöglichen. Manchmal ist es hilfreich, konstruktive Anschlüsse über 2 Verbindungen auszuführen (Abb. 6.157) und so ein Kräftepaar zur Momentenübertragung zu realisieren, das mit geringeren Anpressflächen auskommt als eine Lastübertragung mit nur 1 Verbindungsmittel.

Eine gute Möglichkeit zur Lastableitung ohne Feuchteanreicherungspunkte ist die Verwendung von Knotenblechen (Abb. 6.158). Mit diesen Blechen können Stoßverbindungen so aufgelöst werden, dass Wasser vom Holz weggeleitet wird.

Die Größe von Pressfugen lässt sich auch minimieren, wenn Lagerhölzer und andere Unterkonstruktionen angeschrägt werden (Abb. 6.159).

Abb. 6.160: Eingefräste Abtropfnut, die bewirkt, dass Wasser die Unterseite des Profils nicht benetzt, sondern abtropft

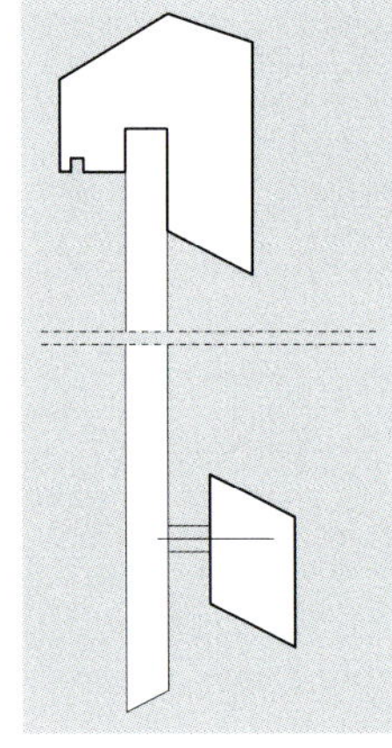

Abb. 6.161: Brüstung, bei der die Füllbretter in den Handlauf eingenutet und so vor Regen geschützt sind. Der Handlauf ist mit Ablaufschrägen und Abtropfkanten versehen. Auch die Füllbretter weisen eine Abtropfkante auf. Der rautenförmige Untergurt ist mit Abstandhaltern entkoppelt.

Abb. 6.162: Mit einem eingeschlitzten Schwert befestigter Brüstungspfosten. Diese Konstruktion minimiert beregnete Kontaktfugen. Zudem durchdringt der Pfosten durch das ausgestellte Schwert nicht die Abdichtung der Dachterrasse und es entstehen keine Schwachstellen bezüglich Dichtungsanschluss und Spritzwasser. Die Befestigung des Brüstungselements mit Einbohrbändern bedeutet eine Abstandsmontage mit minimierten Kontaktflächen. Der Handlauf darf jedoch nicht mit Einbohrbändern befestigt werden, da diese die Horizontalkräfte aus der Nutzung nicht sicher übertragen können. Am Untergurt sind Abtropfnuten eingefräst. Unvorteilhaft ist dagegen die Einzapfung der Füllstäbe in den Untergurt, da hier Feuchtenester entstehen.

Brüstungen sollten einen aufgelösten Untergurt aufweisen. In den Gurt eingezapfte Stäbe oder liegende Nuten für Füllungen müssen vermieden werden. Stattdessen sollte der Gurt möglichst mit Abstandhaltern hinter den Stäben und Füllungen montiert werden. Wenn es erforderlich ist, kann der Untergurt auch als zweiteilige Zange vor und hinter der Brüstungsfüllung gestaltet werden. Rautenförmige Profile sind vorteilhaft, weil eine Ablaufschräge und eine Abtropfkante vorhanden sind. Abtropfkanten können auch an anderen Profilquerschnitten eingenutet werden (Abb. 6.160).

Handläufe sollten immer eine Ablaufschräge aufweisen. Eckstöße der Handläufe sollten mit einem deutlichen Spalt aufgelöst werden, um Pressfugen zu vermeiden. Der Stoß muss dann meist zum Schutz der Brüstungspfosten mit einer Abdichtung unterlegt werden. Auch an Bauteilen mit Ablaufschräge können Trockenrisse entstehen, deshalb sollten die Handläufe und ähnliche Bauteile hochkant und nicht flachkant ausgerichtet werden (Abb. 6.161, 6.162).

Abb. 6.163: Kammleiste aus Kunststoff zur Verringerung der Kontaktfläche zwischen Belagsbrettern und Lagerholz

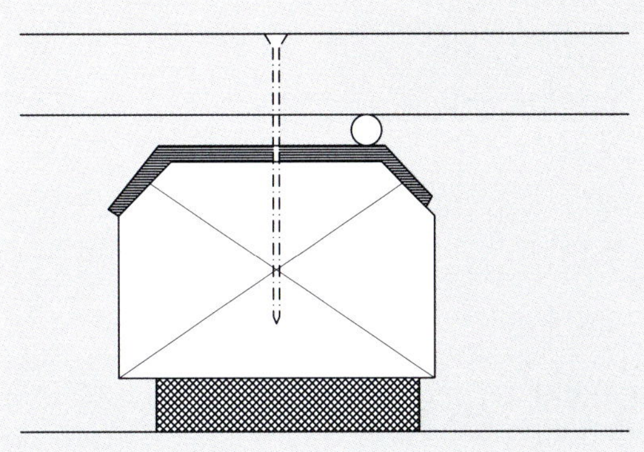

Abb. 6.164: Edelstahldraht als Abstandhalter zwischen Lagerholz und Belagsdiele. Auf der Oberseite des Lagerholzes kann eine Abdichtung verlegt werden. Unter dem Lagerholz können punktförmige Auflager aus Gummigranulatmatten fixiert werden.

Für die Fuge zwischen Lagerhölzern und **Belagsdielen** haben sich Kammleisten aus Kunststoff als Abstandhalter (Abb. 6.163) bewährt. Sie bewirken zugleich eine bessere Belüftung der Kontaktzone.

Auch mit Edelstahldrähten von ca. 6 mm Durchmesser ist eine Minimierung der Fugen möglich (Abb. 6.164). Die Oberseite der Lagerhölzer kann durch eine Abdichtungsbahn aus Kunststoff oder Bitumen geschützt werden. Damit an den Verschraubungen keine Feuchte durchdringt bzw. durch die Abdichtung an der Trocknung gehindert wird, empfiehlt es sich, Nageldichtbänder einzulegen. Die Abdichtungsbahn wirkt sich jedoch nicht immer positiv aus. Dem Verfasser sind Fälle bekannt, in denen unter der Abdichtungsbahn Pilzmycel wuchs, weil die Bahn die Austrocknung behinderte. Die bessere Variante ist daher die Minimierung der Fugen und eine Ergänzung dieser Maßnahme durch die Wahl von dauerhaftem Kernholz bzw. von in Druckverfahren chemisch vorbeugend geschützter Ware.

Zwischen einzelnen Dielen von Terrassen- und Balkonbelägen müssen ausreichend breite Fugen vorhanden sein. Dabei ist die Einbaufeuchte des Holzes zu berücksichtigen, damit die Fugen nicht über den Jahresverlauf zuquellen oder so groß werden, dass die Gebrauchstauglichkeit eingeschränkt ist. Die Dielen sollten maximal 140 mm breit sein. Günstiger sind jedoch Breiten zwischen 90 und 120 mm. Außerdem sollten sie möglichst Dicken zwischen 30 und 40 mm aufweisen. So ist bei starker Sonneneinstrahlung die Verformungs- und Rissneigung begrenzt.

Abb. 6.165: Die vollflächig geschalten und abgedichteten Beläge dieser historischen Balkonanlage schützen die tragenden Balken vor Regenfeuchte. Die Profilierung der Balkenköpfe bildet eine Tropfkante. Bei den Kopfbändern und Brüstungen finden sich dagegen Feuchtenester.

Neuere Untersuchungen haben ergeben, dass die Rillenprofilierung des Belages für den Wasserabfluss und die Rutschsicherheit nicht entscheidend ist (Schober et al., 2013). Am besten haben nach dieser Untersuchung unprofilierte Dielen gewirkt. Erfahrungsgemäß reicht ein Gefälle der Dielen von 2 % nicht aus, um den Wasserabfluss gegenüber waagerechten Belägen deutlich zu vergrößern. Doch bedingt selbst diese geringe Neigung andererseits bereits so große Höhenunterschiede, dass es zu Schwierigkeiten bei der Anbindung an Bauteile und zu eingeschränkter Nutzung (schräg stehende Gartenmöbel) kommen kann. Bereits eine Dielenlänge von 3 m führt bei 2 % Gefälle zu einem Höhenunterschied von 6 cm. Weil in vielen Regelwerken 1 bis 2 % Gefälle empfohlen werden (vgl. z. B. Fäh/Langheim/Lysser, 2013; Schober et al., 2013; Terrassen- und Balkonbeläge, 2013), ist es ratsam, eine Beschaffenheitsvereinbarung mit dem Auftraggeber über die Neigung der Fläche zu treffen (siehe Kapitel 4). Gegen Algenbesiedlung, die die Gebrauchstauglichkeit einschränkt, weil die Flächen sehr rutschig werden, sowie gegen Schmutzansammlungen helfen kurze Reinigungsintervalle. Bei der Reinigung sollten keine Biozide verwendet werden, sondern es sollte mit Wurzelbürsten mechanisch gereinigt werden. Unter Baumkronen sind Holzbeläge nicht zu empfehlen, da dort Algenbesiedlungen sehr schnell wachsen und Laub in Fugen eindringt.

Blumenkübel und ähnliche Gegenstände sollten nicht auf Holzbelägen abgestellt werden. Wenn dennoch solche Möblierungen erfolgen, sollten punktförmige Unterlagsklötzchen aus Kunststoff oder aus splintfreiem Holz der Dauerhaftigkeitsklasse 1 oder 2 verwendet werden. Als Höhe dieser Abstandhalter sind mindestens 24 mm zu empfehlen.

Grundsätzlich muss davon a**bgeraten werden, tragende Balken von Balkonen direkt** mit **Belagsdielen** zu versehen. Selbst wenn mit den oben dargestellten Maßnahmen Feuchteanreicherungen minimiert werden, lassen sie sich doch nicht vollständig verhindern. Da die tragenden Balken sicherheitsrelevant und nur unter Aufwand auszutauschen sind, ist zu empfehlen, eine vollflächige Schalung und Abdichtung auf den Tragbalken zu montieren und den Belagsrost als nicht tragendes Verschleißteil aufzulegen (Abb. 6.165).

Abb. 6.166: Dieser Stützenfuß hebt das Holz 32 cm über den Pflasterbelag. Dadurch wird Spritzwasser am Holz vermieden.

Die Rissneigung von **Balken und Stützen** sollte vermindert werden, damit Feuchte und Schmutz nicht eindringen können. Statt Vollhölzern sollten deshalb Viertelhölzer oder Halbhölzer mit zuvor herausgetrennter Kernbohle verwendet werden. Brettschichtholz verringert ebenfalls die Rissneigung. Damit an den Grenzschichten der Lamellen keine Trockenrisse entstehen, sind dünne Lamellen zu bevorzugen. Früher wurde die Lamellendicke unter „extremer klimatischer Wechselbeanspruchung" auf 33 mm begrenzt. Später war die zulässige Lamellendicke in der Nutzungsklasse 3 auf 35 mm festgelegt. Aktuell ist dem Verfasser kein Regelwerk bekannt, das hierzu Angaben macht. Dennoch muss als anerkannte Regel der Technik eine Lamellendicke ≤ 35 mm in der Nutzungsklasse 3 angesehen werden. Empfehlenswert sind allerdings Lamellendicken ≤ 30 mm. In der Nutzungsklasse 3 müssen außerdem beide Decklamellen mit der rechten, dem Kern des Baumes zugewandten Seite nach außen angeordnet werden. Dies verringert die Rissneigung an den Decklamellen.

Da Brettschichtholz in der Regel aus nicht dauerhaften Fichte/Tanne-Sortimenten besteht, ist ein Einsatz als bewittertes Bauteil sorgfältig abzuwägen. Erfahrungsgemäß garantieren die Hersteller auch bei Lärchenbrettschichtholz keine splintfreie Ware.

Hochformatige Bauteile lassen sich mit Blechabdeckungen auf der Oberkante zwar etwas schützen, die Schutzwirkung für die seitlichen Flanken des Holzes darf hierbei jedoch nicht überschätzt werden. Hier müssen hinterlüftete seitliche Abdeckungen angebracht werden.

Die Fußpunkte von **Pfosten** sollten mittels Stahlschuhen 30 cm über Gelände gehoben werden (Abb. 6.166). Vorteilhaft für das Erscheinungsbild sind Stahlstützen, die dicker als statisch erforderlich ausgeführt werden. Breite Stützenfüße sehen stabiler aus als dünne Bauteile (Abb. 6.167). Die Kopfplatte der Stützen muss dagegen deutlich hinter den Seitenkanten der Stütze zurückstehen. Ein idealer Schutz vor ablaufendem Wasser ist zu erzielen, wenn die Kopfplatte in einer Vertiefung liegt und das Besteck des Stützenfußes eine Tropfkante aufweist. Diese Ausführungsvariante ist jedoch sehr aufwen-

Abb. 6.167: Im Spritzwasserbereich breit gestalteter Metallfuß

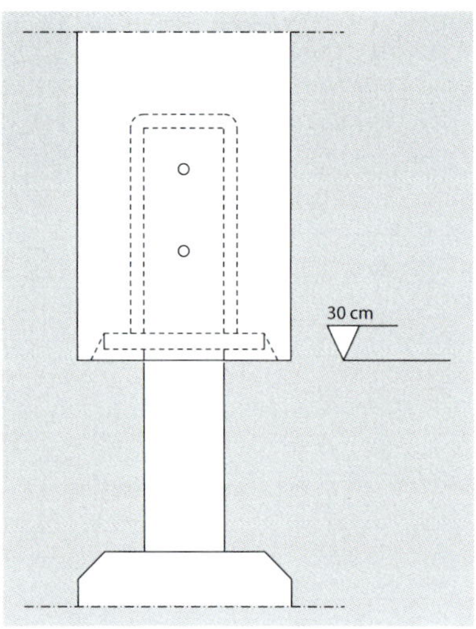

Abb. 6.168: Stützenfuß mit Stahlschwert in einem Sackloch. Die Auflagerplatte ist so eingelassen, dass eine Tropfkante am Hirnholzende entsteht.

Abb. 6.169: Durch Bretter vor Beregnung und vor an der Fundamentkante entstehendem Spritzwasser geschützter tragender Pfosten

Abb. 6.170: An der Hauptwetterseite nachgerüstetes Bekleidungsbrett, nachdem sich erste Witterungsschäden gezeigt hatten. Der breite Stahlfuß sorgt für angemessene Proportionen.

dig. Es kann auch geprüft werden, ob eine Schwertverbindung ohne Kopfplatte statisch ausreichend ist. Idealerweise wird das Stahlschwert nicht in einen durchgehenden Spalt, sondern in ein Sackloch eingesetzt (Abb. 6.168).

Auch Pfosten können mit einer Abdeckung zum Regenschutz versehen werden (Abb. 6.169). Manchmal ist auch ein Schutz lediglich an der Wetterseite ausreichend (Abb. 6.170).

Abb. 6.171: Am Anschluss der Kopfbänder durch die Abdeckung vor Feuchteanreicherungen geschütztes Salzsilo

Abb. 6.172: Salzsilos ohne nennenswerten baulichen Schutz der Bockstreben

Abb. 6.173: Vorbildlich optimierter baulicher Holzschutz des Strebenbocks eines Silos: Die hinterlüftete Schieferbekleidung deckt nicht nur die oberen Kopfbänder, sondern den gesamten Bock einschließlich der Seitenkanten und des Fußpunkts ab.

Weitere Außenbauteile

Für alle Pfostenelemente gilt, dass sie mit einem Fuß z. B. aus Stahl aus der Spritzwasserzone gehoben werden sollten. Es empfiehlt sich außerdem, die Vegetation um die Pfosten niedrig zu halten, damit sich ein trockeneres Mikroklima einstellt. Bei Spielgeräten wird im Sinne der Fehlertoleranz empfohlen, nur Geräte aufzustellen, die mindestens 3 Stützen aufweisen, da Geräte mit nur 1 oder 2 Stützen beim Versagen einer Stütze umstürzen bzw. leichter umstürzen können.

An Kopfbandanschlüssen haben sich Abdeckungen zum Wetterschutz (Abb. 6.171) gegenüber ungeschützten Konstruktionen (Abb. 6.172) bewährt. Die Konstruktion des Strebenbocks kann dabei auch noch weiter optimiert werden (Abb. 6.173).

Abb. 6.174: Mit einem Blech abgedecktes Hirnholz von Zaunpfosten. Die Riegel sind rautenförmig ausgeformt, sodass Wasser von der Oberkante und von der Fuge an den Zaunlatten abgeleitet wird. Die Konstruktion ließe sich noch durch Abstandhalter zwischen Pfosten und Riegeln verbessern. Auch zwischen Latten und Riegeln würden sie eine Verbesserung darstellen. Zudem könnte die Hirnholzabdeckung hinterlüftet werden, sodass weniger Tauwasser am Holz anfallen würde.

Abb. 6.175: Als Verschleißteil an der Unterkante eines Zaunes in der Spritzwasserzone ausgelegtes leicht auswechselbares Brett

Die dargestellten Prinzipien können auch an Zäunen umgesetzt werden (Abb. 6.174, 6.175).

6.11.4 Schutz gegen Insektenbefall

Baulicher Schutz gegen Holz zerstörende Insekten ist bei Außenbauteilen praktisch nur über die Holzwahl möglich. Sinnvoll ist es, splintfreie Ware zu verwenden. Wirksame Maßnahmen zum Feuchteschutz können die Holzfeuchte zudem so weit reduzieren, dass für eine Larvenentwicklung zumindest keine Optimalbedingungen herrschen.

6.11.5 Gebrauchsklassenzuordnung

Balkone, Vordächer, Terrassen und Brüstungen

In der Regel sind Balkone in Gebrauchsklasse 3.2 einzuordnen. Eine Einordnung in Gebrauchsklasse 3.1 ist möglich, wenn es gelingt, Feuchteanreicherungen zu verhindern.

Liegen Balkonbalken unter einer abgedichteten Bodenplatte des Balkons, ist Gebrauchsklasse 2 erreicht, weil die Balken nicht direkt bewittert werden. Diese Einstufung lässt sich oft noch verbessern, da nur unter besonderen Umgebungsbedingungen mit Luftfeuchten dauerhaft über 85 % oder mit Tauwasserausfall zu rechnen ist. Damit ist Gebrauchsklasse 1 für diese Zone unter Dach erreicht. Über die Holzwahl lässt sich der Gefährdung durch Holz zerstörende Insekten begegnen, sodass dann Gebrauchsklasse 0 angenommen werden kann.

Für Vordachbereiche, die durch die Dachdeckung vor direkter Bewitterung geschützt sind, gilt das Gleiche.

Stützen und Streben von Vordächern und Balkonen unterliegen der direkten Bewitterung. Wenn alle Konstruktionsknoten so aufgelöst sind, dass keine Feuchteanreicherungen entstehen, fallen sie unter Gebrauchsklasse 3.1, anderenfalls unter Gebrauchsklasse 3.2. In der DIN 68800-2, Abschnitt 6.2.2, werden Randbedingungen angegeben, unter denen eine Einstufung in Gebrauchsklasse 0 erfolgen kann:

- begrenzte Rissbildung durch kerngetrennten Einschnitt
- beschränkte Querschnittsmaße (Stützen aus Brettschichtholz ≤ 20 cm $\times \leq 20$ cm, Stützen aus Schnittholz ≤ 16 cm $\times \leq 16$ cm)
- Verminderung des Risikos eines Befalls durch Holz zerstörende Insekten durch Verwendung von Brettschichtholz oder von technisch getrocknetem Vollholz
- Verbesserung des Wasserabflusses durch gehobelte Oberflächen
- Verhinderung des Entstehens von Stauwasser an Anschlüssen (sehr schwierig umsetzbar)
- Verhinderung der kapillaren Wasseraufnahme des Hirnholzes durch Abdeckung
- direkte Abführung von Niederschlagswasser (dient ebenfalls der Verhinderung des Entstehens von Stauwasser)
- Verhinderung des Entstehens von Wasser- und Schneeansammlungen, indem nicht vertikal stehende Bauteile oberseitig abgedeckt werden

Hintergrund dieser Normregelung ist, dass eine Beregnung unter diesen Umständen nur für sehr kurze Zeit zu erhöhten Feuchtegehalten führt. Ob die „Kannbestimmung“ aus dieser Normregelung in Anspruch genommen wird und entsprechende Bauteile der Gebrauchsklasse 0 zugeordnet werden, ist gut abzuwägen. Hierfür ist unter Berücksichtigung der Schlagregenbeanspruchung und der Wasserführung am einzelnen Bauteil das Risiko zu bewerten. In Abb. 6.170 ist eine Situation dargestellt, bei der die Randbedingungen aus DIN 68800-2, Abschnitt 6.2.2, keinen ausreichenden Schutz gewährleisten konnten. Wenn Unsicherheiten bestehen, sollte besser die aus den Grundregeln der DIN 68800-1 abzuleitende Gebrauchsklasse 3.1 gewählt werden.

Brüstungen sind in Gebrauchsklasse 3.2 einzuordnen. Wenn Feuchteanreicherungen an den Verbindungsstellen durch bauliche Maßnahmen verhindert werden, ist Gebrauchsklasse 3.1 erreicht.

Terrassen sind üblicherweise in Gebrauchsklasse 3.2 einzuordnen. Auch die in Kapitel 6.11.3 dargestellten erforderlichen Feuchteschutzmaßnahmen können erfahrungsgemäß eine punktuelle Feuchteanreicherung nicht verhindern. Laub- und Schmutzansammlungen oder Dauernässe führen zur Einstufung in Gebrauchsklasse 4.

Abb. 6.176: Durch eine Holzrinne geleitetes Süßwasser. Zu erkennen ist, dass auch die Zargenrahmen (links unten) dauerhaft durchfeuchtet werden. Das verwendete heimische Eichenkernholz ist nicht ausreichend dauerhaft, um formal für den Einsatz in Gebrauchsklasse 4 auszureichen. Es handelt sich um eine Sonderkonstruktion.

Weitere Außenbauteile

Die Bauteile müssen individuell anhand der in Kapitel 3 dargestellten Kriterien einer Gebrauchsklasse zugeordnet werden. In das Erdreich eingegrabene Pfosten (siehe Abb. 6.154) oder dauernasse Hölzer (Abb. 6.176) fallen in Gebrauchsklasse 4. Allerdings gibt es keine heimische Holzart, die nach DIN EN 350-2 „Dauerhaftigkeit von Holz und Holzprodukten – Natürliche Dauerhaftigkeit von Vollholz – Teil 2: Leitfaden für die natürliche Dauerhaftigkeit und Tränkbarkeit von ausgewählten Holzarten von besonderer Bedeutung in Europa“ (1994) und DIN 68800-1 eine ausreichende natürliche Dauerhaftigkeit in Gebrauchsklasse 4 aufweist. Selbst Robinienkernholz (*Robinia pseudoacacia*) ist nicht in Dauerhaftigkeitsklasse 1, sondern nur in Dauerhaftigkeitsklasse 1 bis 2, eingeordnet.

7 Holzwerkstoffplatten

7.1 Feuchtebeständigkeitsbereiche („Holzwerkstoffklassen“) und zulässige Gebrauchsklassen

Feuchtebeständigkeitsbereiche

Ausgehend von den Nutzungsklassen und den ihnen zugeordneten Klimabedingungen (siehe Kapitel 1.5, Tabelle 1.1) sind 3 Feuchtebeständigkeitsbereiche (früher „Holzwerkstoffklassen“) definiert (siehe Tabelle 7.1).

Tabelle 7.1: Feuchtebeständigkeitsbereiche („Holzwerkstoffklassen“)

Nutzungsklasse (NKL)	Klimabedingungen	Feuchtebeständigkeitsbereich („Holzwerkstoffklasse“)[1)]
NKL 1	nur einige Wochen im Jahr Bedingungen entsprechend 20 °C und 65 % relativer Luftfeuchte überschritten	Trockenbereich
NKL 2	nur einige Wochen im Jahr Bedingungen entsprechend 20 °C und 85 % relativer Luftfeuchte überschritten	Feuchtbereich
NKL 3	feuchtere Bedingungen als in NKL 2	Außenbereich

1) Die Klassifizierung nach Trockenbereich, Feuchtbereich und Außenbereich erfolgt in etlichen Normen (vgl. u. a. DIN EN 13986 „Holzwerkstoffe zur Verwendung im Bauwesen – Eigenschaften, Bewertung der Konformität und Kennzeichnung“ [2015])

Für Holzwerkstoffe zulässige Gebrauchsklassen

In **Gebrauchsklasse 0** sind Holzwerkstoffe aller 3 Feuchtebeständigkeitsbereiche (Tabelle 7.1) einsetzbar.

In **Gebrauchsklasse 2** dürfen Feuchtbereich- und Außenbereichwerkstoffe verwendet werden.

In **Gebrauchsklasse 3** sind lediglich Außenbereichwerkstoffe zulässig. Der normative Anhang C der DIN 68800-1 schränkt den Einsatz in Gebrauchsklasse 3 jedoch zusätzlich ein. Die Verwendung von Holzwerkstoffplatten in den Gebrauchsklassen 3.1 und 3.2 ist nur für hinterlüftete Fassadenbekleidungen aus Furnierschichtholz, Sperrholz, Massivholzplatten und zementgebundene Spanplatten freigegeben. Wenn es sich bei diesen Anwendungen um tragende bzw. sicherheitsrelevante Bauteile handelt, ist zusätzlich ein bauaufsichtlicher Verwendbarkeitsnachweis erforderlich. In der Regel liegt dieser vor. Die Fachregeln des Zimmererhandwerks 01, 2006, 2011, enthalten zahlreiche Konstruktionsempfehlungen für diesen Einsatzbereich.

In den **Gebrauchsklassen 4 und 5** dürfen nach DIN 68800-1 Holzwerkstoffplatten nicht eingesetzt werden. Dagegen werden in einigen DIN-EN-Produktnormen und der Rahmennorm DIN EN 13986 „Holzwerkstoffe zur Verwendung im Bauwesen – Eigenschaften, Bewertung der Konformität und Kennzeichnung" (2015) für einige Platten auch Einsatzbereiche im Außenbereich bis in die Gebrauchsklassen 4 und 5 ausgelobt. Wenn in den Gebrauchsklassen 4 und 5 Holzwerkstoffplatten verbaut werden, sind diese nur als Verschleißteil anzusehen und allenfalls für kurze Nutzungszeiten geeignet. Sicherheitsrelevante Bauteile sollten in diesem Bereich keinesfalls aus Holzwerkstoffen hergestellt werden.

Sonderfall: Holzfaserunterdächer in der Bauphase

Während der Montage einer zweiten Entwässerungsebene von Steildächern kann diese unter Umständen Niederschlägen ausgesetzt sein. Diese Entwässerungsebene kann aus Holzfaserunterdeckplatten hergestellt werden. Die Hersteller geben für dieses Material an, wie lange es frei bewittert werden darf, bevor die Dachdeckung aufgebracht wird. Die angegebenen Zeitspannen dürfen nicht überschritten werden.

Einsatz in Gebrauchsklasse 0

Die DIN 68800-2 macht einige Vorgaben zur Anwendung von Holzwerkstoffplatten in Gebrauchsklasse 0. Voraussetzung ist, dass die Platten nicht bewittert werden. Außerdem werden maximale Holzfeuchten festgelegt (siehe Tabelle 7.2).

In der DIN 68800-2, Tabelle 2, wird in einer Anmerkung für Feuchtbereichplatten eine vorübergehende Auffeuchtung auf bis zu 20 % beim rechnerischen Nachweis nach DIN EN 15026 „Wärme- und feuchtetechnisches Verhalten von Bauteilen und Bauelementen – Bewertung der Feuchteübertragung durch numerische Simulation" (2007) gestattet, wenn diese innerhalb von 3 Monaten rücktrocknen kann. Diese Aussage muss kritisch betrachtet werden. Sie bezieht sich lediglich auf eine Bauteilsimulation, wie sie in Kapitel 3.6.3.2 erläutert ist. Es wird vorausgesetzt, dass die Simulationsberechnung annähernd der Wirklichkeit entspricht. Die Konsequenz ist, dass auch in der tatsächlich gebauten Konstruktion eine entsprechend hohe Holzfeuchte entsteht. Die Norm macht auch keine Einschränkung bezüglich der Wiederholungsintervalle dieser erhöhten Materialfeuchte. Danach darf die Überschreitung der Holzfeuchte auf bis zu 20 % immer wieder stattfinden. Dies kann die Gebrauchstauglichkeit, wie im Folgenden zur Längsquellung von OSB-Platten dargelegt, einschränken. Außerdem ist in der DIN 4108-3 „Wärmeschutz und Energie-Einsparung in Gebäuden – Teil 3: Klimabedingter Feuchteschutz – Anforderungen, Berechnungsverfahren und Hinweise für Planung und Ausführung" (2014) festgelegt, dass Holzwerkstoffe über die Tauperiode einen Feuchtezuwachs von nur maximal 3 % erleiden dürfen (dies entspricht bei einer Werkstoffplatte mit einer Rohdichte von 600 kg/m^3 und einer Dicke von 22 mm einer Wassermenge von 396 g/m^2). In der Regel liegt die übliche Einbaufeuchte von Holzwerkstoffplatten mehr als 3 % unter den nach der Norm tolerablen 20 % Holzfeuchte. Damit wäre in den meisten Fällen DIN 4108-3 (2014) nicht eingehalten, wenn die Holzfeuchte von 20 % für Gebrauchsklasse 0 ausgeschöpft würde.

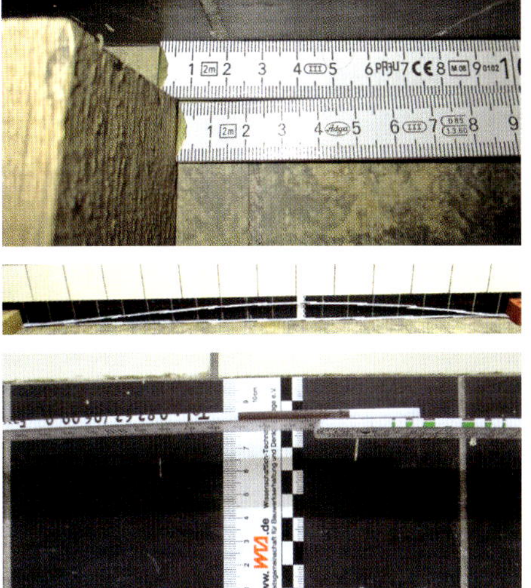

Abb. 7.1: Illustration der Materialverformung einer OSB-Platte bei Auffeuchtung von 14 % auf 24 % bei fixierten Plattenenden am Beispiel eines Meterstabs: Wird das Widerlager des Meterstabs bei einer Länge von 1 m um 6 mm verschoben (oben), so weicht der Meterstab mehr als 7 cm um die schwache Achse aus (Mitte sowie Detailaufnahme unten).

Deshalb wird empfohlen, diese Ausnahmeregelung, die sich auch in der DIN 68800-2, Tabelle 3, zu einzelnen Bauteilen in einer Anmerkung findet (siehe Tabelle 7.3, Anmerkung 3 zu Zeile 3.1.2, 3.2.2 und 3.3.2), nicht in Anspruch zu nehmen.

Tabelle 7.2: Zulässige Holzfeuchten von Holzwerkstoffen in der Gebrauchsklasse 0 nach DIN 68800-2, Tabelle 2

Feuchtebeständigkeitsbereich („Holzwerkstoffklasse")	maximal zulässige Holzfeuchte in der Gebrauchsklasse 0
Trockenbereich	15 %
Feuchtbereich	18 %
Außenbereich	21 %

Längsquellung von OSB-Platten

Gemäß DIN EN 1995-1-1/NA „Nationaler Anhang – National festgelegte Parameter – Eurocode 5: Bemessung und Konstruktion von Holzbauten – Teil 1-1: Allgemeines – Allgemeine Regeln und Regeln für den Hochbau" (2013) ist für OSB/3-Platten ein Quellmaß von 0,03 % je % Holzfeuchteerhöhung anzusetzen. Wenn eine Befeuchtung aufgrund von Konvektion die Holzfeuchte z. B. um 10 Prozentpunkte von 14 % auf 24 % erhöht, so beträgt die Gesamtquellung 0,3 %. Auf 2 m Plattenlänge führt dies zu einer Vergrößerung der Länge um 6 mm. Die Auswirkung bei fixierten Enden der Platte lässt sich wie folgt veranschaulichen: Wird ein Meterstab an den Enden gehalten und werden die Widerlager um 6 mm aufeinander zubewegt (Abb. 7.1, oben), so weicht der Meterstab um mehr als 7 cm seitlich aus (Abb. 7.1, Mitte und unten). Dies entspricht auch der Situation in der Praxis, in der Schalungen an Randaufkantungen und Sparren mechanisch fixiert sind. Da die montierte Platte jedoch nicht um 7 cm abheben kann, entstehen Spannungen und Verformungen in der Konstruktion. Diese Verformungen können sich dabei über eine gesamte Gebäudebreite addieren. Bereits eine Verkürzung des Auflagerabstands des Meterstabs um nur 1 mm, die einer Holzfeuchteerhöhung um 1,6 Prozentpunkte entspricht, führt zu einer Ausweichbewegung des Meterstabs um mehr als 2 cm. Durch eine ungleichmäßige Verteilung des Wassergehalts über die Plattendicke bei Feuchtewechseln entstehen zudem zusätzlich zu den hier illustrierten Verformungen innere Spannungen.

7.2 Bauteile und Konstruktionen

Zuordnung der Feuchtebeständigkeitsbereiche zu typischen Konstruktionen

Die DIN 68800-2, Tabelle 3, gibt für viele übliche Konstruktionen Beispiele zur Wahl von Holzwerkstoffen (siehe Tabelle 7.3).

Zu raumseitigen Beplankungen nach **Tabelle 7.3, Zeile 1**, ist anzumerken, dass sie im Bereich abgedichteter schwallwasserbeanspruchter Zonen wie Duschen nicht für die Aussteifung des Gebäudes dienen sollten. Dies lässt sich mit der Grundsatzforderung nach fehlertoleranten Bauweisen begründen. Sollte die Abdichtung eine kleine Fehlstelle aufweisen, ist mit Durchfeuchtungen zu rechnen, die die Festigkeit der Werkstoffplatte unzulässig vermindern.

Die Ausführung nach **Tabelle 7.3, Zeile 3.1.2**, ist ebenfalls wenig fehlertolerant, weil sich in dieser Einbausituation gelegentlich Tauwasser bilden kann. Außerdem ist auch dann, wenn Tauwasserbildung eben gerade vermieden ist, mit hohen Werkstofffeuchten zu rechnen, die zu den in Kapitel 7.1 beschriebenen Verformungsspannungen führen. Zusätzlich ist bei den in dieser Einbausituation zu erwartenden Feuchteverhältnissen ein hohes Risiko für eine Besiedlung mit Schimmelpilzen gegeben. Es kann zudem leicht zu unplanmäßig erhöhten Werkstofffeuchten kommen, insbesondere dann, wenn die Belüftungsebene strömungstechnisch ungünstige Bereiche aufweist oder die Luftdichtheitsebene nicht optimal hergestellt ist. Schalungen aus Schnittholz sind hier fehlertoleranter.

Ähnliches gilt für die Ausführung nach **Tabelle 7.3, Zeile 3.3.2**.

Die Ausführung nach **Tabelle 7.3, Zeile 3.3.4**, weist nahezu keine Fehlertoleranz auf (siehe Kapitel 6.5.5). Für solche voll gedämmten Konstruktionen mit Überdeckungen wie Kiesschichten oder Begrünungen wird in Anmerkung 5 der Tabelle 7.3 empfohlen, Vollholzschalungen zu verwenden. Es ist anzuraten, dieser Empfehlung der Norm zu folgen. Weitere Erörterungen zum kritischen Klima in solchen Konstruktionen finden sich in Kapitel 6.5.3 und 6.5.5.

Tabelle 7.3: Erforderliche Feuchtebeständigkeit von Holzwerkstoffen in Abhängigkeit vom Anwendungsbereich nach DIN 68800-2, Tabelle 3

Zeile	Anwendungsbereich	Feuchtebeständigkeitsbereich („Holzwerkstoffklasse") der Holzwerkstoffe
1	raumseitige Beplankung und Bekleidung von Wänden, Decken und Dächern in Wohngebäuden sowie in Gebäuden mit vergleichbarer Nutzung[1)]	
1.1	allgemein	Trockenbereich
1.2	obere Beplankung sowie tragende Schalung von Decken unter nicht ausgebauten Dachgeschossen	
	a) belüftete Decken[2)]	Trockenbereich
	b) nicht belüftete Decken	
	• ohne Dämmschichtauflage	Feuchtbereich
	• mit Dämmschichtauflage	Trockenbereich
2	Außenbeplankung von Außenwänden	
2.1	Hohlraum zwischen Außenbeplankung und Vorhangschale (Wetterschutz), belüftet	Feuchtbereich
2.2	Vorhangschale aus kleinformatigen Bekleidungselementen als Wetterschutz, Hohlraum nicht ausreichend belüftet, Wasser ableitende Abdeckung der Beplankung oder Bekleidung	Feuchtbereich
2.3	auf der Beplankung direkt aufliegendes Wärmedämm-Verbundsystem mit einem dauerhaft wirksamen Wetterschutz nach einem bauaufsichtlichen Verwendbarkeitsnachweis	Trockenbereich
2.4	Mauerwerksvorsatzschale nach DIN 68800-2, Abschnitt, 5.2.1.2, Punkt h, Abdeckung der Beplankung mit Wasser ableitender Schicht	Feuchtbereich
3	obere Beplankung von Dächern, tragende Dachschalung	
3.1	mit der Raumluft in Verbindung stehende Beplankung oder Schalung	
3.1.1	mit aufliegender Wärmedämmschicht (z. B. in Wohngebäuden, beheizten Hallen)	Trockenbereich
3.1.2	ohne aufliegende Wärmedämmschicht[3)]	Feuchtbereich
3.2	Dachquerschnitt unterhalb der Beplankung oder Schalung belüftet[2)] (siehe DIN 68800-2, Bild 13a)	
3.2.1	geneigtes Dach mit Dachdeckung	Feuchtbereich
3.2.2	Flachdach mit Dachabdichtung[3)]	Feuchtbereich

Tabelle 7.3: Fortsetzung

Zeile	Anwendungsbereich	Feuchtebeständigkeitsbereich („Holzwerkstoffklasse") der Holzwerkstoffe
3.3	Dachquerschnitt unterhalb der Beplankung oder Schalung nicht belüftet (siehe DIN 68800-2, Bild 13b)	
3.3.1	geneigtes Dach mit belüftetem Hohlraum oberhalb der Beplankung oder Schalung, Holzwerkstoff oberseitig mit Wasser abweisender Folie oder anderweitig ausreichend geschützt[4)]	Feuchtbereich
3.3.2	Flachdach mit belüftetem Hohlraum oberhalb der Beplankung oder Schalung, Holzwerkstoff oberseitig mit Wasser abweisender Folie oder dergleichen abgedeckt[3)]	Feuchtbereich
3.3.3	keine Dampf sperrenden Schichten (z. B. Folien) unterhalb der Beplankung oder Schalung, Wärmeschutz überwiegend oberhalb der Beplankung oder Schalung	Feuchtbereich
3.3.4	voll gedämmtes nicht belüftetes flach geneigtes Dach mit Abdichtung oder Metalleindeckung oberhalb der Beplankung oder Schalung[5)]	Feuchtbereich
4	untere Bekleidung/Beplankung von Decken	
4.1	• über unbeheizten, abgedichteten Kellerräumen (siehe DIN 68800-2, Bild 11)	Feuchtbereich
4.2	• über belüfteten Kriechkellern (siehe DIN 68800-2, Bild 12)	Feuchtbereich[6)]
4.3	• über Außenklima (siehe DIN 68800-2, Bild 8)	Feuchtbereich

1) Dazu zählen auch nicht ausgebaute Dachräume von Wohngebäuden.
2) Hohlräume in Decken und Dächern gelten im Sinne dieser Norm als ausreichend belüftet, wenn die Größe der Zu- und Abluftöffnungen jeweils mindestens 2 ‰ der zu belüfteten Fläche, bei Decken unter nicht ausgebauten Dachgeschossen mindestens jedoch 200 cm^2 je m Deckenbreite beträgt.
Hinweis des Verfassers zu dieser Anmerkung: In der DIN 68800-2, Tabelle 3, ist in diese Anmerkung (im Original Anmerkung b) ein Übertragungsfehler eingegangen: Für die Bemessung der Belüftungsöffnungen steht dort statt der korrekten Angabe „2 ‰" die falsche Angabe „2 %". Dies ist hier korrigiert.
3) Eine unzuträgliche Veränderung des Feuchtegehalts durch Tauwasserbildung im Bereich der Holzwerkstoffe muss ausgeschlossen sein. Eine vorübergehende Auffeuchtung auf bis zu 20 % im Bereich der Holzwerkstoffe kann toleriert werden, sofern diese innerhalb von 3 Monaten rücktrocknen kann.
4) Eine zusätzliche Wasser abweisende Schicht für Bekleidungen aus Unterdeckplatten nach DIN EN 14964 „Unterdeckplatten für Dachdeckungen – Definitionen und Eigenschaften" (2007) ist nicht notwendig.
5) Bei aufliegenden Deckschichten (Begrünung oder Bekiesung) sind Dachschalungen aus Vollholz vorzuziehen.
6) Für die unterseitige Kriechkellerbekleidung/-beplankung sollten zementgebundene Spanplatten verwendet werden.

Fassadenbekleidungen gemäß Fachregeln des Zimmererhandwerks 01

In den Fachregeln des Zimmererhandwerks 01 sind auch Fassadenbekleidungen mit Dreischichtplatten gemäß DIN EN 12775 „Massivholzplatten – Klassifizierung und Terminologie" (2001) und mit zementgebundenen Spanplatten gemäß DIN EN 633 „Zementgebundene Spanplatten; Definition und Klassifizierung" (1993) geregelt. Dort werden Konstruktionsdetails und -anforderungen vorgegeben, die in Tabelle 7.4 zusammengefasst sind.

Tabelle 7.4: Konstruktionsdetails und -anforderungen bei Fassadenbekleidungen aus Holzwerkstoffplatten nach Fachregeln des Zimmererhandwerks 01, 2006, 2011

Konstruktionsdetail/-anforderung	Geltungsbereich
Plattendicke ≥ 12 mm	zementgebundene Spanplatte
Plattendicke ≥ 19 mm	Dreischichtplatte
vertikale Faserrichtung der Decklage	Dreischichtplatte (siehe Abb. 7.2)
beschichtete Platten mit Kantenversiegelung und Kantenrundung ≥ 2 mm (ggf. Ausnahmen bei industrieller Beschichtung zulässig)	zementgebundene Spanplatte, Dreischichtplatte
Fugenbreite ≥ 10 mm, bei beschichteten Platten Fugenbreite ≥ Plattendicke + ≥ 15 mm	zementgebundene Spanplatte, Dreischichtplatte
mit Z-Profilblech hinterlegte horizontale Fugen oder unter 15° angeschrägte und beschichtete horizontale Plattenoberkante	zementgebundene Spanplatte, Dreischichtplatte (siehe Abb. 7.3)
Sockelhöhe zum Spritzwasserschutz i. d. R. ≥ 30 cm • zulässige Reduzierung auf ≥ 15 cm bei Anordnung eines Kiesstreifens (Abstimmung mit dem Bauherrn erforderlich) • zulässige Reduzierung auf ≥ 20 mm bei Anordnung einer Gitterrostrinne (Abstimmung mit dem Bauherrn erforderlich)	zementgebundene Spanplatte, Dreischichtplatte
Holzbekleidungen im Sockelbereich (nur als Ausnahme; und in diesem Fall leicht austauschbar zu konstruieren)	zementgebundene Spanplatte, Dreischichtplatte
unter 15° angeschrägte Plattenunterkante am Sockel	zementgebundene Spanplatte, Dreischichtplatte
≥ 100 mm Abstand zur Deckung an Gauben	zementgebundene Spanplatte, Dreischichtplatte
Nachweis der Eignung der Platten durch den Hersteller bei vorgesehener Beschichtung der Platten erforderlich	zementgebundene Spanplatte, Dreischichtplatte

Abb. 7.2: Anordnung einer Dreischichtplatte einer Fassadenbekleidung mit vertikalem Faserverlauf der Decklage, sodass Wasser besser ablaufen kann

Abb. 7.3: Mit einem Blech abgedeckte Oberkanten von Holzwerkstoffplatten einer Fassadenbekleidung. Es lassen sich jedoch ungünstige Konstruktionsdetails erkennen: So sind die Dreischichtplatten horizontal statt vertikal montiert, an der Mauerabdeckung entsteht Spritzwasser, das bereits zu Verfärbungen führte, und in der Fensterlaibung ist nicht das Prinzip schuppenförmig überdeckter Einzelteile verfolgt worden.

Gaubenbekleidungen aus OSB-Platten

Bei Um- und Neubauten werden z. B. Gaubenbekleidungen oft aus OSB-Platten gefertigt. Die Platten bieten den Vorteil, dass sich schnell große Flächen verschalen lassen und dass sie als aussteifende Beplankung dienen können. Der Feuchtehaushalt bedarf bei diesen Konstruktionsweisen jedoch einer sorgfältigen Überprüfung. Im Vergleich zu Vollholzschalungen mit einer Diffusionswiderstandszahl μ von ca. 40 weisen OSB-Platten meist den vier- bis siebenfachen Diffusionswiderstand auf.

Die in der DIN EN ISO 10456 „Baustoffe und Bauprodukte – Wärme- und feuchtetechnische Eigenschaften – Tabellierte Bemessungswerte und Verfahren zur Bestimmung der wärmeschutztechnischen Nenn- und Bemessungswerte“ (2010) und in der DIN EN 13986 angegebenen Diffusionswiderstandszahlen für OSB-Platten sind nach Auffassung des Verfassers zu niedrig angesetzt. Die Platten enthalten Bindemittel aus Kunststoffen, die in der Regel diffusionsdichter als Holz sind. Deshalb ist vorbehaltlich tatsächlich am Material ermittelter Messwerte davon auszugehen, dass die Diffusionswiderstandszahl größer als die von Vollholz ist. Wenn Modellberechnungen wie das Glaser-Verfahren mit unrealistisch geringen Diffusionswiderständen für die Platten erfolgen, ergeben sich daraus unrealistisch günstige Ergebnisse, die kritisch zu hinterfragen sind. Es sollten immer die Herstellerangaben oder Messwerte unabhängiger Labore für das tatsächlich verwendete Produkt angenommen werden.

An einer äußeren OSB-Schalung kann sich wegen des hohen Diffusionswiderstands der Platten leichter Feuchte aus Dampfdiffusion stauen als an einer gleich dicken Schnittholzschalung. Auch sollten die Platten als Schalungsuntergrund für Metalldeckungen nur dann verwendet werden, wenn eine Wirrgelegebahn als Dränageschicht angeordnet wurde. Fehlt diese Dränageschicht, befeuchtet Tauwasser von der Blechrückseite die Außenseite der OSB-Platte. Dies kann zu Verformungen, irreversiblem Aufquellen und Gefügeschäden aufgrund innerer Spannungen führen. Vollholz kann die anfallende Feuchte zwar schneller umverteilen, doch sollte auch bei Vollholzschalungen eine Dränageschicht unter Blechdeckungen angeordnet werden.

8 Anhang

8.1 Normen, Rechtsvorschriften und Literatur

Normen

DIN 1052:2004-08 Entwurf, Berechnung und Bemessung von Holzbauwerken – Allgemeine Bemessungsregeln und Bemessungsregeln für den Hochbau

DIN 1052:2008-12 Entwurf, Berechnung und Bemessung von Holzbauwerken – Allgemeine Bemessungsregeln und Bemessungsregeln für den Hochbau [ersetzt durch DIN 1052-10:2012-05]

DIN 1052 Berichtigung 1:2010-05 Entwurf, Berechnung und Bemessung von Holzbauwerken – Allgemeine Bemessungsregeln und Bemessungsregeln für den Hochbau, Berichtigung zu DIN 1052:2008-12 [ersetzt durch DIN 1052-10:2012-05]

DIN 1052-1:1969-10 Holzbauwerke; Berechnung und Ausführung

DIN 1052-1:1988-04 Holzbauwerke; Berechnung und Ausführung

DIN 1052-10:2012-05 Herstellung und Ausführung von Holzbauwerken – Teil 10: Ergänzende Bestimmungen

DIN 1053-1:1996-11 Mauerwerk – Teil 1: Berechnung und Ausführung

DIN 4074-1:2012-06 Sortierung von Holz nach der Tragfähigkeit – Teil 1: Nadelschnittholz

DIN 4074-5:2008-12 Sortierung von Holz nach der Tragfähigkeit – Teil 5: Laubschnittholz

DIN 4108-3:2001-07 Wärmeschutz und Energie-Einsparung in Gebäuden – Teil 3: Klimabedingter Feuchteschutz; Anforderungen, Berechnungsverfahren und Hinweise für Planung und Ausführung

DIN 4108-3:2014-11 Wärmeschutz und Energie-Einsparung in Gebäuden – Teil 3: Klimabedingter Feuchteschutz – Anforderungen, Berechnungsverfahren und Hinweise für Planung und Ausführung

DIN 4108-7:2011-01 Wärmeschutz und Energie-Einsparung in Gebäuden – Teil 7: Luftdichtheit von Gebäuden – Anforderungen, Planungs- und Ausführungsempfehlungen sowie -beispiele

DIN 4108-10:2008-06 Wärmeschutz und Energie-Einsparung in Gebäuden – Teil 10: Anwendungsbezogene Anforderungen an Wärmedämmstoffe – Werkmäßig hergestellte Wärmedämmstoffe

DIN 18195-4:2011-12 Bauwerksabdichtungen – Teil 4: Abdichtungen gegen Bodenfeuchte (Kapillarwasser, Haftwasser) und nichtstauendes Sickerwasser an Bodenplatten und Wänden, Bemessung und Ausführung

DIN 18195-5:2011-12 Bauwerksabdichtungen – Teil 5: Abdichtungen gegen nichtdrückendes Wasser auf Deckenflächen und in Nassräumen, Bemessung und Ausführung

DIN 18516-1:2010-06 Außenwandbekleidungen, hinterlüftet – Teil 1: Anforderungen, Prüfgrundsätze

E DIN 18534-1:2015-07 Abdichtung von Innenräumen – Teil 1: Anforderungen, Planungs- und Ausführungsgrundsätze

DIN V 18550:2005-04 Putz und Putzsysteme – Ausführung

DIN 18550-1:2014-12 Planung, Zubereitung und Ausführung von Innen- und Außenputzen – Teil 1: Ergänzende Festlegungen zu DIN EN 13914-1 für Außenputze

DIN 18550-2:2015-06 Planung, Zubereitung und Ausführung von Innen- und Außenputzen – Teil 2: Ergänzende Festlegungen zu DIN EN 13914-2 für Innenputze

DIN 20000-5:2012-03 Anwendung von Bauprodukten in Bauwerken – Teil 5: Nach Festigkeit sortiertes Bauholz für tragende Zwecke mit rechteckigem Querschnitt

DIN 52143:1985-08 Glasvlies-Bitumendachbahnen; Begriffe, Bezeichnung, Anforderungen

DIN 52175:1975-01 Holzschutz; Begriffe, Grundlagen [ersetzt durch DIN 68800-1:2011-10]

DIN 68121-1:1993-09 Holzprofile für Fenster und Fenstertüren; Maße, Qualitätsanforderungen

DIN 68121-2:1990-06 Holzprofile für Fenster und Fenstertüren; Allgemeine Grundsätze

DIN 68800:1956-09 Holzschutz im Hochbau

DIN 68800-1:1974-05 Holzschutz im Hochbau; Allgemeines

DIN 68800-1:2011-10 Holzschutz – Teil 1: Allgemeines

DIN 68800-2:1974-05 Holzschutz im Hochbau; Vorbeugende bauliche Maßnahmen

DIN 68800-2:1984-01 Holzschutz im Hochbau; Vorbeugende bauliche Maßnahmen

DIN 68800-2:1996-05 Holzschutz – Teil 2: Vorbeugende bauliche Maßnahmen im Hochbau

DIN 68800-2:2012-02 Holzschutz – Teil 2: Vorbeugende bauliche Maßnahmen im Hochbau

DIN 68800-3:1990-04 Holzschutz; Vorbeugender chemischer Holzschutz

DIN 68800-3:2012-02 Holzschutz – Teil 3: Vorbeugender Schutz von Holz mit Holzschutzmitteln

DIN 68800-4:1992-11 Holzschutz; Bekämpfungsmaßnahmen gegen holzzerstörende Pilze und Insekten

DIN 68800-4:2012-02 Holzschutz – Teil 4: Bekämpfungs- und Sanierungsmaßnahmen gegen Holz zerstörende Pilze und Insekten

DIN 68800-5:1978-05 Holzschutz im Hochbau; Vorbeugender chemischer Schutz von Holzwerkstoffen [ersetzt durch DIN 68800-3:2012-02]

E DIN 68800-5:1990-01 Holzschutz; Vorbeugender chemischer Schutz von Holzwerkstoffen

DIN EN 113:1996-11 Holzschutzmittel – Prüfverfahren zur Bestimmung der vorbeugenden Wirksamkeit gegen holzzerstörende Basidiomyceten – Bestimmung der Grenze der Wirksamkeit

DIN EN 152-1:1989-08 Prüfverfahren für Holzschutzmittel; Laboratoriumsverfahren zur Bestimmung der vorbeugenden Wirksamkeit einer Schutzbehandlung von verarbeitetem Holz gegen Bläuepilze; Teil 1: Anwendung im Streichverfahren

DIN EN 252:2015-01 Freiland-Prüfverfahren zur Bestimmung der relativen Schutzwirkung eines Holzschutzmittels im Erdkontakt

DIN EN 335:2013-06 Dauerhaftigkeit von Holz und Holzprodukten – Gebrauchsklassen: Definitionen, Anwendung bei Vollholz und Holzprodukten

DIN EN 350-1:1994-10 Dauerhaftigkeit von Holz und Holzprodukten – Natürliche Dauerhaftigkeit von Vollholz – Teil 1: Grundsätze für die Prüfung und Klassifikation der natürlichen Dauerhaftigkeit von Holz

DIN EN 350-2:1994-10 Dauerhaftigkeit von Holz und Holzprodukten – Natürliche Dauerhaftigkeit von Vollholz – Teil 2: Leitfaden für die natürliche Dauerhaftigkeit und Tränkbarkeit von ausgewählten Holzarten von besonderer Bedeutung in Europa

DIN EN 460:1994-10 Dauerhaftigkeit von Holz und Holzprodukten – Natürliche Dauerhaftigkeit von Vollholz – Leitfaden für die Anforderungen an die Dauerhaftigkeit von Holz für die Anwendung in den Gefährdungsklassen

DIN EN 633:1993-12 Zementgebundene Spanplatten; Definition und Klassifizierung

DIN EN 1912:2013-10 Bauholz für tragende Zwecke – Festigkeitsklassen – Zuordnung von visuellen Sortierklassen und Holzarten

DIN EN 1995-1-1:2010-12 Eurocode 5: Bemessung und Konstruktion von Holzbauten – Teil 1-1: Allgemeines – Allgemeine Regeln und Regeln für den Hochbau

DIN EN 1995-1-1/NA:2010-12 Nationaler Anhang – National festgelegte Parameter – Eurocode 5: Bemessung und Konstruktion von Holzbauten – Teil 1-1: Allgemeines – Allgemeine Regeln und Regeln für den Hochbau

DIN EN 1995-1-1/NA:2013-08 Nationaler Anhang – National festgelegte Parameter – Eurocode 5: Bemessung und Konstruktion von Holzbauten – Teil 1-1: Allgemeines – Allgemeine Regeln und Regeln für den Hochbau

DIN EN 12775:2001-04 Massivholzplatten – Klassifizierung und Terminologie

DIN EN 13162:2015-04 Wärmedämmstoffe für Gebäude – Werkmäßig hergestellte Produkte aus Mineralwolle (MW) – Spezifikation

DIN EN 13163:2015-04 Wärmedämmstoffe für Gebäude – Werkmäßig hergestellte Produkte aus expandiertem Polystyrol (EPS) – Spezifikation

DIN EN 13168:2015-04 Wärmedämmstoffe für Gebäude – Werkmäßig hergestellte Produkte aus Holzwolle (WW) – Spezifikation

DIN EN 13171:2015-04 Wärmedämmstoffe für Gebäude – Werkmäßig hergestellte Produkte aus Holzfasern (WF) – Spezifikation

DIN EN 13183-2:2002-07 Feuchtegehalt eines Stückes Schnittholz – Teil 2: Schätzung durch elektrisches Widerstands-Messverfahren

DIN EN 13986:2015-06 Holzwerkstoffe zur Verwendung im Bauwesen – Eigenschaften, Bewertung der Konformität und Kennzeichnung

DIN EN 14964:2007-01 Unterdeckplatten für Dachdeckungen – Definitionen und Eigenschaften

DIN EN 15026:2007-07 Wärme- und feuchtetechnisches Verhalten von Bauteilen und Bauelementen – Bewertung der Feuchteübertragung durch numerische Simulation

DIN EN ISO 10456:2010-05 Baustoffe und Bauprodukte – Wärme- und feuchtetechnische Eigenschaften – Tabellierte Bemessungswerte und Verfahren zur Bestimmung der wärmeschutztechnischen Nenn- und Bemessungswerte

ÖNORM B 3802-1:2015-01-15 Holzschutz im Bauwesen – Teil 1: Allgemeines

ÖNORM B 3802-2:2015-01-15 Holzschutz im Bauwesen – Teil 2: Baulicher Schutz des Holzes

ÖNORM B 3802-3:2015-01-15 Holzschutz im Bauwesen – Teil 3: Chemischer Schutz des Holzes

ÖNORM B 3802-4:2015-01-15 Holzschutz im Bauwesen – Teil 4: Bekämpfungs- und Sanierungsmaßnahmen gegen Pilz- und Insektenbefall

[VOB/A]: DIN 1960:2012-09 VOB Vergabe- und Vertragsordnung für Bauleistungen – Teil A: Allgemeine Bestimmungen für die Vergabe von Bauleistungen

[VOB/B]: DIN 1961:2012-09 VOB Vergabe- und Vertragsordnung für Bauleistungen – Teil B: Allgemeine Vertragsbedingungen für die Ausführung von Bauleistungen

[VOB/C]: DIN 18299:2012-09 VOB Vergabe- und Vertragsordnung für Bauleistungen – Teil C: Allgemeine Technische Vertragsbedingungen für Bauleistungen (ATV) – Allgemeine Regelungen für Bauarbeiten jeder Art

VOB/C ATV DIN 18334:2012-09 Zimmer- und Holzbauarbeiten

VOB/C ATV DIN 18355:2012-09 Tischlerarbeiten

VOB/C ATV DIN 18360:2012-09 Metallbauarbeiten

VOB/C ATV DIN 18363:2012-09 Maler- und Lackierarbeiten – Beschichtungen

Rechtsvorschriften

Gefahrstoffverordnung: Verordnung zum Schutz vor Gefahrstoffen (Gefahrstoffverordnung – GefStoffV) v. 26.11.2010

Musterbauordnung – MBO. Fassung November 2002, zuletzt geändert durch Beschluss der Bauministerkonferenz vom 21.09.2012 [online]. Berlin: Konferenz der für Städtebau, Bau- und Wohnungswesen zuständigen Minister und Senatoren der Länder (Bauministerkonferenz). Internet: http://www.bauministerkonferenz.de [Navigation: Öffentlicher Bereich -> Mustervorschriften / Mustererlasse -> Bauaufsicht / Bautechnik] [Zugriff: 28.07.2015]

Verordnung (EU) Nr. 528/2012 des Europäischen Parlaments und des Rates vom 22. Mai 2012 über die Bereitstellung auf dem Markt und die Verwendung von Biozidprodukten [Biozid-Verordnung]

Literatur

Aicher, Simon; Radović, Borimir; Volland, Gerhard: Untersuchungen zur Befallswahrscheinlichkeit von Brettschichtholz durch Hausbock. In: Bauen mit Holz 103 (2001), Nr. 2, S. 17–28

Arnold, Ulrich: Baulicher Holzschutz: Bilddokumentation. In: Huckfeldt, Tobias; Wenk, Hans-Joachim (Hrsg.): Holzfenster. Konstruktion, Schäden, Sanierung, Wartung. [Bd. 1]. Korr. Nachdr. Köln: Verlagsgesellschaft Rudolf Müller, 2011, S. 89–100

Arnold, Ulrich: Nutzungsklasse, Gefährdungsklasse, Gebrauchsklasse, Schutzklasse – War der Turm zu Babel ein Holzbau? Dauerhafte Konstruktion ist mehr als der rechnerische Nachweis. In: 12. Holzbauforum – Eurocode 5 für Praktiker. Tagungsband der DIN-Tagung am 18. April 2012. Leipzig 2012. Berlin; Wien; Zürich: Beuth, 2012 (DIN Akademie), S. 93–128

Arnold, Ulrich: Welche Feuchten sind für den Schutz vor Holzpilzen noch akzeptabel? Vortragsmanuskript. 5. Sachverständigentag der WTA-D [Wissenschaftlich-Technische Arbeitsgemeinschaft für Bauwerkserhaltung und Denkmalpflege e. V., regionale Gruppe Deutschland], 28.11.2013, Weimar

Arnold, Ulrich; Lukowsky, Dirk: Chemischer Holzschutz. In: Huckfeldt, Tobias; Wenk, Hans-Joachim (Hrsg.): Holzfenster. Konstruktion, Schäden, Sanierung, Wartung. [Bd. 1]. Korr. Nachdr. Köln: Verlagsgesellschaft Rudolf Müller, 2011, S. 43–52

Arnold, Ulrich; Wagner, Ralf: Rahmenkonstruktionen heutiger Fenster- und Türsysteme. In: Arnold, Ulrich; Huckfeldt, Tobias; Wenk, Hans-Joachim (Hrsg.): Holzfenster und -türen: Konstruktion, Anschlüsse, Oberflächen, Energieeinsparung. Bd. 2. Köln: Verlagsgesellschaft Rudolf Müller, 2012, S. 63–75

Bachinger, Julia: Rücktrocknung bei teilgedämmten Flachdächern. Neue Erkenntnisse bestätigen größere Sicherheitsreserven. In: Holzforschung Austria. Magazin für den Holzbereich 13 (2015), Nr. 1, S. 8–9

Bauregelliste A, Bauregelliste B und Liste C. Ausgabe 2014/2. 04.12.2014. Berlin: Deutsches Institut für Bautechnik, 2014 [online]. Internet: https://www.dibt.de/de/Geschaeftsfelder/Data/BRL_2014_2.pdf [Zugriff: 01.09.2015]

Becker, Günther: Zerstörung des Holzes durch Tiere. In: Liese, Johannes (Hrsg.): Mahlke-Troschel [Mahlke, Friedrich; Troschel, Ernst]. Handbuch der Holzkonservierung. 3., neubearb. Aufl. Berlin; Göttingen; Heidelberg: Springer, 1950, S. 111–165

Bernhardt-van Laak, Hartwig: Nachträglicher Dachausbau mit Dämmelementen aus Polystyrol-Hartschaum – Feuchtigkeitsschäden infolge Schmelzwasser-Rückstau. In: Zimmermann, Günter (Hrsg.): Bauschäden-Sammlung. Sachverhalt – Ursachen – Sanierung. Bd. 5. 4., unveränd. Aufl. d. Ausg. v. 1983. Stuttgart: Fraunhofer IRB Verlag, 2000, S. 28–29

BFS-Merkblatt 18. Beschichtungen auf Holz und Holzwerkstoffen im Außenbereich. Stand März 2006. Frankfurt am Main: Bundesausschuss Farbe und Sachwertschutz e. V., 2006

Bletchly, John D.: Aspects of the Habits and Nutrition of the Anobiidae with Special Reference to Anobium punctatum. In: Beihefte zu Material und Organismen (1966), Nr. 1 [Becker, Günther; Liese, Walter (Hrsg.): Holz und Organismen. Internationales Symposium Berlin-Dahlem 1965. Berlin: Duncker & Humblot], S. 371–381

Bollmus, Susanne; Gellerich, Antje; Brischke, Christian; Melcher, Eckhard: Bestimmung der natürlichen Dauerhaftigkeit von Holz – Teil 1: Stand der aktuellen Diskussion. In: Militz, Holger (Hrsg.): Deutsche Holzschutztagung. Trends und Chancen. Göttingen, 27. und 28. September 2012. Göttingen: Cuvillier, 2012, S. 109–119

Borsch-Laaks, Robert: Auf und nieder – immer wieder. Berg- und Tal-Verlegung der Dampfbremse und Luftdichtung bei der Dachsanierung von außen (Teil 1). In: Holzbau – die neue Quadriga (2008), Nr. 1, S. 25–29

Borsch-Laaks, Robert: Absturzgefahr bei der Berg- und Talfahrt – Ausführungsprobleme bei der schlaufenförmigen Verlegung von Sanierungsdampfbremsen. In: Holzbau – die neue Quadriga (2012), Nr. 5, S. 13–18

[Borsch-Laaks, 2013a]: Borsch-Laaks, Robert: Bauphysikalische Wahrheit und interessierte Kreise. In: Holzbau – die neue Quadriga (2013), Nr. 6, S. 13–18

[Borsch-Laaks, 2013b]: Borsch-Laaks, Robert: Sockelausbildung bei Holzbauweisen – Abdichtung, Diffusionsprobleme, Dauerhaftigkeit. In: Aachener Bausachverständigentage 2012. Gebäude und Gelände – Problemfeld Gebäudesockel und Außenanlagen. Wiesbaden: Springer Fachmedien, 2013, S. 50–62

Borsch-Laaks, Robert: Oben bleiben! Wärmetechnische Dachsanierung von außen mit diffusionsoffener Luftdichtung und Überdämmung. In: Holzbau – die neue Quadriga (2014), Nr. 1, S. 34–38

Borsch-Laaks, Robert; Walther, Jörg: Die besonderen Risiken der Mischbauweisen. Einbindende Massivwände bei Flachdächern in Holzbauweise. In: Holzbau – die neue Quadriga (2014), Nr. 6, S. 39–44

Bringezu, Stefan; Schenke, Hans-Dieter (Hrsg.): Probleme und Perspektiven eines umweltverträglichen Holzschutzes. Staatliche Reglementierung oder Selbstverantwortung? Beiträge zu einem Seminar am 5. und 6. Februar 1991 im Rahmen des Umwelttechnologieforums des Fortbildungszentrums Gesundheits- und Umweltschutz Berlin e. V. Berlin: Erich Schmidt, 1992 (Schadstoffe und Umwelt 8)

Brischke, Christian; Rapp, Andreas Otto; Bayerbach, Rolf: Measurement system for long-term recording of wood moisture content with internal conductively glued electrodes. In: Building and Environment 47 (2008), S. 1566–1574

Clausnitzer, Klaus-Dieter: Historischer Holzschutz. Zur Geschichte der Holzschutzmaßnahmen von der Steinzeit bis in das 20. Jahrhundert. 2., unveränd. Aufl. Staufen: Ökobuch, 1995

Cross, David J.: The effects of accelerated drying of green Pinus radiata on its attractiveness to Anobium punctatum as an egg-laying site. Stockholm: International Research Group on Wood Preservation, 1984 (IRG/WP 1199)

Erler, Klaus: Holz im Außenbereich. Anwendungen, Holzschutz, Schadensvermeidung. Basel; Boston; Berlin: Birkhäuser, 2002

Fachregel für Abdichtungen – Flachdachrichtlinie. Ausgabe Oktober 2008 mit Änderungen Mai 2009 und Dezember 2011. Köln: Zentralverband des Deutschen Dachdeckerhandwerks – Fachverband Dach-, Wand- und Abdichtungstechnik – e. V., 2011 (Deutsches Dachdeckerhandwerk – Regelwerk)

Fachregeln des Zimmererhandwerks 01. Außenwandbekleidungen aus Holz und Holzwerkstoffen. Ausgabe: August 2006. Hrsg.: Bund Deutscher Zimmermeister im Zentralverband des Deutschen Baugewerbes. Berlin: Fördergesellschaft Holzbau und Ausbau mbH, 2006

Fachregeln des Zimmererhandwerks 01. Außenwandbekleidungen aus Holz und Holzwerkstoffen. Änderung 2 vom 22.06.2011 (enthält und ersetzt Änderung 1 vom 16.03.2007). Hrsg.: Bund Deutscher Zimmermeister im Zentralverband des Deutschen Baugewerbes, 2011

Fäh, Hanspeter; Langheim, Joerg; Lysser, Beni: Terrassenbeläge aus Holz. Zürich: Lignum, Holzwirtschaft Schweiz, 2013 (Sammlung Lignatec 27)

FAQs zu EPS-WDVS. Häufig gestellte Fragen zu den konstruktiven Brandschutzmaßnahmen bei schwerentflammbaren Wärmedämmverbundsysteme[n] mit EPS-Dämmstoff. Stand: 3. Juli 2015. Berlin: Deutsches Institut für Bautechnik, Referat II 1 Kunststoffbau, Fassadenbau, 2015 [online]. Internet: https://www.dibt.de/de/Fachbereiche/data/II1_FAQs_WDVS_mit_EPS_03072015.pdf [Zugriff: 03.09.2015]

Findlay, Walter Philip Kennedy: Dry rot investigations in an experimental house. London: Department of Scientific and Industrial Research, 1937 (Forest Products Research Records 14)

Fritzen, Klaus: Konstruktiver Holzschutz nach DIN 68800. Praxiswissen Holzbau. Köln: Bruderverlag, 2014

Gersonde, Martin; Grinda, Manfred: Untersuchungen über das Vorkommen von Schäden durch holzzerstörende Pilze und Insekten an Holzleimbaukonstruktionen. Schlußbericht. 2. November 1984. Stuttgart: IRB Verlag, 1984 (T 1429)

Greenpeace-Position zum Forest Stewardship Council (FSC). O. O.: Greenpeace e. V., Oktober 2010 [online]. Internet: https://www.greenpeace.de/sites/www.greenpeace.de/files/Greenpeace-Position_zum_Forest_Stewardship_Council__FSC__0.pdf [Zugriff: 01.09.2015]

Gross, Rolf; Maas, Anton; Hauser, Gerd: Qualitätssicherung klebebasierter Verbindungstechnik für Luftdichtheitsschichten. Abschlussbericht. 16.12.2004. Kassel: Universität Kassel, Fachgebiet Bauphysik, Zentrum für Umweltbewusstes Bauen e. V., 2004 (BBR, Z6-5.4.02.17/II 13-800102-17) [Quelle: Bibliothek der (nicht mehr bestehenden) Deutschen Gesellschaft für Holzforschung e. V., München; DGfH-Nr.: E 2002/5]

Gustafsson, Martin: Upptagning av vatten i paneländar – The Uptake of Water into Differently Bevelled and Treated Ends of Vertical Siding Boards. [Forschungsbericht]. Skellefteå: Institut för Träteknik Forskning, 1990 (TräteknikCentrum Rapport I 9102005)

Hankammer, Gunter; Resch, Michael; Böttcher, Wolfgang: Bautrocknung im Neubau und Bestand. Köln: Verlagsgesellschaft Rudolf Müller, 2014

Hauser, Gerd: Beurteilung der Notwendigkeit einer Konterlattung bei geneigten Dächern. Gutachten. 28.09.1987. Baunatal: Ingenieurbüro für Bauphysik Prof. Dr.-Ing. Gerd Hauser und Partner, 1987 [Quelle: Bibliothek der (nicht mehr bestehenden) Deutschen Gesellschaft für Holzforschung e. V., München; DGfH-Nr.: E 1988/41]

Hertel, Horst: Anfälligkeit von Holz nach unterschiedlicher Vorbehandlung gegenüber dem Hausbockkäfer. In: Militz, Holger (Hrsg.): 26. Holzschutz-Tagung. Neue Normen, neue Erkenntnisse. Göttingen 22./23. April 2010. Vorträge. Göttingen: Georg-August-Universität Göttingen, Burckhardt-Institut, Abteilung Holzbiologie und Holzprodukte, 2010, S. 84–92

Hinweise Holz und Holzwerkstoffe. Ausgabe September 2005 (Deutsches Dachdeckerhandwerk – Regelwerk). In: Deutsches Dachdeckerhandwerk. Regeln für Abdichtungen. Stand Dezember 2011. Hrsg.: Zentralverband des Deutschen Dachdeckerhandwerks – Fachverband Dach-, Wand- und Abdichtungstechnik – e. V. 5. Aufl. Köln: Verlagsgesellschaft Rudolf Müller, 2012

Hinweise Holz und Holzwerkstoffe. Ausgabe Januar 2015. Hrsg.: Zentralverband des Deutschen Dachdeckerhandwerks – Fachverband Dach-, Wand- und Abdichtungstechnik – e. V. Köln: Verlagsgesellschaft Rudolf Müller, 2015 (Deutsches Dachdeckerhandwerk – Regelwerk)

Hinweis. WDVS mit EPS-Dämmstoff. Konstruktive Ausbildung von Maßnahmen zur Verbesserung des Brandverhaltens von als „schwerentflammbar" einzustufenden Wärmedämmverbundsystemen mit EPS-Dämmstoff. Stand: 27. Mai 2015. Berlin: Deutsches Institut für Bautechnik, Referat II 1 Kunststoffbau, Fassadenbau, 2015 [online]. Internet: https://www.dibt.de/de/Fachbereiche/data/II1_Hinweis_WDVS%20mit%20EPS-D%C3%A4mmstoff_Mai_2015.pdf [Zugriff: 03.09.2015]

Höing, Ulrich: Kleben – Materialien und Verarbeitung. In: Gebäude-Luftdichtheit. Bd. 1. Berlin: Fachverband Luftdichtheit im Bauwesen e. V., 2008, S. 73–81

Holzschutz – baulich, chemisch, bekämpfend. Erläuterungen zu DIN 68800-2, -3, -4. Hrsg.: DIN – Deutsches Institut für Normung e. V.; DGfH – Deutsche Gesellschaft für Holzforschung e. V. Berlin: Beuth, 1998

[Holztafelbaurichtlinie, 1992]: Richtlinie für die Überwachung von Wand-, Decken- und Dachtafeln für Holzhäuser in Tafelbauart nach DIN 1052 Teil 1 bis Teil 3. Fassung: Juni 1992. In: IBt-Mitteilungen 23 (1992), Nr. 1, S. 3–6 [gemäß Bauregelliste A, Teil 1, Ausgabe 2014/2, Nr. 3.3.2.2, zusammen mit DIN 1052:2008-12 und DIN 1052 Berichtigung 1:2010-05 weiterhin sinngemäß gültig]

Huckfeldt, Tobias: Biotische Schäden an Holzfenstern. In: Huckfeldt, Tobias; Wenk, Hans-Joachim (Hrsg.): Holzfenster. Konstruktion, Schäden, Sanierung, Wartung. [Bd. 1]. Korr. Nachdr. Köln: Verlagsgesellschaft Rudolf Müller, 2011, S. 163–208

Huckfeldt, Tobias: Fäule-Schäden an Spielplätzen und ihre Vermeidung – Theorie und Praxisbeispiele. In: Marutzky, Rainer; Militz, Holger (Hrsg.): Deutsche Holzschutztagung. Aus Forschung und Praxis. Braunschweig, 18. und 19. September 2014. Göttingen: Cuvillier, 2014, S. 187–199

Huckfeldt, Tobias; Rehbein Mathias (Hrsg.): Holzspielgeräte. Planung, Konstruktion, Schäden, Instandhaltung. Berlin; Wien; Zürich: Beuth, 2012

Huckfeldt, Tobias; Schmidt, Olaf: Hausfäule- und Bauholzpilze – Diagnose und Sanierung. 2., aktual. u. erw. Aufl. Köln: Verlagsgesellschaft Rudolf Müller, 2015

Huckfeldt, Tobias; Schmidt, Olaf; Quader, Hartmut: Ökologische Untersuchungen am Echten Hausschwamm und weiteren Hausfäulepilzen. In: Holz als Roh- und Werkstoff 63 (2005), S. 209–219

Information. Holzschutz bei Dach- und Konterlatten – für Planer, Ausführende und den Baustoff-Fachhandel. Ausgabe Mai 2013. O. O.: Holzbau Deutschland – Bund Deutscher Zimmermeister im Zentralverband des Deutschen Baugewerbes in Zusammenarbeit mit dem Zentralverband des Deutschen Dachdeckerhandwerks, 2013 [online]. Internet: http://www.bdz-holzbau.de/fileadmin/user_upload/eingebundene_Downloads/2013-04_Information_Holzschutz_bei_Dach-Konterlatten.pdf [Zugriff: 01.09.2015]

[Informationsdienst Holz, 2000]: Brüninghoff, Heinz; Heimeshoff, Bodo; Sengler, Dieter; Samuel, Soscha; Rampf, Georg: Brücken – Planung, Konstruktion, Berechnung. Unveränd. Nachdr. Bonn: Absatzförderungsfonds der deutschen Forst- und Holzwirtschaft – Holzabsatzfonds; München: DGfH Innovations- und Service GmbH, August 2000 [1. Aufl.: November 1988; überarb. Nachdr.: August 1997; unveränd. Nachdr.: August 2000] (Informationsdienst Holz; holzbau handbuch, Reihe 1: Entwurf und Konstruktion, Teil 9: Brücken, Folge 1)

[Informationsdienst Holz, 2001]: Schulze, Horst: Baulicher Holzschutz. Unveränd. Nachdr. Bonn: Absatzförderungsfonds der deutschen Forst- und Holzwirtschaft – Holzabsatzfonds; München: DGfH Innovations- und Service GmbH, Juli 2001 [1. Aufl.: September 1997; unveränd. Nachdr.: Juli 2001] (Informationsdienst Holz; holzbau handbuch, Reihe 3: Bauphysik und Konstruktion, Teil 5: Holzschutz, Folge 2)

[Informationsdienst Holz, 2004]: Otto, Frank; Ringeler, Michael: Funktionsschichten und Anschlüsse für den Holzhausbau. Bonn: Absatzförderungsfonds der deutschen Forst- und Holzwirtschaft – Holzabsatzfonds; München: DGfH Innovations- und Service GmbH, Oktober 2004 (Informationsdienst Holz; holzbau handbuch, Reihe 1: Entwurf und Konstruktion, Teil 1: Allgemeines, Folge 8)

[Informationsdienst Holz, 2007]: Tichelmann, Karsten; Jakob, Patrick: Bäder und Feuchträume im Holzbau und Trockenbau. Bonn: Absatzförderungsfonds der deutschen Forst- und Holzwirtschaft – Holzabsatzfonds, Juni 2007 (Informationsdienst Holz; Merkblatt, Reihe 3, Teil 2; H 574)

[Informationsdienst Holz, 2008a]: Radović, Borimir: Unempfindlichkeit von technisch getrocknetem Holz gegen Insekten. Bonn: Absatzförderungsfonds der deutschen Forst- und Holzwirtschaft – Holzabsatzfonds, November 2008 (Informationsdienst Holz; spezial; H 578)

[Informationsdienst Holz, 2008b]: Schmidt, Daniel; Winter, Stefan: Flachdächer in Holzbauweise. Bonn: Absatzförderungsfonds der deutschen Forst- und Holzwirtschaft – Holzabsatzfonds, Oktober 2008 (Informationsdienst Holz; spezial; H 555)

IVD-Merkblatt Nr. 9. Spritzbare Dichtstoffe in der Anschlussfuge für Fenster und Außentüren. Grundlagen für die Ausführung. Ausgabe November 2014. O. O. [Düsseldorf]: Industrieverband Dichtstoffe e. V., 2014

Kehl, Daniel: Feuchtetechnische Bemessung von Holzkonstruktionen nach WTA. In: Holzbau – die neue Quadriga (2013), Nr. 6, S. 24–28

[Klempnerfachregeln, 2009]: Richtlinien für die Ausführung von Klempnerarbeiten an Dach und Fassade (Klempnerfachregeln). St. Augustin: Zentralverband Sanitär Heizung Klima, 2009

Köhler, Michael; Krooß, Jürgen; Pott, Fromut; Stolz, Peter: Gift im Holz. 7., überarb. u. aktual. Aufl. Bremen: Bremer Umweltinstitut e. V., 1995

Kollmann, Franz: Technologie des Holzes und der Holzwerkstoffe. Bd. 1. Reprint der 2. Aufl. 1951. Berlin; Göttingen; Heidelberg: Springer, 1982

[Künzel, 1996a]: Künzel, Helmut: Dachdeckung und Dachbelüftung. Untersuchungsergebnisse und Folgerungen für die Praxis. Stuttgart: Fraunhofer IRB Verlag, 1996

[Künzel, 1996b]: Künzel, Helmut: Der Feuchtehaushalt von Holz-Fachwerkwänden. Untersuchungen an Fachwerkelementen und Fachwerkhäusern und Folgerungen für die Praxis. Stuttgart: Fraunhofer IRB Verlag, 1996 (Bauforschung für die Praxis 23)

Kurnitski, Jarek; Matilainen, Miimu: Moisture conditions of outdoor air-ventilated crawl spaces in apartment buildings in a cold climate. In: Energy and Buildings 33 (2000), Nr. 1, S. 15–29

Leiße, Bernhard: Holzbauteile richtig geschützt. Langlebige Holzbauten durch konstruktiven Holzschutz. Leinfelden-Echterdingen: DRW-Verlag, 2002

Leitfaden zur Planung und Ausführung der Montage von Fenstern und Haustüren für Neubau und Renovierung. Ausgabe März 2014. Frankfurt am Main: RAL-Gütegemeinschaft Fenster und Haustüren e. V., 2014

Liese, J.; Stamer, J.: Vergleichende Versuche über die Zerstörungsintensität einiger wichtiger holzzerstörender Pilze und die hierdurch verursachte Festigkeitsminderung des Holzes. In: Angewandte Botanik 16 (1934), Nr. 4, S. 363–372

Lukowsky, Dirk; Herlyn, Johann: Abgeschrägt oder gerade? Unterkanten von Fassadenbekleidungen. In: Holzbau – die neue Quadriga (2004), Nr. 4, S. 54–55

Madel, Waldemar: Schädlinge im Bauholz. Zusammenstellung der für die Baupraxis wichtigen tierischen Holzschädlinge. Berlin; Wien; Leipzig: Elsner, 1940

Matilainen, Miimu; Kurnitski, Jarek: Moisture conditions in highly insulated outdoor ventilated crawl spaces in cold climates. In: Energy and Buildings 35 (2003), Nr. 2, S. 175–187

Merkblatt. Empfehlungen zur Sicherstellung der Schutzwirkung von Wärmedämmverbundsystemen (WDVS) aus Polystyrol. Stand 18.06.2015. Berlin: Konferenz der für Städtebau, Bau- und Wohnungswesen zuständigen Minister und Senatoren der Länder (Bauministerkonferenz), 2015 [online]. Internet: http://www.bauministerkonferenz.de/suchen.aspx?id=991&o=759O9860991&s=WDVS [Zugriff: 03.09.2015]

Merkblatt. Verbundabdichtungen. Hinweise für die Ausführung von flüssig zu verarbeitenden Verbundabdichtungen mit Bekleidungen und Belägen aus Fliesen und Platten für den Innen- und Außenbereich. Stand: August 2012. Hrsg.: Fachverband Fliesen und Naturstein im Zentralverband des Deutschen Baugewerbes e. V. Köln: Verlagsgesellschaft Rudolf Müller, 2012

Merkblatt Wärmeschutz bei Dach und Wand. Ausgabe April 2015. Hrsg.: Zentralverband des Deutschen Dachdeckerhandwerks – Fachverband Dach-, Wand- und Abdichtungstechnik – e. V. Köln: Verlagsgesellschaft Rudolf Müller, 2015 (Deutsches Dachdeckerhandwerk – Regelwerk)

Meyer, Linda; Brischke, Christian; Treu, Andreas; Larsson-Brelid, Pia: Moisture thresholds for growth and decay of wood destroying fungi on modified wood. In: Wilson, Peter (Hrsg.): Proceedings of the 10th Meeting of the Northern European Network on Wood Science & Engineering, 13–14th October 2014, Edinburgh. Edinburgh, 2014, S. 25–30

Moll, Friedrich: Holzschutz. Seine Entwicklung von der Urzeit bis zur Umwandlung des Handwerks in Fabrikbetriebe. In: Matschoss, Conrad (Hrsg.): Beiträge zur Geschichte der Technik und Industrie. Berlin: Verlag des Vereins Deutscher Ingenieure, 1920 (Jahrbuch des Vereins Deutscher Ingenieure 10), S. 66–92

Nusser, Bernd; Teibinger, Martin; Bednar, Thomas: Messtechnische Analyse flachgeneigter hölzerner Dachkonstruktionen mit Sparrenvolldämmung – Teil 2: Nicht belüftete, extensiv begrünte Dächer mit Zellulose- und Mineralwolledämmung. In: Bauphysik 32 (2010), Nr. 4, S. 219–225

Oswald, Rainer: Fehlgeleitet. Unbelüftete Holzdächer mit Dachabdichtungen. In: Deutsche Bauzeitung 143 (2009), Nr. 7, S. 74–79

Oyen, Thomas (Hrsg.): Holz im Außenraum. Grundlagen, Materialien, Beispiele. Köln: Bruderverlag, 2011

Plarre, Rudy: Reaktion von Hausbockkäfern auf Bauholz unterschiedlicher Qualitäten im Labor und Freiland. In: Militz, Holger (Hrsg.): Deutsche Holzschutztagung. Trends und Chancen. Göttingen, 27. und 28. September 2012. Göttingen: Cuvillier, 2012, S. 36–45

Radović, Borimir; Kraft, Andreas; Lange, Georg; Schäfer, Wolfgang; Winter, Stefan: Kommentar zu DIN 68800-2:2012-02. Holzschutz. Teil 2: Vorbeugende bauliche Maßnahmen im Hochbau. In: Holzschutz. Praxiskommentar zu DIN 68800 Teile 1 bis 4. Hrsg.: DIN Deutsches Institut für Normung e. V.; Internationaler Verein für Technische Holzfragen e. V. 2., vollst. überarb. Aufl. Berlin; Wien; Zürich: Beuth, 2013 (Beuth-Kommentar), S. 77–173

Rapp, Andreas O.: Natürliche Dauerhaftigkeit in den Gebrauchsklassen. In: Tagungsband zum Holzbau-Hochschultag 2015 an der Leibniz Universität Hannover. 20. Februar 2015. Hannover: Leibniz Universität Hannover, Institut für Bauphysik, o. J. [2015], S. 23–31

[Rapp et al., 2007]: Rapp, Andreas O.; Augusta, Ulrike; Brischke, Christian; Welzbacher, Christian R.: Natürliche Dauerhaftigkeit wichtiger heimischer Holzarten unter bautypischen Bedingungen. In: Wege zu geschütztem Holz im modernen Holzbau. 25. Holzschutz-Tagung. Biberach, 20.–21. September 2007. Vorträge. München: Deutsche Gesellschaft für Holzforschung e. V., 2007, S. 7–20

[Rapp et al., 2010]: Rapp, Andreas O.; Augusta, Ulrike; Brandt, Karin; Melcher, Eckhard: Natürliche Dauerhaftigkeit verschiedener Holzarten. Ergebnisse aus acht Jahren Feldversuch. In: Wiener Holzschutztage 2010. 25.–26. November 2010, Wien. Wien: Holzforschung Austria, 2010, S. 43–49

Reimann, Gerhard: Bekleidungen von Außenwänden. In: Willeitner, Hubert; Schwab, Eckart (Hrsg.): Holz-Außenverwendung im Hochbau. Beanspruchungsverhältnisse, geeignete Holzarten, richtige Konstruktion, wirksamer Schutz, einschlägige Vorschriften. Stuttgart: Koch, 1981, S. 130–136

Reinprecht, Ladislav: The dry rot fungus Serpula lacrymans, its growth and damaging of wood. Stockholm: International Research Group on Wood Preservation, 2004 (IRG/WP 04-50511 [= 04-10511!])

Richtlinie Fensterbank für deren Einbau in WDVS- und Putzfassaden sowie in vorgehängten Fassaden. 2. Ausgabe, 02.05.2014. Burgauberg: Österreichische Arbeitsgemeinschaft Fensterbank, 2014

Richtlinie Sockelanschluss im Holzhausbau als Leitfaden für die Planung und Ausführung. Erarb.: Österreichische Arbeitsgemeinschaft Sockelanschluss im Holzhausbau. 1. Ausg., 10.04.2015. Wien: Holzforschung Austria, 2015

Ridout, Brian: Timber Decay in Buildings. The conservation approach to treatment. Reprint d. 1. Aufl. 2000. Abingdon: Spon Press, 2004

Ruisinger, Ulrich: Dach ohne Dampfbremse? Hygrothermische Untersuchungen zeigen Tauwasserrisiken der Steildachsanierung mit wasserdampfdiffusionsoffenen Luftdichtheitsbahnen. In: Der Bausachverständige 8 (2012), Nr. 1, S. 16–19

Rypáček, Vladimír: Biologie holzzerstörender Pilze. Red. d. dt. Ausg.: Ernst Jahn. Nach der tschech. Erstaufl. für d. dt. Ausg. völlig neu bearb. und erg. Jena: VEB Gustav Fischer Verlag, 1966

Schneider, Jörg: Sicherheit und Zuverlässigkeit im Bauwesen. Grundwissen für Ingenieure. Mitarb.: Hans-Peter Schlatter. 2. Aufl. Zürich: vdf, Hochschulverlag AG an der ETH Zürich, 1994, korr. Fassung, Oktober 2007 [online]. Internet: http://www.vdf.ethz.ch/service/2167/2167_sicherheit-und-zuverlaessigkeit-im-bauwesen_oa.pdf [Zugriff: 02.09.2015]

Schober, Peter; Grüll, Gerhard; Koch, Claudia; Oberdorfer, Georg; Steitz, Andrea; Trimmel, Philipp; Tscherne, Florian: Terrassenbeläge aus Holz. Planung und Ausführung von Terrassen aus Holz, modifiziertem Holz sowie WPC. Technische Broschüre. Wien: Holzforschung Austria, 2013 (HFA-Schriftenreihe 43)

Schöndorf, Erich: Von Menschen und Ratten: Über das Scheitern der Justiz im Holzschutzmittelskandal. 4. Aufl. Göttingen: Verlag die Werkstatt, 1998

Schultz, Gustav: Die Chemie des Steinkohlentheers mit besonderer Berücksichtigung der künstlichen organischen Farbstoffe. Bd. 1: Die Rohmaterialien. 3., vollst. umgearb. Aufl. Braunschweig: Vieweg, 1900

Sell, Jürgen: Eigenschaften und Kenngrößen von Holzarten. 3., leicht überarb. Aufl. Zürich; Dietikon: Baufachverlag, 1989

Spilker, Ralf; Sous, Silke: Zuverlässigkeit von Holzdachkonstruktionen ohne Unterlüftung der Abdichtungs- oder Decklage. Abschlussbericht. März 2014. Aachen: Aachener Institut für Bauschadensforschung und angewandte Bauphysik, 2014 (BBR, SF-10.08.18.7.11.33)

Stienen, Tristan; Schmidt, Olaf; Huckfeldt, Tobias: Wood decay by indoor basidiomycetes at different moisture and temperature. In: Holzforschung 68 (2014), Nr. 1, S. 9–15

Terrassen- und Balkonbeläge. Produktstandards und Anwendungsempfehlungen. 3. Aufl. Berlin: Gesamtverband Deutscher Holzhandel e. V., 2013

Theden, Gerda: Untersuchungen über die Feuchtigkeitsansprüche der wichtigsten in Gebäuden auftretenden holzzerstörenden Pilze. In: Angewandte Botanik 23 (1941), Nr. 5, S. 189–253

Thode, Reinhold: Rechtsgutachten im Auftrag der Deutschen Bauchemie e. V. zur vertragsrechtliehen Bedeutung der Regelung der GK1 in der DIN 68800-1. Vorgelegt von Rechtsanwalt Prof. Dr. Reinhold Thode Richter am BGH und stellvertretender Vorsitzender des für Bau- und Architektensachen zuständigen VII. Zivilsenats des BGH a. D. Landau/Pfalz, 27.07.2012

Trendelenburg, Reinhard: Das Holz als Rohstoff. 2. Aufl. Neubearb. u. hrsg. v. Hans Mayer-Weglin. München: Hanser, 1955

VFF-Merkblatt HO.01. Klassifizierung von Beschichtungen für Holzfenster, Holz-Metall-Fenster und -Außentüren. Frankfurt am Main: Verband Fenster + Fassade, 2010

VFF-Merkblatt HO.03. Anforderungen an Beschichtungssysteme für die werksseitige Beschichtung von Holz- und Holz-Metall-Fenstern, -Haustüren und -Fassaden. Frankfurt am Main: Verband Fenster + Fassade, 2012

VFF-Merkblatt HO.06-1. Holzarten für den Fensterbau – Teil 1: Eigenschaften, Holzartentabelle. Holzarten zur Herstellung maßhaltiger Bauteile. Stand: September 2013. Frankfurt am Main: Verband Fenster + Fassade, 2013

VFF-Merkblatt HO.06-2/A1. Holzarten für den Fensterbau – Teil 2: Holzarten zur Verwendung in geschützten Holzkonstruktionen. Stand: Oktober 2007. Frankfurt am Main: Verband der Fenster- und Fassadenhersteller e. V., 2007

VFF-Merkblatt HO.10. Wetterschutzschienen an Holzfenstern. Stand: November 2011. Frankfurt am Main: Verband Fenster + Fassade, 2011

VFF-Merkblatt HO.11. Holzschutz bei Holz- und Holz-Metall-Fenstern, -Haustüren, -Fassaden und -Wintergärten. Frankfurt am Main: Verband Fenster + Fassade, 2013

Wießner, Joachim: Kommentar zur DIN 68 800 Teil 4. Abschnitt 5 Bekämpfungsmittel [online]. Lastrup: Sachverständigenbüro für Holzschutz Joachim Wießner, 2014. Internet: http://www.jochenwiessner.de/kommentar-din-68800-teil-4/kapitel-5 [Zugriff: 02.09.2015]

Viitanen, Hannu: Modelling the time factor in the development of brown rot decay in pine and spruce sapwood – the effect of critical humidity and temperature conditions. In: Holzforschung 51 (1997), Nr. 2, S. 99–106

[Viitanen et al., 2009]: Viitanen, Hannu; Toratti, Tomi; Peuhkuri, Ruut; Ojanen, Tuomo; Makkonen, Lasse: Evaluation of exposure conditions for wooden facades and decking. Stockholm: International Research Group on Wood Protection, 2009 (IRG/WP 09-20408)

[Viitanen et al., 2010]: Viitanen, Hannu; Toratti, Tomi; Makkonen, Lasse; Peuhkuri, Ruut; Ojanen, Tuomo; Ruokolainen, Leena; Räisänen, Jouni: Towards modelling of decay risk of wooden materials. In: European Journal of Wood and Wood Products 68 (2010), Nr. 3, S. 303–313

Willeitner, Hubert: Chemischer Holzschutz im Spannungsfeld zwischen notwendig, sinnvoll und verzichtbar – wie effizient ist er in der Praxis? In: Bringezu, Stefan; Schenke, Hans-Dieter (Hrsg.): Probleme und Perspektiven eines umweltverträglichen Holzschutzes. Staatliche Reglementierung oder Selbstverantwortung? Beiträge zu einem Seminar am 5. und 6. Februar 1991 im Rahmen des Umwelttechnologieforums des Fortbildungszentrums Gesundheits- und Umweltschutz Berlin e. V. Berlin: Erich Schmidt, 1992 (Schadstoffe und Umwelt 8), S. 55–71

Willeitner, Hubert: Neufassung von DIN 68800. In: Sicherung von Produktqualität und -leistung. 24. Holzschutz-Tagung. Leipzig, 12./13. April 2005. Vorträge. München: Deutsche Gesellschaft für Holzforschung e. V., 2005, S. 57–69

Willeitner, Hubert: Überarbeitung DIN 68800 – Ergebnisse seit der letzten Holzschutztagung. In: Wege zu geschütztem Holz im modernen Holzbau. 25. Holzschutz-Tagung. Biberach, 20.–21. September 2007. Vorträge. München: Deutsche Gesellschaft für Holzforschung e. V., 2007, S. 163–185

Willeitner, Hubert: Die Entwicklung des Holzschutzgedankens seit Ende des Zweiten Weltkriegs am Beispiel der Normung. In: Sitzungsberichte der Gesellschaft Naturforschender Freunde zu Berlin N. F. 50 (2014), S. 65–74 [Sonderdruck]

Willeitner, Hubert; Schwab, Eckart (Hrsg.): Holz-Außenverwendung im Hochbau. Beanspruchungsverhältnisse, geeignete Holzarten, richtige Konstruktion, wirksamer Schutz, einschlägige Vorschriften. Stuttgart: Koch, 1981

Winter, Stefan; Bauer, Peter; Werther, Norman: Untersuchung der klimatischen Verhältnisse in Kriechkellern unter gedämmten Holzbodenplatten zur Vermeidung von Bauschäden bei nicht unterkellerten Gebäuden und zur Kostenreduzierung. Abschlussbericht. 23.06.2008. Leipzig: Gesellschaft für Materialforschung und Prüfungsanstalt für das Bauwesen Leipzig mbH, Bereich IV – Bauphysik, AG Wärme- und Feuchteschutz; München: Technische Universität München, Fakultät für Bauingenieur- und Vermessungswesen, Lehrstuhl für Holzbau und Baukonstruktion, 2008 (BBR, Z6-10.07.03.05.18/II 13-800105-18) [Quelle: Bibliothek der (nicht mehr bestehenden) Deutschen Gesellschaft für Holzforschung e. V., München; DGfH-Nr.: F 2005/16]

Winter, Stefan; Fülle, Claudia; Werther, Norman: Experimentelle und numerische Untersuchung des hygrothermischen Verhaltens von flach geneigten Dächern in Holzbauweise mit oberer dampfdichter Abdichtung unter Einsatz ökologischer Bauprodukte zum Erreichen schadensfreier, markt- und zukunftsgerechter Konstruktionen. Abschlussbericht. 15.05.2009. Leipzig: Gesellschaft für Materialforschung und Prüfungsanstalt für das Bauwesen Leipzig mbH, Geschäftsbereich IV – Bauphysik; München: Technische Universität München, Fakultät für Bauingenieur- und Vermessungswesen, Lehrstuhl für Holzbau und Baukonstruktion, 2009 (BBR, Z6-10.08.18.7.07.18) [Quelle: Bibliothek der (nicht mehr bestehenden) Deutschen Gesellschaft für Holzforschung e. V., München; DGfH-Nr.: F 2007/14]

Winter, Stefan; Schmidt, Daniel; Schopbach, Holger: Schimmelpilzbildung bei Dachüberständen und an Holzkonstruktionen. Konstruktive Regeln zur Vermeidung von Schimmelpilzbildung bei Dachüberständen und in Dach- und Wandkonstruktionen im Bau- und Endzustand. Abschlussbericht. Lauterbach: bauart Konstruktions GmbH, o. J. [2003] (BBR, Z6-5.4.00.13) [Quelle: Bibliothek der (nicht mehr bestehenden) Deutschen Gesellschaft für Holzforschung e. V., München; DGfH-Nr.: E 2000/11]

WTA-Merkblatt 8-1. Fachwerkinstandsetzung nach WTA I: Bauphysikalische Anforderungen an Fachwerkgebäude. Ausgabe: 09.2014/D. Stand: Februar 2015. Hrsg.: Wissenschaftlich-Technische Arbeitsgemeinschaft für Bauwerkserhaltung und Denkmalpflege e. V. Stuttgart: Fraunhofer IRB Verlag, 2015

WTA-Merkblatt 8-5. Fachwerkinstandsetzung nach WTA V: Innendämmungen. Ausgabe: 05.2008/D. Stand: Mai 2008. Hrsg.: Wissenschaftlich-Technische Arbeitsgemeinschaft für Bauwerkserhaltung und Denkmalpflege e. V. Stuttgart: Fraunhofer IRB Verlag, 2007 [= 2008!]

WTA-Merkblatt 8-14. Ertüchtigung von Holzbalkendecken nach WTA II: Balkenköpfe in Außenwänden. Ausgabe: 09.2014/D. Stand: Dezember 2014. Hrsg.: Wissenschaftlich-Technische Arbeitsgemeinschaft für Bauwerkserhaltung und Denkmalpflege e. V. Stuttgart: Fraunhofer IRB Verlag, 2014

Wünsche, Max: Schwamm im Haus. Erkennen, Verhüten und Bekämpfen des Hausschwamms und anderer holzzerstörender Pilze mit besonderer Berücksichtigung der Rechtsfragen. Berlin: Verlag des Druckhauses Tempelhof, 1952

Yoshimura, Tsuyoshi: Present Status and Future Trends of Termite Controlling Strategies in Japan. In: Imamura, Yuji (Hrsg.): High-Performance Utilization of Wood for Outdoor Uses. Report on Research Project, Grant-in-Aid for Scientific Research. Kyoto: Kyoto University, Wood Research Institute, 2001, S. 131–143

Zimmermann, Günter: Satteldach mit Bitumendachschindeln in schneereicher Lage – Eindringen von Schmelzwasser in das Gebäude. In: Zimmermann, Günter (Hrsg.): Bauschäden-Sammlung. Sachverhalt – Ursachen – Sanierung. Bd. 5. 4., unveränd. Aufl. d. Ausg. v. 1983. Stuttgart: Fraunhofer IRB Verlag, 2000, S. 22–25

8.2 Stichwortverzeichnis

Beuth
Berlin · Wien · Zürich

Rudolf Müller